普通高等教育“十一五”国家级规划教材
一流本科专业一流本科课程建设系列教材

压力容器与管道安全评价

第2版

杨启明　杨晓惠　饶霁阳　编

机械工业出版社

本书是普通高等教育“十一五”国家级规划教材。

本书系统介绍了过程工业生产中大量使用的压力容器和压力管道的安全评价技术，具体包括：绪论、系统安全评价技术、燃烧爆炸分析与控制、泄漏扩散分析与控制、压力容器安全评价及压力管道安全评价。本书在着重介绍基本理论和方法的同时，注重结合实例突出其应用，旨在培养学生运用安全评价方法分析压力容器及管道安全问题的能力。

本书可作为普通高等院校安全工程专业、过程装备与控制工程专业的教材，也可作为安全评价培训教材，或作为从事工程设计、安全分析、安全操作、安全审查等工作的工程技术人员的参考书。

图书在版编目（CIP）数据

压力容器与管道安全评价/杨启明，杨晓惠，饶霁阳编. —2版. —北京：机械工业出版社，2022.9

普通高等教育“十一五”国家级规划教材　一流本科专业一流本科课程建设系列教材

ISBN 978-7-111-70546-8

Ⅰ.①压…　Ⅱ.①杨…②杨…③饶…　Ⅲ.①压力容器-安全评价-高等学校-教材②压力管道-安全评价-高等学校-教材　Ⅳ.①TH490.8②U173.9

中国版本图书馆CIP数据核字（2022）第064626号

机械工业出版社（北京市百万庄大街22号　邮政编码100037）
策划编辑：尹法欣　　　　　责任编辑：尹法欣
责任校对：陈　越　李　婷　封面设计：张　静
责任印制：郜　敏
中煤（北京）印务有限公司印刷
2022年7月第2版第1次印刷
184mm×260mm · 12.5印张 · 307千字
标准书号：ISBN 978-7-111-70546-8
定价：45.00元

电话服务　　　　　　　　　网络服务
客服电话：010-88361066　　机　工　官　网：www.cmpbook.com
　　　　　010-88379833　　机　工　官　博：weibo.com/cmp1952
　　　　　010-68326294　　金　　书　　网：www.golden-book.com
封底无防伪标均为盗版　　机工教育服务网：www.cmpedu.com

第 2 版前言

“安全第一，预防为主”是我国安全生产的基本方针。作为预测、预防事故重要手段的安全评价，在贯彻安全生产方针中有着十分重要的作用，是现代安全生产管理的重要组成部分，可以为政府安全监督部门宏观控制生产经营单位的安全生产奠定基础，为生产经营单位提高管理水平和经济效益提供依据。

压力容器和压力管道在工业生产和人们生活中广泛使用。由于压力、温度和复杂危险介质等原因，压力容器和压力管道容易发生事故，且事故的后果往往比较严重，因此确保压力容器和压力管道的长周期安全可靠运行，对于保障生命和财产安全具有非常重要的意义。面对这类特种设备安全的严峻形势，我国相继制定和修订了一系列有关压力容器和压力管道的规程、规范和标准，要求这类设备必须进行安全评价，并对其设计、制造、使用、维修、检验等各个环节的安全管理提出了明确的要求。

本书针对过程工业生产中大量使用的压力容器和压力管道，不仅系统地介绍了其安全评价技术的基本知识，还详细介绍了各种安全分析方法在压力容器和压力管道中的应用，强调了应根据不同的情况，采用不同的安全分析方法。使用者不仅应该掌握这些安全分析与评价方法的特点，还需要对结果进行正确的分析、判断和综合。

此次修订主要体现在以下几个方面：

1）内容上的变化：为了让全书的内容更加丰富、全面，且主旨突出，对多个章节进行了调整。对第 1 版第一章绪论部分进行了整合缩减；为了更有效地指导安全评价方法的分析、比较和选择工作，对第 1 版第二章的内容进行了整合，并新增了“系统危险危害因素辨识”和“评价单元划分和评价方法的选择”两节；考虑到泄漏和扩散分析对于压力容器和管道安全评价的重要性，在第 1 版第四章中增加了“泄漏原因分析及控制”一节；并将该章中的部分内容扩充为本书第 6 章，考虑到压力管道安全评价技术的发展，新增了“油气管道的失效事故树分析”和“油气输送管道的完整性管理”两节。在此基础上，为了反映压力容器及管道安全评价标准、方法和技术的最新成果，对第 1 版中各章节的部分案例进行了更新。

2）标准上的更新：从第 1 版出版到现在，与压力容器和压力管道安全相关的标准、规范发生了很大变化，这次修订全部参照现行标准对相关内容进行了改写。

3）遗留问题的解决：对第 1 版部分不恰当的文字和图形进行了更新。

本书由杨启明、杨晓惠和饶霁阳编写。在修订过程中，得到了许多同行和读者的关心、支持和帮助，编者在此表示衷心的感谢。同时，对所有参考文献的作者表示诚挚的谢意。

由于编者学识有限，编写时间仓促，书中难免存在不妥之处，敬请广大读者批评指正。

编　者

第1版前言

安全生产和劳动保护是发展经济、强化企业管理的重要组成部分，也是过程工业生产必须遵循的一条基本准则。石油化工生产是一个连续的流程生产过程，这一过程的安全问题直接关系到企业生产设备与人员的安全，还对环境保护具有不可忽视的影响。

石油化工设备安全分析与评价是一门多学科综合应用的工作，它不仅涉及安全系统工程方面的知识，还涉及化学、物理化学、概率与数理统计、布尔代数、工艺学、仪表及控制系统、电气、计算机及其应用、人类工程学等方面的学科知识，而且需要综合运用相关设备的工艺、设计、制造、安装、检验、控制、使用和监测等知识，单从一门学科来研究石油化工设备的安全分析问题，难以达到预期的效果。

本书针对过程工业生产中大量使用的压力容器、压力管道和长输管道，不仅介绍了有关安全分析的基础知识，还详细介绍了各种安全分析方法在压力容器、压力管道和长输管道中的应用，强调了应根据不同的情况，采用不同的安全分析方法。这些分析方法要求使用者不仅应该掌握这些安全分析与评价方法的特点，还需要对结果进行正确的分析、判断和综合。

此外，本书也简单介绍了安全设计、操作、维护的工程应用知识，结合实例说明了各种安全分析方法的应用技术。对于部分常用的典型分析方法（例如，道化学公司火灾、爆炸危险指数评价法等）进行了示例分析，为读者应用这些方法提供了一定程度的指导或借鉴，具有较强的实用性。

在编写过程中，作者除从大量中外文献中搜集有关资料外，还结合多年来从事教学、科研工作的体会，参考了一些来自互联网的政府和国际组织、大学、咨询机构的有关研究报告等，撰写成书。希望本书的出版能对过程工业中压力容器与管道安全评价工作的开展、改善以及提高相关设备的安全监督管理水平起到积极的促进作用。

本书注重理论和实际的紧密结合，内容丰富、翔实，实用性和可操作性强，不仅可作为高等院校安全工程专业、过程装备与控制工程专业的教材和安全评价的培训教材，而且对相关学科研究生从事有关内容的分析研究具有一定的指导意义。对从事石油化工工程设计、安全分析、安全操作、安全审查等的工作者，也具有一定的参考价值。本书是普通高等教育“十一五”国家级规划教材。

本书由杨启明教授主编，第一、二章由徐倩老师编写，第三章由马廷霞老师编写，第四、五章由杨启明老师编写。全书由华东理工大学潘家祯教授和西南石油大学刘清友教授主审；此外，本书的编写得到了华东理工大学潘家祯教授、四川大学李建明教授和阎康平教授的大力支持与帮助，他们提出了不少的宝贵意见，在此表示衷心的感谢。

由于编者学识有限，书中难免存在不妥之处，敬请读者批评指教。

编　者

目 录

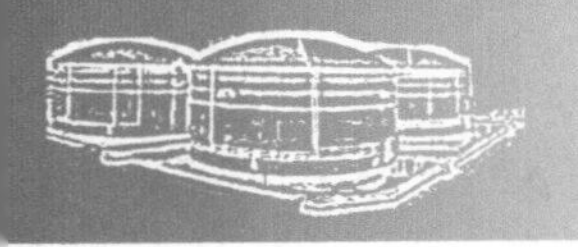

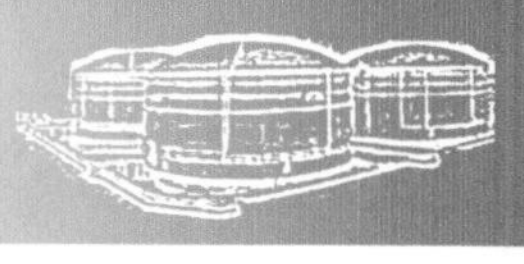

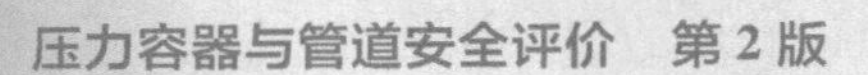

第1章 绪论

学习目标

1）掌握压力容器与压力管道的定义及特点。
2）熟悉压力容器与压力管道的分类。
3）了解压力容器与压力管道在工业生产中的应用。

压力容器与管道是过程工业中不可缺少的设备。随着生产的发展，它们的使用日益广泛，数量不断增加。

目前，为了适应过程工业发展的需要，压力容器逐渐趋向大型化和结构复杂化。同时，为了改善压力容器的性能，适应生产的发展要求，在压力容器的设计制造中不断地采用新材料、新工艺和新技术，这样，压力容器的安全可靠性问题就显得更加突出，引起了人们的密切关注。

据不完全统计，截至2020年底，全球在役油气管道总里程约201.9万km，我国油气管网总长度已超过17万km，规模世界第三，到2025年管网规模将达到24万km。地下纵横交错的管道，给人们生活带来便利的同时，也埋藏着巨大的安全隐患。如何保障大规模管网的安全运行，提升油气管道监管效能，坚决防范遏制相关事故发生，已成为政府、油气管道企业和社会必须直面的课题。

压力容器与管道的安全问题之所以特别重要，主要是因为它们既是工业生产中广泛使用的特种设备，又是容易发生事故且往往是灾难性事故的特殊设备。因此，对其安全问题，需要密切关注和认真分析研究，采取必要的应对措施，防止由此产生不良后果或严重事故。

为了确保它们的安全使用，许多经济发达国家制定了一系列的制度——法律、法规、标准和规定，对这些设备进行安全管理和监督、监察，同时还制定了一整套的执行监督机制。近年来，随着我国经济的不断发展，不断增多的压力容器与管道的使用安全问题也受到了日益的关注。我国在压力容器与管道安全管理和监督、监察制度方面也取得了明显的进展，一方面参考了国外经济发达国家所实行的行之有效的措施，另一方面又根据我国的实际情况，制定了一系列的法律、法规、标准和规定，指导全国压力容器和管道生产与使用的安全管理与监察工作，以实现规范化管理。

1.1 压力容器概述

1.1.1 压力容器的定义

压力容器，或称为受压容器，从广义上来说，是指能承受压力载荷的密闭容器。它的主要作用是储存、运输有压力的气体、液体或液化气体，或者是为这些流体的传热、传质反应提供一个密闭的空间。

工业生产中承载压力的容器很多，其中只有一部分相对来说比较容易发生事故，而且事故的危害性较大。为此，许多国家就把这样的容器作为一种特殊的设备由专门的机构进行监管，并按规定的技术法规进行设计、制造和使用管理。习惯上所说的压力容器，就是指这一类作为特殊设备的容器。一般规定中并不把盛装液体介质的容器列入特殊设备的范畴，但必须注意的是，这种液体是指在常温下的液体，而不包括最高工作温度高于标准沸点的液体和沸点低于常温的液化气体。

关于压力容器的界限，目前各国都有规定，尽管其规定可能有所不同，但是基本原则是一致的：指的是那些比较容易出事故，且事故的危害性较大的容器设备。一般来说，压力容器发生事故的可能性和危害程度与所盛装的工作介质、工作压力和容积有关。

工作介质指的是容器所盛装的或在容器中参与反应的物质。压力容器爆破时所释放的能量大小首先与其工作介质的物性、状态有关。从物质的物性状态考虑，压力容器的工作介质应该包括压缩气体、水蒸气、液化气体和工作温度高于其标准沸点的饱和液体。除此之外，还应考虑容器的工作压力和容积。工作压力和容积范围的划分，一般都是人为地加以规定，而不像工作介质那样有一个明显的界限，对这种范围，一般都规定了一个下限值。

目前，根据《固定式压力容器安全技术监察规程》TSG 21—2016 的规定，纳入我国监察范围的固定式压力容器应是同时具备下列三个条件的容器：

1）最高工作压力 $p \geq 0.1$MPa（表压，不含液体静压力）。

2）内直径（非圆形截面时指截面内边界最大几何尺寸）$D \geq 0.15$m，且容积 $V \geq 0.03m^3$；

3）盛装介质为气体、液化气体以及介质最高工作温度大于或者等于其标准沸点的液体。

1.1.2 压力容器的分类

压力容器可以按容器的受压方式、设计压力的大小、设计温度的高低、在生产工艺过程中的作用原理、受压室的多少、安装位置、使用场所、所用材料、形状等进行归类；从监察管理的安全性出发，则按容器潜在危害程度的大小分类。

1）按容器的受压方式不同，可分为内压容器和外压容器。

2）按设计压力 p 的大小，可以分为以下几类：

低压容器 $0.1\text{MPa} \leq p < 1.6\text{MPa}$。

中压容器 $1.6\text{MPa} \leq p < 10\text{MPa}$。

高压容器 $10\text{MPa} \leq p < 100\text{MPa}$。

超高压容器 $p \geq 100\text{MPa}$。

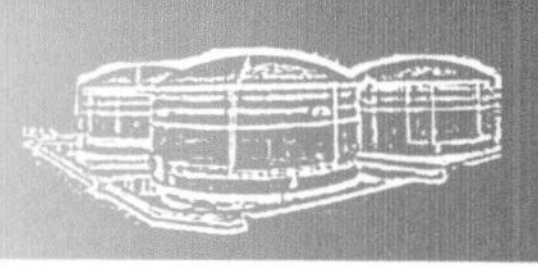

3）按设计温度的高低分，可分为低温容器、常温容器和高温容器。其中设计温度 t 低于或等于-20℃的钢制容器称为低温容器。

4）按容器在生产工艺过程中的作用原理，可以分为以下几类：

① 反应压力容器。主要用于完成介质的物理、化学反应的压力容器，如反应器、低反应釜、硫化罐、分解塔、聚合釜、高压釜、超高压釜、合成塔、变换炉、煤气发生炉等。

② 换热压力容器。主要用于完成介质的热量交换的压力容器，如各种热交换器、冷却器、冷凝器、蒸发器等。

③ 分解压力容器。主要用于气体净化和固、液、气分离的压力容器，如分离器、过滤器、集油器、缓冲器、洗涤器、吸收塔、干燥塔、汽提塔、除氧器等。

④ 储存压力容器。主要用于储存或盛装气体、液体、液化气体等介质的压力容器，如各种形式的储罐。

5）按容器受压室的多少，可分为单腔压力容器、多腔压力容器（组合容器）。

6）按容器的安装位置，可分为卧式容器、立式容器。

7）按容器的使用场所，可以分为固定式压力容器、移动式压力容器。

8）按容器的制造材料，可以分为金属压力容器、非金属压力容器。

9）按容器的形状，除应用广泛的圆筒形压力容器外，还有矩形容器、球形容器等。

10）国家质量技术监督局为了加强对压力容器的质量安全监察工作，从容器潜在危害程度大小的角度加以分类。分类原则如下：

① 一般而言，压力越高、体积越大，则潜在危害程度越大。

② 移动式压力容器潜在危害程度大于固定式压力容器。

③ 可能发生脆性断裂材料制造的容器（如低温的钢制压力容器、高强度钢制压力容器），其潜在危害程度大于不可能发生脆性断裂材料制造的容器。

④ 反应压力容器和储存压力容器，其潜在危害程度大于换热压力容器和分离压力容器。

⑤ 介质毒性程度高的容器，其潜在危害程度大于毒性程度低的容器。

⑥ 易燃介质的容器其潜在危害程度大于非易燃介质的容器，等等。

根据这些原则，我国《固定式压力容器安全技术监察规程》TSG 21—2016 根据介质性质、设计压力和容积三个因素将所适用范围内的压力容器分为第Ⅰ类、第Ⅱ类、第Ⅲ类压力容器三种。

其类型确定的基本方法如下：首先根据介质性质，选择相应的分类图，再根据设计压力和容积，标出坐标点，确定容器类别。

① 第一组介质：毒性程度为极度危害、高度危害的化学介质，易爆介质，液化气体。其压力容器分类图如图 1-1 所示。

② 第二组介质：除第一组以外的介质。其压力容器分类图如图 1-2 所示。

对于多腔压力容器（如换热器的管程和壳程、夹套式压力容器），应分别对各压力腔分类，划分时设计压力取本压力腔的设计压力，容积取本压力腔的几何容积；最后以各压力腔的最高类别作为该多腔压力容器的类别，并且按照该类别进行使用管理，但是应该按照每个压力腔各自的类别分别进行设计、制造等。

当一个压力腔内有多种介质时，按照组别高的介质进行分类。

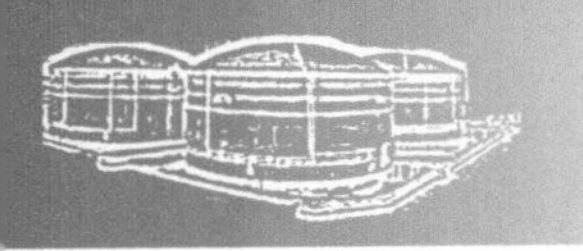

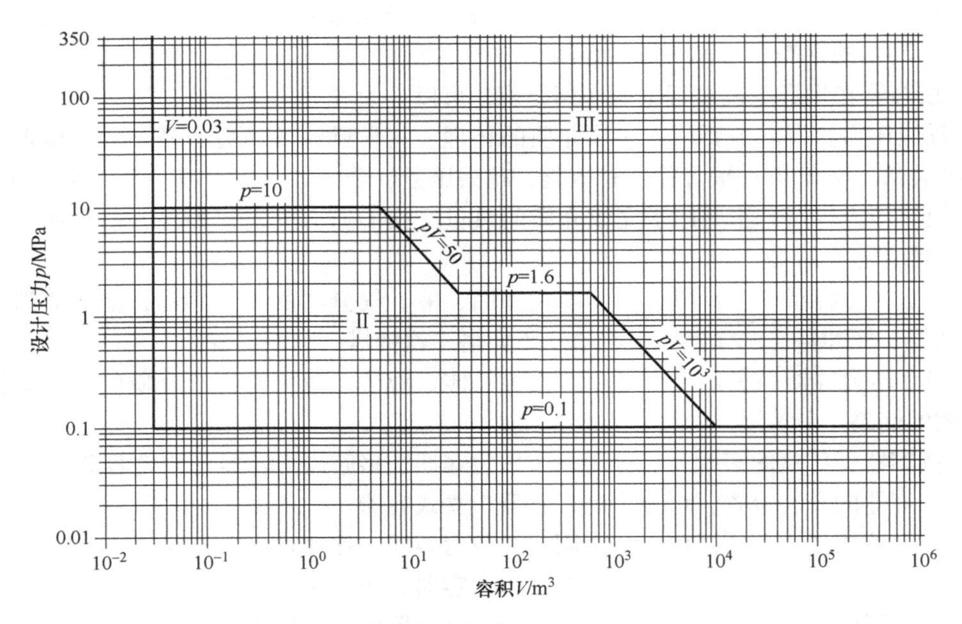

图 1-1　压力容器分类图——第一组介质

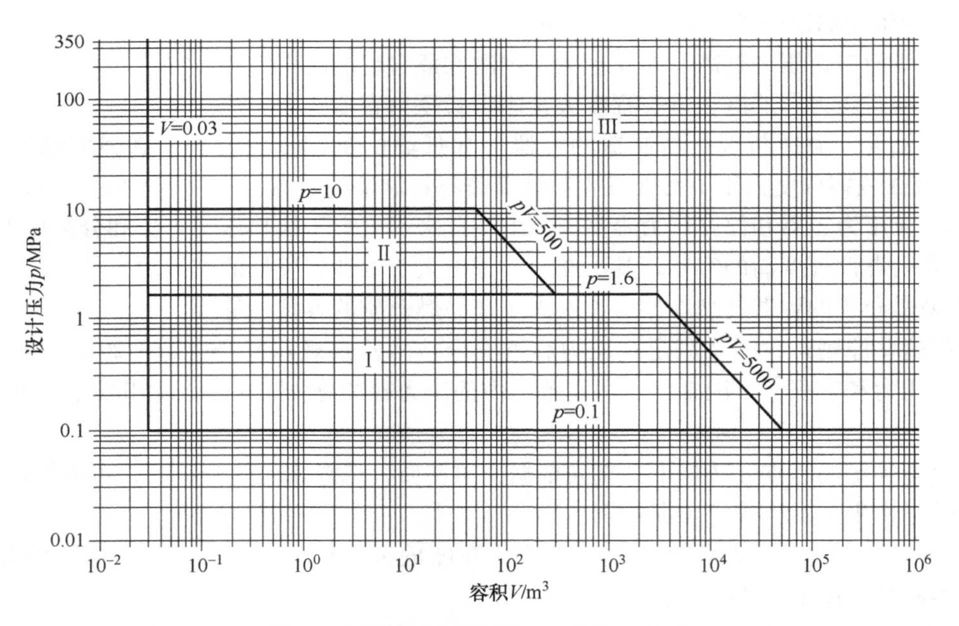

图 1-2　压力容器分类图——第二组介质

1.1.3　压力容器的特点

压力容器一般多承受静止而比较稳定的载荷，不像旋转机械那样容易因过度磨损而失效，也不像高速发动机那样因承受高周循环载荷而容易发生疲劳破坏。其工作特点为：

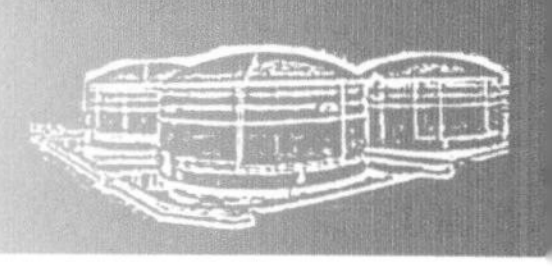

（1）使用条件比较苛刻 工作中不但承受大小不同的压力载荷（有时还是脉动循环载荷），而且工作介质多为有毒、易燃、易爆物质。

（2）容易超负荷 容器内压力常会因操作失误或发生异常反应而迅速升高，而且往往在发现时，容器已经破裂。如输入气量大于输出气量，液化气体充装过量，容器内气体爆炸等。

（3）局部应力比较复杂 在容器开口处和结构不连续处，常会因局部应力或交变载荷而引起疲劳破裂。

（4）容器内可能隐藏有严重缺陷 焊接或锻造的容器常会在制造中留下微小裂纹等严重缺陷，在工作中，一定条件下这些缺陷会导致容器突然破裂。

1.1.4 压力容器在工业生产中的应用

压力容器的用途极为广泛，在工业、民用、军工、医疗卫生、地质勘探等多个部门以及在科学研究的许多领域，都起着重要的作用。所以，要发展国民经济，就需要大量制造和使用各种压力容器。

石油化学工业是压力容器的主要用户，它所使用的压力容器约占总数的50%。几乎每一个工艺过程都离不开压力容器，而且还常常是生产中的主要设备。在石油化学工业中，许多化学反应过程都需在有压力的条件下才能进行，或者要用增高压力的方法来加快反应速度。例如，用氢和氮来制造合成氨，就需要在10~100MPa的压力下进行，而且许多参与这些反应的有压力的介质往往又都需要先经过精制、加热或冷却等工序，这些工艺过程所使用的设备必须是压力容器。随着石油化学工业的迅速发展，高分子聚合物的生产不断扩大，大部分聚合反应也需要在较高的压力下进行。如用乙烯气体聚合生成聚乙烯，用低压法生产需在3.5~10MPa的压力下进行，用高压法生产则需要100~250MPa，因此制取高分子聚合物的设备中不仅所使用的聚合釜是压力容器，这些单体分子在聚合反应前的一系列工艺生产过程中（储存、精制、加热等）也需要压力容器。

在化肥工业中，有氨合成塔、尿素合成塔、二氧化碳吸收塔、氮分离器等；在石油精炼装置中，有加氢脱硫反应器、加氢裂化反应器和各种分离塔、吸收塔及换热器等；在合成甲醇、合成乙醇工业中所用的各种大型高压容器；在乙烯装置中所用的各种低温压力容器；在聚乙烯装置中所用的各种超高压容器等，都属于典型的压力容器。

在能源工业中，随着世界性的能源危机，许多国家正在大力开发新的能源：一方面加紧开发埋藏量很大的煤气和天然气，以代替日渐枯竭的石油资源；另一方面积极发展核能发电、太阳能发电等新能源，上述能源装置均需要大量的压力容器。煤气化的操作温度为900~1000℃，其反应器的设计压力为3~8MPa，直径约10m，壁厚约200mm，高度大于30m。煤气化反应器的壳体不仅要在蠕变条件下操作，而且要承受硫化物的腐蚀、酸的腐蚀及氢脆，其操作环境的苛刻程度不亚于核能的钠冷却反应堆，其规格尺寸超过了目前最大的轻水型反应堆容器。

航天、海洋开发、军事等科技的发展，又为压力容器的应用开拓了新的更加广泛的领域，各类动力火箭均属于压力容器，甚至作为武器用的大炮，也可视为承受反复瞬时压力的开口容器。在海洋开发领域，各类深海探测器及军事上所用的潜艇，都是典型的外压容器。

在民用工业领域，压力容器也获得了广泛的应用，如煤气或液化气储罐；工业机械所用

的各种蓄能器，如水压机蓄势器、换热器、分离器，各类蒸煮釜等。

随着化工和石油化学工业的发展，压力容器的工作温度范围越来越宽，加之规模化生产的要求，许多工艺装置越来越大，压力容器的容量也随之不断增大，这些都对压力容器提出了更高的安全和技术要求。

1.2 压力管道概述

1.2.1 压力管道的定义

习惯上所说的压力管道，是指生产、生活中使用的可能引起燃爆或中毒等问题的危险性较大的特种管状设备，并不是简单意义上的受压管道，这也是本书所研究的压力管道的范畴。

根据国家质量监督检验检疫总局《特种设备目录》的规定，压力管道是指利用一定的压力，用于输送气体或者液体的管状设备，其范围规定为最高工作压力大于或者等于0.1MPa（表压）的气体、液化气体、蒸气或者可燃、易爆、有毒、有腐蚀性、最高工作温度高于或者等于标准沸点的液体介质，且公称直径不小于50mm的管道。公称直径小于150mm，且其最高工作压力小于1.6MPa（表压）的输送无毒、不可燃、无腐蚀性气体的管道和设备本体所属管道除外。

1.2.2 压力管道的分类

压力管道的用途广泛，品种繁多。不同领域内使用的管道，其分类方法也不同，可以按主体材料、敷设位置、输送介质特性、用途以及安全监督管理的需要进行分类。

1. 按主体材料分

可分为金属管道、非金属管道和复合材料管道。

金属管道包括铸铁管道、碳钢管道、低合金钢管道、高合金钢管道、有色金属管道等。其中，高合金钢管道包括铁素体不锈钢管道、奥氏体不锈钢管道、双相不锈钢管道、Cr-Mo耐热高强钢管道。

非金属管道包括塑料管道、陶瓷管道、玻璃纤维管道等。

复合材料管道包括金属复合管道、非金属复合管道和金属与非金属复合管道。

2. 按敷设位置分

可分为架空管道、埋地管道、地面敷设管道和地沟敷设管道等。

3. 按介质毒性分

可分为剧毒管道（极度危害）、有毒管道（非极度危害）、无毒管道。

4. 按介质燃烧特性分

可分为可燃介质管道和非可燃介质管道。

5. 按介质腐蚀性分

可分为强腐蚀性介质管道、腐蚀性介质管道、非腐蚀性介质管道。

6. 按安全监察管理的需要分

国家质量监督检验检疫总局批准颁布的“TSG特种设备安全技术规范”《压力容器压力

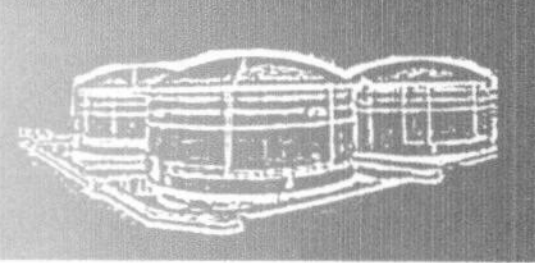

管道设计许可规则》（TSGR 1001—2008）根据操作工况及用途的不同将压力管道分为：长输管道 GA 类、公用管道 GB 类、工业管道 GC 类、动力管道 GD 类四大类。

1）长输管道：指产地、储存库、使用单位之间的用于运输商品介质的管道。长输管道根据所输送介质的不同可以分为输油管道、输气管道、输送浆体管道和输水管道等。输油、输气管道系统及输送浆体管道系统的总流程示意图如图 1-3~图 1-5 所示。

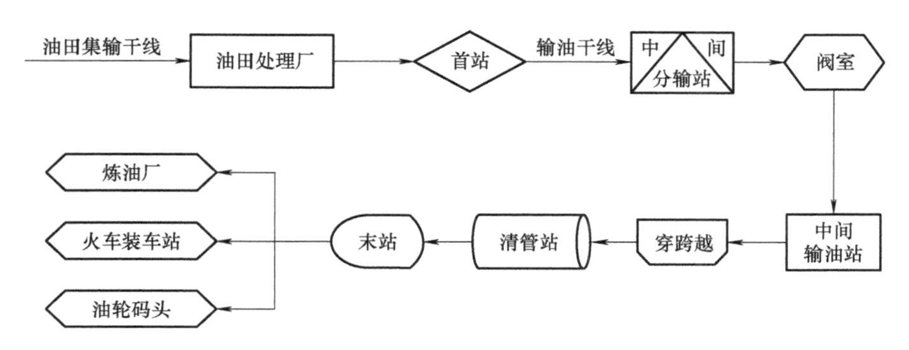

图 1-3 输油管道系统总流程示意图

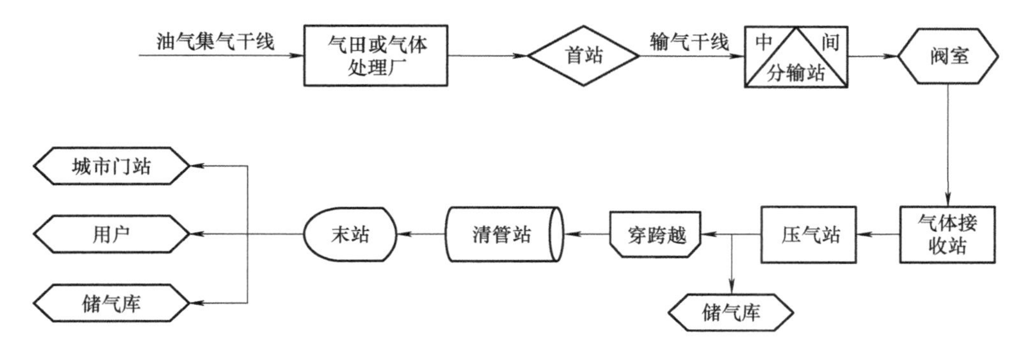

图 1-4 输气管道系统的总流程示意图

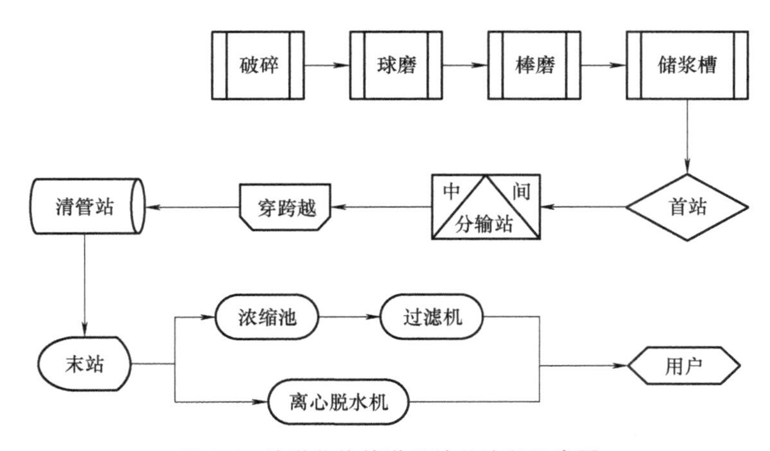

图 1-5 输送浆体管道系统总流程示意图

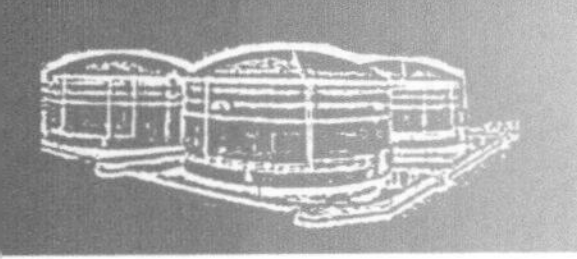

2）公用管道：公用管道是指城镇范围内用于公用或民用的燃气管道和热力管道。公用管道主要集中在城镇建设等公用事业行业。

3）工业管道：指工业企业用于输送工艺介质的工艺管道、公用工程管道和其他辅助管道。工业管道主要集中在石化、炼油、冶金、化工、电力等行业。

4）动力管道：火力发电厂用于输送蒸汽、汽水两相介质的管道。

具体类别见表1-1。针对不同类别的压力管道，需根据其危险程度分别提出技术及管理方面的要求。

表1-1 压力管道的类别

管道类别		输送介质的特征和设计条件
GA类（长输管道）	GA1	输送有毒、可燃、易爆气体介质，最高工作压力 $p>4.0$MPa 的长输管道
		输送有毒、可燃、易爆液体介质，最高工作压力 $p\geqslant 6.4$MPa，并且输送距离①$\geqslant$200km 的长输管道
	GA2	GA1以外的长输管道
GB类（公用管道）	GB1	城镇燃气管道
	GB2	城镇热力管道
GC类（工业管道）	GC1	输送毒性程度为极度危害介质②、高度危害气体介质和工作温度高于标准沸点的高度危害液体介质的管道
		输送火灾危险性为甲、乙类可燃气体或甲类可燃液体（包括液化烃）③，且设计压力 $p\geqslant 4.0$MPa 的管道
		输送除上述两项的流体介质，且设计压力 $p\geqslant 10.0$MPa，或者设计压力 $p\geqslant 4.0$ MPa，且设计温度 $t\geqslant 400$℃的管道
	GC2	除规定的GC3级管道外，介质毒性危害程度、火灾危险性（可燃性）、设计压力和设计温度小于规定的GC1级管道。
	GC3	输送无毒、非可燃流体介质，设计压力 $p\leqslant 1.0$ MPa，且 $-20℃<t$（设计温度）$\leqslant 185℃$ 的管道
GD类（动力管道）	GD1	设计压力 $p\geqslant 6.3$MPa，或者设计温度 $t\geqslant 400$℃的管道
	GD2	设计压力 $p\geqslant 6.3$MPa，且设计温度 $t<400$℃的管道

① 输送距离指产地储存库、用户间的用于输送商品介质管道的直接距离。

②《职业性接触毒物危害程度分级》（GBZ 230—2010）规定的。

③《石油化工企业设计防火规范》（GB 50160—2008）及《建筑设计防火规范》（GB 50016—2014）规定的火灾危险性。

1.2.3 压力管道的特点

现代工业生产中使用的压力管道种类有很多。以一套石油加工装置为例，它包含的压力容器少则几十台，多则百余台，但它所包含的压力管道却多达数千条，所用到的各种管道附件多达上万件乃至几万件，且这些管道元件往往由多家制造商供应，管道的安装又多是在现场进行的，因此压力管道的安全与管理显得尤为复杂。概括起来，压力管道有以下特点：

1）对系统完整性要求高。压力管道种类多、数量大，且工作环境常为高温、高压，所输送介质往往有毒、易燃、易爆且常具有腐蚀性，因此对系统的完整性有特别高的要求。

2）管道设计时既需要考虑满足工艺要求，又需要考虑具有一定的柔性。管道一般为常温安装，高温运行，金属材料受热会膨胀。若设计不当，可能在某些位置产生较大的应力和弯矩，影响管道或与管道连接设备的正常运行，因此在设计时需要考虑一定的柔性，以提高其吸收金属热膨胀变形的能力和抵抗振动的能力。

3）管道在运行过程中出现振动是一种常见的现象。压力管道的振源，可分为来自系统内和系统外的两大类。一般管道中最常见的振源是与管道相连的机器内的振动和管内流体的不稳定流动引起的振动。严重的振动会加速裂纹扩展，威胁系统的安全运行。

4）现场安装难度较大，技术要求高。管道的施工安装一般都在生产现场进行，环境和工作条件较差，温度和湿度难以控制。由于通常需要在高空作业，而管道的位置既不能随意移动，也无法旋转，所以，给安装作业带来了较大的困难。

5）管道组件和附件的质量要求高。管道体系庞大，由多个组成件、支承件组成，任意一个组件出问题都有可能导致严重事故。

1.2.4　压力管道在工业生产中的应用

压力管道在工业生产中的应用极为广泛，化工、石油、制药、能源、航空、环保、钢铁、公用工程等各类工业企业都不同程度地需要使用压力管道。

伴随着我国城市化进程的发展，燃气的民用、工业用气量需求不断增加，城市各级天然气管网规模不断扩大，尤其是燃气长输、高压管线，作为城市的生命线，与当地经济的发展和居民生活息息相关。

石油化工系统中，使用压力容器制备产品时，其原材料的输送和工艺流程中物料的运动与传输，都离不开压力管道。这些管道的工作条件各异，工作压力由真空、负压到300MPa以上的高压、超高压；工作温度由低于-200℃到高于1000℃不等，而且许多场合的工作介质都属于有毒、易燃、易爆的范畴。

我国的油气管道运输项目开始于20世纪70年代，在我国东北的大庆油田最早开始建设管道工程，经过近半个世纪的发展，目前我国的油气长输管道总里程累计已超过17万km。根据《中长期油气管网规划》，管网规模到2025年将达到24万km，届时全国省市区成品油、天然气干线管网全部连通，100万人口以上的城市成品油管道基本接入，50万人以上的城市天然气管道基本接入，国内即将迎来管道大发展时期。

经过多年的发展，我国的长输管道输送技术越来越完善，输送距离越来越长，输送压力也逐渐增高，管网建设也逐渐向网络化发展。我国的长输管道项目建设和管理已经达到了世界先进水平，而油气管道输送技术，近年来也获得了突破性的进展，易凝高黏原油管道输送和天然气管道输送技术均已达到国际先进水平。在建设陕京线、西气东输、中缅管道、中俄东线等划时代大型管道过程中，国内管道建设的“标准化、模块化、信息化”水平不断提高，已基本实现了设计数字化、施工机械化、管理信息化，在工程中利用实时数据采集和管网运行监控，实现集中监控和运行调度。大数据、云计算、物联网等新一代信息技术的日趋成熟，为智慧管网建设奠定了坚实基础。智慧管网通过实现管网“全数字化移交、全智能化运营、全业务覆盖、全生命周期管理”，形成“全方位感知、综合性预判、一体化管控、自适应优化”的能力，利于保障油气管网安全高效运行。

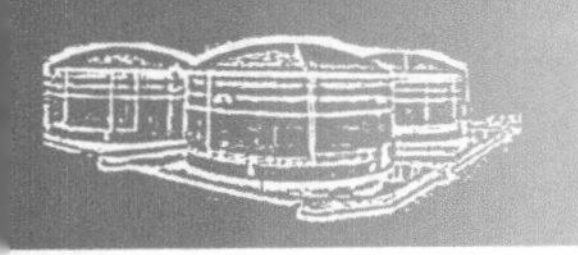

内容小结

1）压力容器与管道既是工业生产中广泛使用的特种设备，又是容易发生事故且往往是灾难性事故的特殊设备，因此需要关注其安全问题。

2）压力容器发生事故的可能性和危害程度与所盛装的工作介质、工作压力和容积有关。

3）纳入我国监察范围的固定式压力容器应同时具备以下条件：最高工作压力 $p \geqslant 0.1\text{MPa}$，内直径 $D \geqslant 0.15\text{m}$ 且容积 $V \geqslant 0.03\text{m}^3$，盛装介质为气体、液化气体以及介质最高工作温度大于或者等于其标准沸点的液体。

4）压力容器具有如下特点：使用条件苛刻、容易超负荷、局部应力较复杂、容器内可能隐藏有严重缺陷。

5）压力管道是指利用一定的压力，用于输送气体或者液体的管状设备，其工作介质范围规定为最高工作压力大于或者等于0.1MPa（表压）的气体、液化气体、蒸气或者可燃、易爆、有毒、有腐蚀性、最高工作温度高于或者等于标准沸点的液体介质，且公称直径不小于50mm的管道。

6）根据操作工况及用途的不同，可将压力管道分为长输管道、公用管道、工业管道和动力管道四大类。

7）压力管道具有如下特点：对系统完整性要求高；管道设计时既需要考虑满足工艺要求，又需要考虑具有一定的柔性；管道在运行过程中常出现振动；现场安装难度较大，技术要求高；管道组件和附件的质量要求高。

学习自测

1-1 为什么要研究压力容器与压力管道的安全问题？

1-2 纳入我国监察范围内的压力容器需满足哪些条件？

1-3 压力容器发生事故的可能性与哪些因素有关？这些因素是如何影响其发生事故的可能性的？

1-4 压力容器的特点有哪些？

1-5 我国《固定式压力容器安全技术监察规程》是如何确定其检查范围内的压力容器的类型的？

1-6 纳入我国监察范围内的压力管道是什么？

1-7 压力管道的特点有哪些？

1-8 通过查阅资料，试举一实例说明必须关注压力容器或压力管道的安全。

第2章 系统安全评价技术

学习目标

1）掌握系统安全评价的概念、内容和程序。
2）熟悉常见评价对象的危险危害因素辨识原则。
3）掌握并能熟练运用常用的系统安全评价方法。
4）掌握安全性评价单元划分方法。
5）掌握安全评价方法的选择原则。

2.1 系统安全评价概述

安全评价（safety assessment），也称为风险评价或危险评价，是以实现工程和系统的安全为目的，应用安全系统工程的原理和方法，对工程和系统中存在的危险及有害因素等进行识别与分析，判断工程和系统发生事故和职业危害的可能性及其严重程度，提出安全对策及建议，并制订防范措施和管理决策的过程。

2.1.1 安全评价的内容

安全评价是一个利用安全系统工程原理和方法，识别和评价系统及工程中存在的风险的过程。这一过程包括危险危害因素辨识和危险危害程度评价两部分。安全评价的基本内容如图2-1所示。

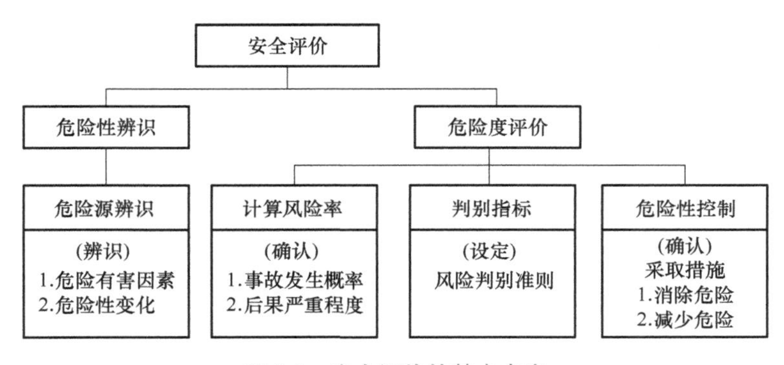

图2-1 安全评价的基本内容

危险危害因素辨识的目的在于辨识危险来源；危险危害程度评价的目的在于确定和衡量来自危险源的危险性、危险程度和应采取的控制措施，以及采取控制措施后仍然存在的危险性是否可以被接受。这两方面相互交叉、重叠于整个评价工作中。

2.1.2　安全评价的目的和意义

安全评价的目的是查找、分析和预测工程及系统中存在的危险和有害因素，分析这些因素可能导致的危险、危害后果和程度，提出合理可行的安全对策措施，指导危险源的监控，预防事故的发生，以实现最低事故率、最少损失和最优安全投资效益。

安全评价的意义在于可有效地预防和减少事故的发生，减少财产损失和人员伤亡。安全评价与日常安全管理和安全监督监察工作不同，它是从技术方面分析、论证和评估产生损失和伤害的可能性、影响范围及严重程度，提出应采取的对策措施。

2.1.3　安全评价的依据

安全评价是法律性、政策性很强的一项工作，必须严格依据我国现行的法律法规、标准、规范等进行评价，这些法规、标准在安全评价实践应用时应随法规、标准的修订或新法规、新标准的发布而及时更新。

安全评价的依据包括：国家和地方的有关法律法规和标准，企业内部的规章制度和技术规范，可接受风险标准以及前人的经验和教训等。

1. 法律法规

《中华人民共和国宪法》《中华人民共和国安全生产法》《中华人民共和国职业病防治法》《中华人民共和国消防法》《安全生产许可证条例》《危险化学品安全管理条例》《建筑施工企业安全生产许可证管理规定》等。

2. 标准

具体包括：国家标准、行业标准、地方标准、企业标准和国际标准等。其中强制性标准包括：国家标准GB系列、行业标准AQ系列、SH系列等；推荐性标准包括国家标准GB/T系列、行业标准AQ/T系列、SH/T系列等。

3. 风险判别指标

风险判别指标或判别准则的目标值，是用来衡量系统风险大小以及危险危害性是否可接受的尺度。常用的指标有安全系数、可接受指标、安全指标（包括事故频率、财产损失率和死亡概率等）或失效概率等。

4. 前人的经验和教训

收集国内外与评价项目相关的事故案例，分析其事故原因，吸取教训和采取安全技术措施。

2.1.4　安全评价的程序

安全评价程序主要包括：准备阶段、危险危害因素识别与分析、定性及定量评价、提出安全对策措施、形成安全评价结论及建议、编制安全评价报告等，如图2-2所示。

1. 准备阶段

明确被评价对象和范围，收集国内外相关法律法规、技术标准及工程和系统的技术资料。

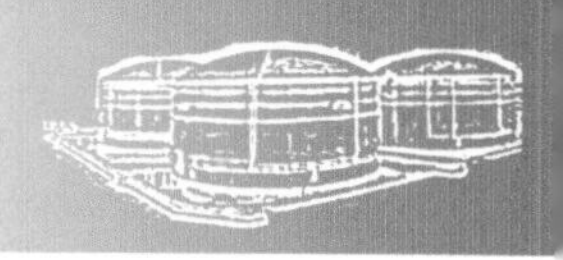

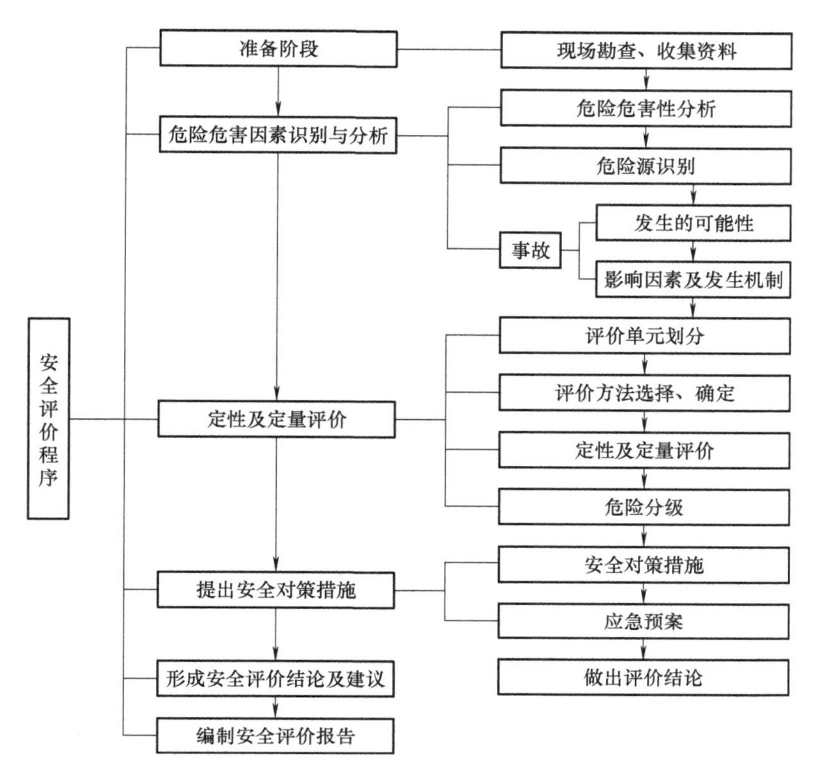

图 2-2　安全评价程序图

2. 危险危害因素识别与分析

根据被评价的工程和系统的情况，识别和分析危险危害因素，确定危险危害因素存在的部位、存在的方式、事故发生的途径及其变化的规律。

3. 定性及定量评价

在危险危害因素识别和分析的基础上，划分评价单元，选择合理的评价方法，对工程和系统发生事故的可能性和严重程度进行定性及定量评价。

4. 提出安全对策措施

根据定性、定量评价结果，提出消除或减弱危险危害因素的技术和管理措施及建议。

5. 形成安全评价结论及建议

简要地列出主要危险和有害因素的评价结果，指出工程、系统应重点防范的重大危险因素，明确生产经营者应重视的重要安全措施。

6. 编制安全评价报告

依据安全评价的结果编制相应的安全评价报告。

2.2　系统危险危害因素辨识

随着工业生产技术、设备等的不断更新，生产环境以及生产管理的不断改善，生产安全程度得到很大的提高。但是事故还是不断发生，不安全因素仍然大量存在。危险危害因素的

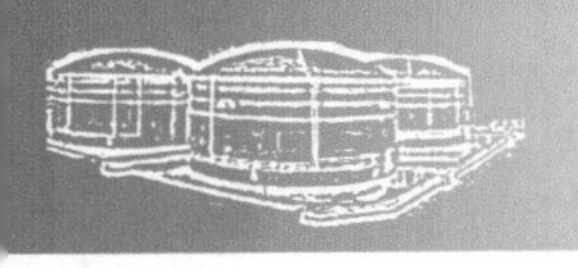

辨识是分辨、识别、分析确定系统内存在的危险，它是预测安全状态和事故发生途径的一种手段。这就要求进行危险危害因素识别时必须有科学的安全理论指导，对系统进行全面、详细的剖析，并分析其触发事件，使之能真正揭示系统安全状况、危险危害因素存在的部位和方式、事故发生的途径及其变化规律，并予以准确描述，以定性、定量的概念清楚地表示出来，用严密的合乎逻辑的理论予以解释。

2.2.1 生产工艺过程的危险危害因素辨识

1. 设计阶段危险危害因素辨识

对新建、改建、扩建项目设计阶段的危险危害因素应从以下几个方面进行辨识：

1）对设计阶段是否通过合理的设计进行考查，尽可能从根本上避免危险危害因素的发生。例如，是否采用无害化工艺技术，以无害物质代替有害物质并实现过程自动化等。

2）当消除危险危害因素有困难时，对是否采取了预防性技术措施来预防危险危害的发生进行考查。例如，是否设置安全阀、防爆阀（膜）；是否有有效的泄压面积和可靠的防静电接地、防雷接地、保护接地、漏电保护装置等。

3）当无法消除危险或危险难以预防时，对是否采取了减少危险危害发生的措施进行考查。例如，是否设置防火堤、涂防火涂料；是否是敞开或半敞开式的厂房；防火间距、通风是否符合国家标准的要求；是否以低毒物质代替高毒物质；是否采取减振、消声和降温措施等。

4）当无法消除、预防和减少危险的发生时，对是否将人员与危险危害因素隔离等进行考查。例如，是否实行遥控、设置隔离操作室、安装安全防护罩、配备劳动保护用品等。

5）当操作者失误或设备运行达到危险状态时，对是否能通过联锁装置来终止危险危害的发生进行考查。例如，考查是否设置锅炉极低水位时停炉联锁保护等。

6）在易发生故障和危险性较大的地方，对是否设置了醒目的安全色、安全标志和声光警示装置等进行考查。如厂内铁路或道路交叉口、危险品库、易燃易爆物质区等。

2. 安全现状评价时危险危害因素辨识

进行安全现状评价时，经常利用行业和专业的安全标准、规程进行分析辨识。例如，对化工、石油化工工艺过程的危险危害性辨识，可以利用该行业的安全标准及规程着重对以下几种工艺过程进行辨识：

1）存在不稳定物质的工艺过程。

2）含有易燃物料，且在高温、高压下运行的工艺过程。

3）在爆炸极限范围内或接近爆炸性混合物的工艺过程。

4）有可能形成尘、雾爆炸性混合物的工艺过程。

5）有剧毒、高毒物料存在的工艺过程。

6）工艺过程参数难以严格控制并可能引发事故的工艺过程。

3. 典型单元过程的危险危害因素辨识

单元操作过程中的危险性是由所处理物料的危险性决定的。例如，石油化工生产过程的催化裂化、加氢裂化、加氢精制等。这些单元过程的危险危害因素已经归纳总结在许多手册、规范、规程和规定中，通过查阅均能得到。这类方法可以使危险危害因素的识别比较系统，避免遗漏。

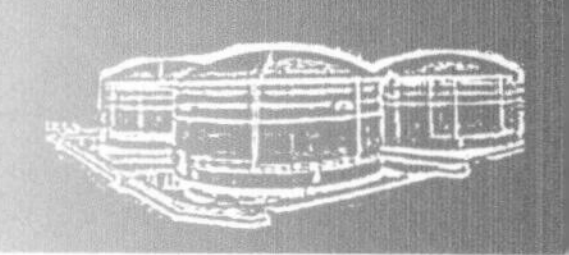

2.2.2　设备或装置的危险危害因素辨识

1. 工艺设备、装置的危险危害因素辨识

工艺设备、装置的危险危害因素辨识主要包括：设备本身是否能满足工艺的要求；标准设备是否由具有生产资质的专业工厂所生产、制造；是否具备相应的安全附件或安全防护装置，如安全阀、压力表、温度计、液压计、阻火器、防爆阀等；是否具备指标性安全技术措施，如超限报警、故障报警、状态异常报警等；是否具备紧急停车的装置；是否具有检修时不能自动投入运行，不能自动反向运转的安全装置等。

2. 专业设备的危险危害因素辨识

化工设备的危险危害因素辨识，主要检查这些设备是否有足够的强度、刚度；是否有可靠的耐蚀性；是否有足够的高温蠕变强度；是否有足够的疲劳强度；密封是否安全可靠；安全保护装置是否配套。

机械加工设备的危险危害因素辨识，可以根据相应的标准、规程进行。例如，机械加工设备的一般安全要求、磨削机械安全规程、剪切机械安全规程、电动机外壳防护等级等。

3. 承压设备的危险危害因素辨识

这里的承压设备主要是指锅炉、压力容器和压力管道。这些设备主要的危险危害因素有：带压工作介质、承压元件的失效和安全保护装置失效三种。

2.2.3　危险化学品的危险危害因素辨识

危险化学品包括爆炸品，压缩气体和液化气体，易燃液体，易燃固体、自燃物品和遇湿易燃物品，氧化剂和有机过氧化物，毒害品和感染性物品，放射性物品，腐蚀品等八大类、21 项（GB 13690—2009）。

1. 爆炸品的危险特性

爆炸品具有的危险特性有：敏感易爆性、遇热危险性、机械作用危险性、静电火花危险性、火灾危险性、毒害性等。

2. 压缩气体和液化气体的危险特性

压缩气体和液化气体具有的危险特性有：爆炸危险性、燃烧爆炸危险性、毒性、腐蚀性、窒息性等。

3. 易燃液体的危险特性

易燃液体具有的危险特性有：易挥发性、易燃性、易产生静电性、流动扩散性和毒害性。

4. 易燃固体、自燃物品和遇湿易燃物品的危险特性

易燃固体具有燃点低，对受热、撞击、摩擦敏感，易被外部火源点燃，燃烧迅速，并可能散发出有毒烟雾或有毒气体的危险特性。

自燃物品具有自燃点低，在空气中易发生氧化反应，放出热量而自行燃烧的危险特性。

遇湿易燃物品指具有遇水或受潮时，会发生剧烈化学反应，放出大量的易燃气体和热量的物品，有些不需明火，即能燃烧或爆炸。

5. 氧化剂和有机过氧化物的危险特性

氧化剂指具有强氧化性，易分解并放出氧和热量的物质，包括含有过氧基的无机物，可与粉末状可燃物组成爆炸性混合物的物质，另外还有对热、振动或摩擦较为敏感的物质。

有机过氧化物具有易燃、易爆、极易分解，对热、振动和摩擦极为敏感的危险特性。

6. 毒害品的危险特性

毒害品具有的危险特性有：溶解性、挥发性、氧化性、分解性、易燃易爆性等。

7. 腐蚀品的危险特性

腐蚀品具有的危险特性有：腐蚀性、氧化性、稀释放热性等。

2.2.4 作业环境的危险危害因素辨识

作业环境中的危险危害因素主要有危险物质、生产性粉尘、工业噪声与振动、温度与湿度以及辐射等。

1. 危险物质的危险危害因素辨识

生产中的原材料、半成品、中间产品、副产品以及储运中的物质以气态、液态或固态存在，它们在不同的状态下具有不同的物理、化学性质及危险危害特性，因此，了解并掌握这些物质固有的危险特性是进行危险辨识、分析和评价的基础。

危险物质的辨识应从其理化性质、稳定性、化学反应活性、燃烧及爆炸特性、毒性及健康危害等方面进行。

2. 生产性粉尘的危险危害因素辨识

在有粉尘的作业环境中长时间工作并吸入粉尘，就会引起肺部组织纤维化、硬化，丧失呼吸功能，导致肺病（尘肺病）。粉尘还会引起刺激性疾病、急性中毒或癌症。当爆炸性粉尘在空气中达到一定浓度（爆炸下限浓度）时，遇火源会发生爆炸。

生产性粉尘主要产生在开采、破碎、粉碎、筛分、包装、配料、混合、搅拌、散粉装卸及输送除尘等生产过程中。在对其进行辨识时，应根据工艺、设备、物料、操作条件等，分析可能产生的粉尘种类和部位。用已经投产的同类生产厂、作业岗位的检测数据或模拟实验测试数据进行类比辨识。通过分析粉尘产生的原因、粉尘扩散的途径、作业时间、粉尘特性等来确定其危害方式和危害范围。

3. 工业噪声与振动的危险危害因素辨识

工业噪声能引起职业性耳聋或引起神经衰弱、心血管疾病及消化系统疾病的高发，会使操作人员的操作失误率上升，严重时会导致事故发生。

4. 温度与湿度的危险危害因素辨识

温度与湿度的危险危害主要表现为：高温、高湿环境影响劳动者的体温调节、水盐代谢、消化系统、泌尿系统等。

在进行温度、湿度危险危害辨识时，应注意了解生产过程中的热源及其发热量，表面绝热层的有无，表面温度高低，与操作者的接触距离等情况。还应了解是否采取了防灼伤、防暑、防冻措施，是否采取了空调措施，是否采取了通风（包括全面通风和局部通风）换气措施，是否有作业环境温度、湿度的自动调节控制措施等。

5. 辐射的危险危害因素辨识

辐射主要分为电离辐射（如α粒子、β粒子、γ粒子和中子）和非电离辐射（如紫外线、射频电磁波、微波等）两类。电离辐射伤害则由α粒子、β粒子、γ粒子和中子极高剂

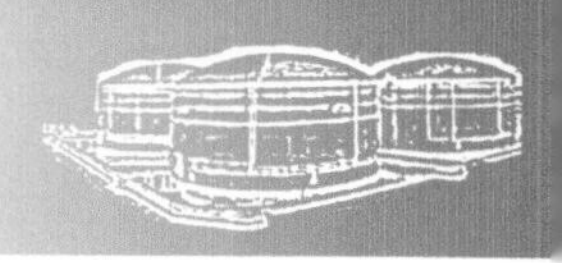

量的放射性作用所造成。非电离辐射中的射频辐射危害主要表现为射频致热效应和非致热效应两个方面。

在进行辐射危险危害辨识时，应了解是否采取了通过屏蔽降低辐射的措施，是否采取了个体防护措施等。

2.2.5 储运过程的危险危害因素辨识

原料、半成品及成品的储存和运输是企业生产不可缺少的环节。储运的物质中，有不少是危险化学品，一旦发生事故，必然造成重大的经济损失。危险化学品包括爆炸品，压缩气体和液化气体，易燃液体，易燃固体、自燃物品和遇湿易燃物品，氧化剂和有机过氧化物，有毒品及腐蚀品等。危险化学品储运过程中的危险危害因素辨识应从以下几方面进行。

1）爆炸品的储运危险因素应从单个仓库中最大允许储存量的要求，分类存放的要求，装卸作业是否具备安全条件，铁路、公路和水上运输是否具备安全条件，爆炸品储运作业人员是否具备相应的资质、知识等方面进行辨识。

2）整装易燃液体的储存危险性应从易燃液体的储存状况、技术条件，易燃液体储罐区堆垛的防火要求等方面进行辨识；其运输危险性应从装卸作业，公路、铁路和水路运输过程进行辨识。

3）散装易燃液体的储存危险性应从防泄漏、防流散、防静电、防雷击、防腐蚀、装卸操作和管理等方面进行辨识。

4）毒害品的储存危险性应从储存技术条件和库房两方面进行识别，主要包括物质危险性、分离储存、储存条件、防火间距、耐火等级、防爆措施等方面。

2.3 系统安全评价方法

安全评价方法是对项目（工程）或系统的危险、危害因素及其危险危害程度进行分析、评价的方法，是进行定性、定量安全评价的工具。目前，国内外已研究开发出许多种不同特点、不同适用对象和范围、不同应用条件的评价方法和商业化的安全评价软件包。每种评价方法都有其适用范围和应用条件，方法的误用会导致错误的评价结果，因此，在进行安全评价时，应根据安全评价对象和要实现的安全评价目标，选择适用的安全评价方法。

2.3.1 安全评价方法的分类

安全评价方法分类的目的是为了根据安全评价对象选择适用的评价方法。安全评价方法有多种分类标准，其中按评价结果的量化程度可以分为定性安全评价方法和定量安全评价方法。

1. 定性安全评价

定性安全评价方法主要是根据经验和直观判断能力对生产系统的工艺、设备、设施、环境、人员和管理等方面的状况进行定性的分析。安全评价的结果是一些定性的指标，如是否达到了某项安全指标、事故类别和导致事故发生的因素等。然后进一步根据这些因素从技术上和管理上提出安全对策措施建议。常用的定性安全评价方法有：安全检查法、预先危险性分析法、故障类型及影响分析法、故障假设分析法、危险和可操作性研究法、作业条件危险

性分析法、人的可靠性分析法等。

定性安全评价方法的特点是容易理解，便于掌握，评价过程简单。目前定性安全评价方法在国内外企业安全管理工作中被广泛使用。但定性安全评价方法往往依靠经验，带有一定的局限性，安全评价结果有时会因评价人员的经验和经历等不同，产生相当大的差异。同时由于安全评价结果不能给出量化的危险度，所以不同类型的对象之间安全评价结果缺乏可比性。

2. 定量安全评价

定量安全评价是运用基于大量的实验结果和广泛的事故资料统计分析获得的指标或规律（数学模型），对生产系统的工艺、设备、设施、环境、人员和管理等方面的状况进行定量的计算。安全评价的结果是一些定量的指标，如事故发生的概率、事故的伤害（或破坏）范围、定量的危险性、事故致因因素的事故关联度或重要度等。按照安全评价给出的定量结果的类别不同，定量安全评价方法还可以分为概率风险评价法、伤害（或破坏）范围评价法和危险指数评价法。

（1）概率风险评价法　即根据事故的基本致因因素的事故发生概率，应用数理统计中的概率分析方法，求取事故基本致因因素的关联度（或重要度）或整个评价系统的事故发生概率的安全评价方法。常用的有：故障类型及影响分析、事故树、事件树、概率评价法、马尔可夫模型分析、模糊矩阵法、统计图表分析法等。

（2）伤害（或破坏）范围评价法　即根据事故的数学模型，应用计算数学方法，求取事故对人员的伤害模型范围或对物体的破坏范围的安全评价方法。常用的有：液体泄漏模型、气体泄漏模型、气体绝热扩散模型、池火火焰与辐射强度评价模型、火球爆炸伤害模型、爆炸冲击波超压伤害模型、蒸气爆炸超压破坏模型、毒物泄漏扩散模型和锅炉爆炸伤害TNT当量法等。

（3）危险指数评价法　即应用系统的事故危险指数模型，根据系统及其物质、设备（设施）和工艺的基本性质和状态，采用推算的办法，逐步给出事故的可能损失、引起事故发生或使事故扩大的设备、事故的危险性以及采取安全措施的有效性的安全评价方法。常用的有：美国道化学公司的火灾、爆炸（危险）指数评价法、英国帝国化学公司的蒙德评价法、危险程度分级法等。

上述定性和定量安全评价方法的分类是基于传统意义上的一种分类方法，随着评价理论与方法的演化和发展，很多定性评价方法也可以成为半定量评价，甚至成为定量安全评价的方法，而定量方法里面也融入了定性的内容。也就是说大部分的评价方法已经实现了定性和定量结合的综合评价。具体内容和方法将在后面章节中详细描述。

2.3.2 安全检查表

1. 安全检查表的特点

安全检查表法（safety checklist analysis，SCA）是以表格形式罗列出安全检查、诊断项目或内容的清单，据此进行安全检查的一种方法。制订表格前，组织一批具有丰富经验并且对工艺、设备及操作熟悉的人员，事先对检查对象进行详细的分析和充分的讨论，确定出检查项目和检查要点，然后编制成表。制订安全检查表时，通常把检查对象分解为若干个子系统进行。安全检查表编制出来后，就可在以后的安全检查时，按既定的项目和要求，进行检查和诊断。

这种方法具有如下优点：

1）可以较为全面地找出生产装置的危险因素和薄弱环节。

2）简单明了，易懂易学，易掌握易实施。

3）应用范围广。

4）有利于各项安全法规和规章制度的执行和落实。

2. 编制的步骤

由工艺、设备、生产操作及管理人员组成编制小组，大致按以下步骤实施：

1）熟悉系统。

2）搜集同类系统的事故资料，以及相关的安全法规、标准、规范和制度，作为编制的依据。

3）将系统按功能、结构划分成子系统或单元，分别分析潜在的危险因素。

4）据此确定安全检查表的检查内容和要点，并按照一定的格式列表。

3. 注意事项

编制或使用检查表时应注意如下问题：

1）检查内容尽可能系统完整，不能遗漏关键危险因素，突出重点，抓住要害。

2）根据适用对象，检查内容应有所侧重，突出要害部位。

3）对重点危险部位需列出导致事故的所有危险因素，以便检查、发现、消除和防止事故的发生。

4）检查内容定义准确，应便于操作。

5）在实践中不断完善安全检查表。特别是在进行工艺改造或设备变更后，应及时修改检查内容，以适应实际生产需要。

6）对查出的问题及时反馈，落实整改措施，各环节的实施人员责任要明确。

4. 格式

安全检查表的格式应根据检查目的设计。例如，用于定性危险性分析的检查表和用于安全评价的检查表的检查内容就不同。进行定性危险性分析的检查内容包括类别、检查内容、检查结果、日期、检查者和备注栏等，备注栏的作用主要为记录所查出的问题；而进行安全评价的检查表则应根据检查评分的需要考虑设置相应的栏目。检查的内容可以采用提问式，结果用“是”或“否”表示，也可以用肯定式。

表 2-1 和表 2-2 是某单位编制的安全检查表，供参考。

表 2-1　石油化工设备安全检查表

序号	项目	内　容	合格	不合格	整改情况
1	锅炉、压力容器	1）政府监察部门颁发的锅炉、压力容器使用许可证齐全			
		2）锅炉、压力器按规定进行定期检查，建立档案			
		3）各种安全附件齐全完好，定期进行校验和检修，记录完整			
		4）建立锅炉运行和水质化验记录台账			

（续）

序号	项目	内　　容	合格	不合格	整改情况
2	压力管道	1）阀件、法兰、排放点、滑件、支架、吊架、保温、防腐等设备完好无损，符合安全要求和规定，建立管道管理档案			
		2）输送油品、液化石油气、燃料气、氧气、放空油气的管线，有良好的防静电措施			
		3）易腐蚀、易磨损的管道，要定期测厚和进行状态分析，有监测记录			
		4）有可靠的防止高低压及不同物料互窜的安全措施			
		5）长输易燃易爆物料管线，制订落实巡检制度和各项安全措施			
3	安全阀	1）安全阀定期校验，定压符合设计规范			
		2）铅封、铭牌完整，标志字迹清晰			
		3）储存易燃、有毒介质压力容器上的安全阀，应装设导管引至安全地点，要妥善安全处理			
		4）压力容器与安全阀之间的隔离阀应全开，并加链锁或铅封			
		5）运行、检修、试验资料齐全			
4	爆破表	爆破片选择符合设计要求，按规定定期更换并有记录			
5	压力表	1）压力表定期校验，有校验记录，有检验合格证和校验日期			
		2）铅封完好，表盘、表针清洁，表内无泄漏			
		3）标示最低、最高操作压力的警戒线			
6	液位计	1）液位显示清晰、准确，有指示最高、最低液位的明显标志			
		2）液位计及引出阀门活节完好，无泄漏			
		3）盛装易燃、毒性大等高度危害介质的压力器上的液位计，应有安全防护装置			
7	呼吸阀、阻火器、放空阀	运行正常完好，有定期检查记录			
检查人员			监督检查（分）站（章）		

检查的意见和建议：

单位：　　　　　　　　　　　　　　　　　　　　负责人签字：

年　月　日

表 2-2　消防（系统）、消防设施与管理（单元）安全检查表

序号	检查项目	内容要求	检查方法	应得分	评分标准	实得分	扣分原因
1	水蒸气灭火系统设置与压力	符合规定要求	查设计资料，现场抽查	8	设置不符要求扣 4 分 压力不符要求扣 4 分		
2	消防给水量及压力	符合规定要求	查设计资料，现场抽查	8	一项不符扣 4 分		
3	泡沫液储量及压力	符合规定要求	查设计资料，现场抽查	10	一项不符要求扣 5 分		
4	消防水池、消防栓、消防水枪设置	符合要求并完好	查资料，现场抽查	10	一项不符要求扣 5 分		
5	消防水泵、泡沫泵动力源	供电故障时，备用柴油机能迅速自起动	现场查看，查记录	8	一次不符要求不给分		
6	消防水及泡沫泵房	有管理制度、值班制度和记录	查资料，查记录	10	一项不完善扣 5 分		
7	手提式灭火机	配备符合要求并完好	查资料，现场抽查	10	一处不符要求扣 5 分		
8	消防通信、报警装置、火灾事故照明	符合规定并完好	查记录，现场抽查	6	一处不符合要求扣 2 分		
9	消防设施检查与保养	有制度并落实	查资料，查记录	10	制度不健全扣 5 分，不落实扣 5 分		
10	消防通道	保持畅通无阻	现场抽查	6	发现一处不符要求扣 3 分		
11	消防设施周围	按规定的要求不准堆物	现场抽查	6	发现一处不符要求扣 3 分		
12	消防管理	有计划、有目标、有实施对策	查资料	8	缺一项扣 3 分		

检查时间____________　检查人____________

2.3.3　预先危险性分析

预先危险性分析（preliminary hazard analysis，PHA）是指在一项工程活动（包括设计、施工、生产和维修等）之前，对系统存在的各种危险因素、出现的条件以及导致事故的后果进行宏观的、概略的分析，以便提出安全防范措施。这种方法的特点是在每一项活动之前进行分析，找出危险物质、不安全工艺路线和设备，对系统影响特别大的应尽量避免使用，

如果必须使用，则应从设计、工艺等方面采取防范措施，使危险因素不致发展为事故，取得防患于未然的效果。

这种方法适用范围广，凡能对系统造成影响的人、物及环境中潜在的危险有害因素都可用于识别和分析；方法简便，容易掌握和操作；既可以找出危险因素出现的条件，也能够分析危险转变为事故的原因，然后据此提出安全措施，可使所提措施具有考虑全面、针对性强等优点。因此，它是减少和预防事故、实现系统安全的有效手段。

1. 分析步骤

可按以下几个步骤进行预先危险性分析：

1）熟悉系统。在危险性分析之前，首先必须对系统的生产目的、工艺流程、操作条件、设备结构、环境状况以及同类装置或设备发生事故的资料，进行广泛搜集并熟悉和掌握。

2）识别危险。找出系统存在的各种潜在危险因素。在危险性识别时，要找出能造成人员伤亡、财产损失和系统影响的各方面因素，包括人为的误操作、机械与电气设备失控而可能发生的能量转移及环境因素等。由于危险因素存在一定的潜在性，分析人员必须有丰富的知识和经验，最好由工程技术人员、操作工人和管理人员组成小组共同讨论和分析。为防止发生遗漏，可将系统划分成若干个子系统，按子系统进行查找。

3）分析触发事件。触发事件亦即危险因素显现的条件事件。潜在危险因素在正常条件下是不会发生事故的，只有在一定条件下显现出来才有可能导致破坏性的后果。例如，乙烯具有燃烧爆炸的潜在危险性，但是如果把它密封在容器里，不与空气接触是不会发生火灾爆炸事故的，只有泄漏到空气中并形成一定浓度的爆炸性混合物，才有可能引起火灾爆炸。乙烯泄漏的原因就是触发事件。

4）找出形成事故的原因事件。危险因素出现以后要发展为事故还需要一定的条件，这就是事故的原因事件。如上述事例中的乙烯在空气中的浓度达到爆炸极限。

5）确定事故情况和后果。危险因素查出以后，需进行研究，确定危险因素可能导致什么样的事故，造成哪些破坏后果。

6）划分危险因素的危险等级。系统或子系统查出的危险因素可能有很多，为了保证所采取的安全措施有轻重缓急、先后次序，对这些危险因素按造成后果的严重程度划分为四个危险等级，划分的原则见表2-3。

7）制订安全措施。针对危险因素出现条件及形成事故的原因制订相应的安全措施。为了便于分析和查找，将分析项目列成表格，逐项进行检查。

表2-3 危险等级划分表

危险等级	影响程度	定义
1级	安全的	尚不能造成事故
2级	临界的	处于事故的边缘状态，暂时还不会造成人员伤亡和财产损失，应予以排除或及时采取措施
3级	危险的	必然会造成人员伤亡和财产损失，要立即采取措施
4级	破坏性的	会造成灾难性事故（伤亡严重、系统破坏），必须立即排除

2. 事例分析

1）无水氟化氢生产系统成品储存包装单元预先危险性分析。表 2-4 是某单位的无水氟化氢生产系统成品储存包装单元预先危险性分析表。该单元是将制得的纯品无水氟化氢经冷凝器冷凝后储存在储罐内。为保持氟化氢呈液体状态，储罐外装有夹层，通过循环冷冻盐水降温。储罐内的氟化氢需要时通过管道充装到气瓶内。瓶内充装液体的量用台秤计量。

表 2-4　无水氟化氢生产系统成品储存包装单元预先危险性分析表

危险危害因素	充装时氢氟酸泄漏	气瓶充装过量	气瓶腐蚀穿孔	成品罐压力过高
触发事件	1）阀门、管道连接处密封不良 2）拆卸钢瓶时管内有余液	1）台秤计量不准 2）违反操作规程	1）使用时间过长 2）充装时未排尽水分	1）超量盛装 2）冷冻盐水循环不正常
现象	刺激气味		刺激气味	压力高
事故情况	人员中毒或灼伤	受热或存放时破裂爆炸	人员中毒或灼伤	容器破裂，氢氟酸外溢，人员中毒或灼伤，厂房地坪腐蚀
事故原因	操作人员在现场违规操作，且无应有的个体防护用品	压力增加，超过气瓶承受能力	1）车间内氟化氢浓度超标 2）人在现场操作或抢修，无个体防护措施	超过容器承受能力
后果	中毒或灼伤；重者可死亡	压力增加，超过气瓶承受能力	中毒或灼伤，重者可死亡	中毒或灼伤；重者可死亡，财产损坏
等级	3	3~4	3	3~4
措施	1）通风排毒 2）充装时阀门、管道等密封良好 3）气瓶充完先用蒸气将管内余液汽化回收入系统再拆卸 4）充装时工人必须穿戴防护服、手套、面罩等 5）现场设眼及皮肤冲洗设备、急救药品及紧急处理用碱中和液	1）定期校验台秤，并安装超装报警仪 2）加强教育，操作人员严格执行操作规程 3）存放时防止太阳暴晒，远离热源 4）充装时双人双秤互校复验	1）使用和储存气瓶处通风良好 2）进入现场必须穿戴防护服、手套、靴、防护面罩等 3）定期检验气瓶，过期不得使用 4）充装前对气瓶处理并抽真空，将气体排至安全处 5）车间安装眼及皮肤冲洗设备，备有急救药品、碱中和液	1）储槽设夹套冷却，经常检查冷冻盐水，保证循环正常 2）设置储罐液位报警装置 3）人进入现场处理必须穿戴防护服、手套、靴、防护面罩等 4）车间安装眼及皮肤冲洗设备、备有急救药品及紧急处理用碱中和液 5）储罐周围设防液堤，并将液体导入接收槽 6）地坪需防腐蚀

2）油库大修预先危险性分析。油库大修预先危险性分析见表 2-5。

表 2-5 油库大修预先危险性分析表

序号	工 序	危险因素	触发事件	形成事故	后果	危险等级	预防措施
1	油品清除	地下室油气浓度达到爆炸极限范围	碰撞、摩擦火花、电气火花	爆炸火灾	人身伤亡财产损失	3级	油品清除前将门打开通风，作业人员不得穿化纤衣物，鞋底不准有铁钉，作业时严禁撞击，切断室内一切电路，配用防爆电筒
2	罐侧墙开通风洞孔	地下室油气达到爆炸极限范围	碰撞火花	爆炸火灾	人身伤亡财产损失	3级	油罐内注满清水，排净残油，开洞施工时边拆边浇水，室内水泥地面垫湿草袋，施工时应有消防人员配合
3	罐体要设防静电接地装置	焊接高温	罐内残油发生化学变化，溢出燃爆气体	燃烧	人身灼烫	2级	焊接作业前测试油气浓度在爆炸极限范围之外，通风、焊接点尽可能远离罐壁体，作业中可靠通风、消防监护
4	罐体反接地体防腐蚀处理	防腐蚀作业中材料高温	作业区油气浓度达到爆炸极限范围	燃爆	人身灼烫	2级	防腐作业前及作业中必须可靠通风
5	罐口改造					1级	卸装罐盖防止火花
6	地下室通风、采光改造工程	地下室内油气聚集	明火近罐引燃	燃爆	人身灼烫	2级	焊接作业前测试油气浓度在爆炸极限范围之外，通风、焊接点尽可能远离罐壁体，作业中可靠通风、消防监护
7	罐体抽水放水					1级	必须使用防爆工具
8	管道连接施工	地下室及空罐内残存油气	明火引燃	燃爆	人身灼烫	1级	施工前，测试油气浓度并采取通风置换措施，使油气在爆炸极限范围之外

2.3.4 危险和可操作性研究

危险和可操作性研究（hazard and operability studies，HAZOP）是查明生产装置和工艺过程中工艺参数及操作控制中可能出现的偏差、变动或危险，找出其原因，分析其后果，寻求必要对策的一种分析方法。

该法是 1974 年由英国帝国化学公司（ICI）开发出来的，主要用于工程项目设计审查阶段查明潜在危险性的操作难点，以便确定对策加以控制。这种方法能对动态变化过程中新出现的危险性做出判断。化工生产中，工艺参数的控制是非常重要的，因此这种方法特别适用于化工装置设计审查和运行过程中的危险性分析。目前该法应用范围在逐渐扩大，现已发展到机械、运输等行业，欧美等国家地区都在普遍推广应用。

1. 工作原理

HAZOP 的基本原理是全面考察分析对象，对每个细节提出问题。例如，在工艺过程考查中，要了解每一阶段在生产运转中温度、压力、流量等参数有哪些可能会和设计要求不一致——发生偏差。进一步研究出现偏差的原因和产生的后果，以及采用何种措施加以解决等。

2. 分析步骤

1）建立研究小组。首先，应成立一个由相关工程技术人员、安全工作者、操作工人等各方面专家组成的研究小组，并确定一名具有丰富经验且掌握分析方法的人员作为组长，以便确定分析点，引导大家深入讨论。

2）资料准备。HAZOP 研究的内容比较深入细致，因此在分析之前必须准备详细的资料，包括设计说明书、工艺流程图、平面布置图、设备结构图，以及各种参数的控制和管路系统图，搜集有关的规程和事故案例。并熟悉工艺条件、设备性能和操作要点。

3）将系统划分成若干个部分。根据工艺流程和操作条件，将分析对象划分成若干个适当的部分。明确各部分的功能及正常的参数和状态。

4）分析偏差。分析偏差的步骤一般是这样的：首先，根据经验调查危险源；然后，识别转化条件，进一步划分危险等级，提出预防事故发生的措施。

为了使分析保持在一定的范围内，防止遗漏和过多提问，方法中规定了七个引导词，按引导词逐个找出偏差。引导词的名称和含义见表 2-6。

5）结果整理。整个系统分析完毕后，对所提出的安全措施进行归纳和整理，以供设计人员修改设计或有关部门参考。

表 2-6 引导词名称和含义

引导词		含 义	说 明
NO	否	完全违背原来意图	如输入物料时，流量为零
MORE	多	与标准值比，数量增加	如流量、温度、压力高于规定值
LESS	少	与标准值比，数量减少	如流量、温度、压力低于规定值
AS WELL AS	以及	除正常事件外，有多余事件发生	如有另外组分在流动，或液体发生沸腾等相变
PART OF	部分	只完成规定要求的一部分	如应输送两种组分，只输送了一种
REVERSE	相反	出现与规定要求相反的事件	如反向输送或发生逆反应
OTHER THAN	其他	出现了与规定要求不同的事件	发生了异常事件和状态

3. 分析举例

某反应器系统如图 2-3 所示。该反应是放热的，为此在反应器的夹套内通入冷冻盐水以

移走反应热。如果冷冻盐水流量减少，会使反应器温度升高，反应速度加快，以致反应失控。在反应器上安装有温度测量控制系统，并与冷冻盐水进口阀门连接，根据温度控制冷冻盐水流量。为安全起见，安装了温度报警器，当温度超过规定值时自动报警，以便操作者及时采取措施。该系统在反应中的安全性主要取决于温度的控制，而温度又与冷冻盐水流量有关，因此冷冻盐水流量的控制是至关重要的。下面用引导词对冷冻盐水流量进行 HAZOP 分析，将分析的结果直接填入表 2-7。

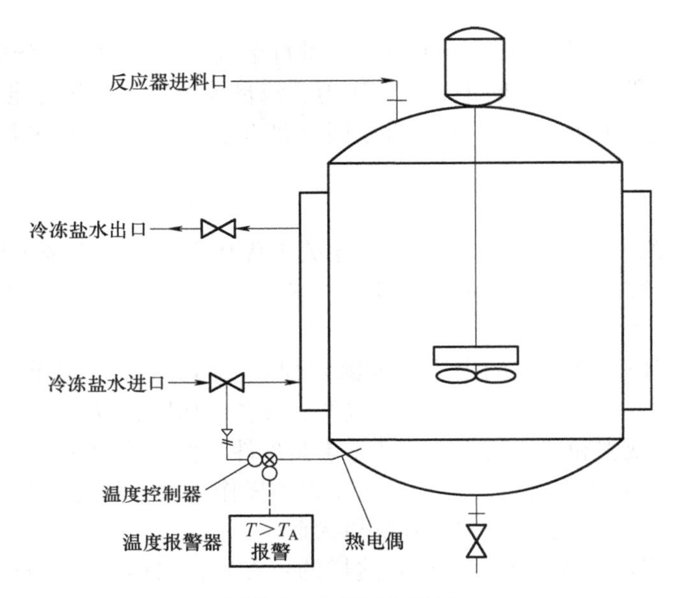

图 2-3 放热反应系统

表 2-7 反应器系统危险和可操作性研究分析结果

引导词	偏 差	原 因	后 果	措 施
否（NO）	没有冷冻盐水	1）控制阀失效，阀门关闭 2）冷却管堵塞 3）水源无水 4）控制器失效，阀门关闭 5）气压使阀门关闭	1）反应器内温度升高 2）热量失控，反应器爆炸	1）安装备用控制阀或手动旁路阀 2）安装过滤器，防止垃圾进入管线 3）设置备用水源 4）安装备用控制器 5）安装高温报警器 6）安装高温紧急关闭系统 7）安装冷冻盐水流量计和低流量报警器
多（MORE）	冷冻盐水流量偏高	1）控制阀失效，开度过大 2）控制器失效，阀门开度过大	反应器内温度降低，反应物增加，保温失控	1）安装备用控制阀 2）安装备用控制器

（续）

引导词	偏　差	原　因	后　果	措　施
少（LESS）	冷冻盐水流量偏低	1）控制阀失效而关小 2）冷却管部分堵塞 3）水源供水不足 4）控制器失效，阀门关小	1）反应器内温度升高 2）热量失控，反应器爆炸	1）安装备用控制阀或手动旁路阀 2）安装过滤器，防止垃圾进入管线 3）设置备用水源 4）安装备用控制器 5）安装高温报警器，警告操作者 6）安装高温紧急关闭系统 7）安装冷冻盐水流量计和低流量报警器
以及（AS WELL AS）	冷冻盐水进入反应器	反应器壁破损，冷冻盐水水压高于反应器压力	1）反应器内物质被稀释 2）产品报废 3）反应器过满	1）安装高位和（或）压力报警器 2）安装溢流装置 3）定期检查维修设备
	产品进入夹套	反应器壁破损，反应器压力高于冷冻盐水压力	1）产品进入夹套而损失 2）生产能力降低 3）冷却能力下降 4）水源可能被污染	1）定期检查维修设备 2）在冷冻盐水管上安装止逆阀防止逆流
部分（PART OF）	只有一部分冷冻盐水	同“冷冻盐水流量偏低”	同“冷冻盐水流量偏低”	同“冷冻盐水流量偏低”
相反（REVERSE）	冷冻盐水反向流动	1）水源失效导致反向流动 2）由于背压而倒流	冷却不正常，有可能引起反应失控	1）在冷冻盐水管上安装止回阀 2）安装高温报警器，以警告操作者
其他（OTHER THAN）	除冷冻盐水外的其他物质	1）水源被污染 2）污水倒流	冷却能力下降，可能反应失控	1）隔离冷冻盐水水源 2）安装止回阀，防止污水倒流 3）安装高温报警器

2.3.5　作业条件危险性评价法

这种方法是由美国格雷厄姆（K. J. Graham）和金尼（G. F. Kinney）提出的。它是从事故发生的可能性（L）、人员暴露于危险环境的频繁程度（E）和一旦发生事故可能造成的后果（C）三个方面因素分别评分，并用它们的乘积来评价作业条件的潜在危险性大小。

评价标准如下：

1. 事故发生的可能性（L）

事故或危险事件发生的可能性是对事故发生概率的定性描述。绝对不发生的事故概率为0，必然发生的事故概率为1。在实际作业时绝对不发生事故是不可能的，只能说事故发生的可能性极小，规定这种情况的分值为0.1，对事故必然要发生的分值给予10，处于这两种情况之间的，规定了若干个中间值，具体内容见表2-8。

表2-8 事故发生可能性分值（L）

分值数	事故发生可能性	分值数	事故发生可能性
10	完全会被预料到	0.5	可以设想，很不可能
6	相当可能	0.2	极不可能
3	可能，但不经常	0.1	实际上不可能
1	完全意外，很少可能		

2. 人员暴露于危险环境的频繁程度（E）

人员暴露在危险环境中的频繁程度越高，受到伤害的可能性越大，相应的危险性也越大。方法中规定人员连续出现在危险环境的分值为10；对于分值为0则表示人员根本不暴露于危险环境中，没有实际意义，故规定非常小的暴露的分值为0.5，两者之间规定了若干个中间值，见表2-9。

表2-9 人员暴露于危险环境频繁程度分值（E）

分值数	暴露于危险环境的频繁程度	分值数	暴露于危险环境的频繁程度
10	连续暴露	2	每月暴露一次
6	每天工作时间内暴露	1	每年几次暴露
3	每周一次或偶然暴露	0.5	非常罕见地暴露

3. 事故可能造成的后果（C）

事故造成人员伤害的变化范围很大，规定把需要治疗的轻伤对应分值为1，多人同时死亡的分值为100，其他情况分值在1～100之间，见表2-10。

表2-10 事故后果分值（C）

分值数	事故可能造成的后果	分值数	事故可能造成的后果
100	>10人以上死亡	7	严重伤残
40	≤10人死亡	3	有伤残
15	1人死亡	1	轻伤，需救护

4. 危险性等级的划分

L、E、C三个因素的分值确定之后，可用下式计算作业的危险性分值（D）：

$$D=LEC \tag{2-1}$$

根据经验，按D的分值划分成5个危险等级，具体标准见表2-11。

表2-11 危险性等级划分

危险性分值	危险程度	危险性分值	危险程度
≥320	极度危险，不能继续作业	20～70	比较危险，需要注意
160～320	高度危险，需要立即整改	<20	稍有危险，可以接受
70～160	显著危险，需要整改		

2.3.6　风险矩阵评价法

风险矩阵评价法是一种在实践中常用的风险量化方法，由美国空军电子系统中心采办工程小组于1995年4月提出。风险程度的高低主要取决于风险发生的可能性与风险影响程度两个因素。这种有两个自变量的函数关系可以用矩阵的形式来表示。风险矩阵评价法是定性与定量相结合的方法，包括风险矩阵图和风险矩阵表两种方法。

1. 风险矩阵图

风险矩阵图把风险发生可能性的高低、风险发生后对目标的影响程度，作为两个维度绘制在同一个平面上（即绘制成直角坐标系）。对风险发生可能性的高低、风险对目标影响程度的评估有定性、定量两种方法。定性方法是直接用文字描述风险发生可能性的高低、风险对目标的影响程度，如“极低”“低”“中等”“高”“极高”等。定量方法是对风险发生可能性的高低、风险对目标影响程度用具有实际意义的数量描述，如对风险发生可能性的高低用概率来表示，对目标影响程度用损失金额来表示。

绘制风险矩阵图的目的在于对多项风险进行直观的比较，从而确定各风险管理的优先顺序和策略。按照风险程度的高低将风险坐标图划分为 A、B、C 3个区域，如果风险处于 A 区域则属于高风险，必须优先安排实施各项防范措施，要尽可能创造条件努力规避；处于 B 区域属于中度风险，需要严格控制，专门制订各项控制措施；处于 C 区域属于相对较低的风险，可以保持目前的安全管理水平，不再增加新的控制措施。

例如，通过对某铁路公司施工作业人身的撞击、高处坠落、高空落物、触电、机械伤害和其他伤害6类风险调查研究（表2-12），根据风险发生的可能性和影响程度绘制综合风险矩阵图。

表2-12　某铁路施工企业风险矩阵表

事故类型	撞击	高处坠落	高空落物	触电	机械伤害	其他伤害
可能性（P）	4	5	4	2	3	2
影响程度（R）	5	4	3	4	2	2
符号	●	◆	○	◎	◇	□

根据表2-12中风险类型调查研究的结论，可以在由风险发生可能性纵轴 P，风险影响程度横轴 R 所组成的直角坐标图中，绘制风险矩阵图（图2-4）。

分析：对于 A 区域中的“撞击”和“高处坠落”风险必须优先安排实施各项防范措施，对于这种在作业过程中影响程度和发生的可能性都很大的风险，要尽可能创造条件努力规避；对于 B 区域中的“误操作”“组织失误”“高空落物”和“机械伤害”等各项风险，需要严格控制，专门制订各项控制措施；对于 C 区域中的“其他伤害”风险，可以保持目前的安全管理水平，不再增加新的控制措施。

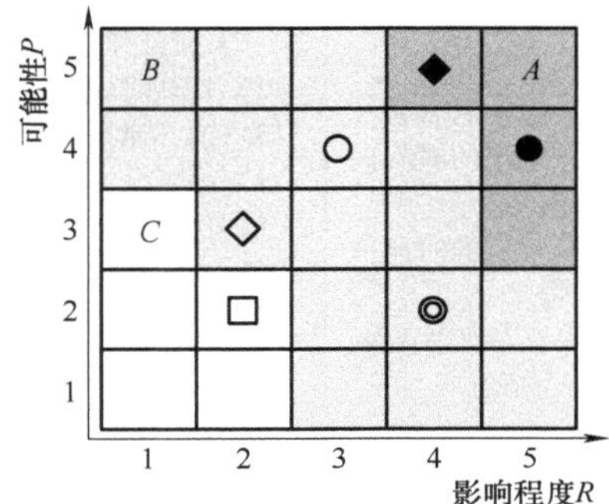

图2-4　某铁路施工企业风险矩阵图

2. 风险矩阵表

风险发生的可能性、风险后果及风险在坐标图中位置所表示的风险程度，也可以用风险矩阵表来表示。如铁路隧道施工中各类主要风险的风险程度评价可以列入综合风险矩阵表，见表 2-13。

表 2-13　隧道施工综合风险矩阵表

风险项目	风险发生可能性	风险影响程度	风险程度
隧道坍塌			
岩爆			
突泥涌水			
瓦斯爆炸			
火灾			
机械伤害			
暗河			

2.3.7 故障类型与影响分析

故障类型与影响分析（failure mode and effects analysis，FMEA）是采用系统分割的方法，根据需要将系统划分为子系统或元件，然后逐个分析各种潜在的故障类型、原因及对子系统乃至整个系统产生的影响，以便制订措施加以消除和控制。FMEA 分析的目的是辨识单一设备和系统的故障模式及每种故障模式对系统或装置造成的影响。评价人员通常据此提出增加设备可靠性的建议，进而提出工艺安全对策。

1. 故障及故障类型

（1）故障　元件、子系统、系统在运行时，达不到设计要求，因而完不成规定的任务或完成得不好。

（2）故障类型　系统、子系统或元件发生的每一种故障的形式称为故障类型。例如，一个阀门故障可以有四种故障类型：内漏、外漏、打不开、关不严。各种故障类型一般可按表 2-14 分类考虑。

表 2-14　故障类型

故障类型		故障原因
各类故障粗分： 1）过早的启动 2）规定的时间内不能启动 3）规定的时间内不能停车 4）运行管理降级、超量或受阻	各类故障细分： 1）构造方面的故障、物理性咬紧、振动，不能定位、不能打开、不能关闭 2）打开时故障、关闭时故障 3）内部泄漏、外部泄漏 4）高于允许偏差、低于允许偏差 5）反向动作、间歇动作、误动作、误指示 6）流向偏向一侧、传动不良、停不下来 7）不能启动、不能切换、过早启动、动作滞后 8）输入量过大、输入量过小、输出量过大、输出量过小 9）电路短路、电路开路 10）漏电、其他	1）设计上的缺点 （由于设计上的先天不足，或者图样不完善等） 2）制造上的缺点 （加工方法不当或组装方面的失误） 3）质量管理上缺点 （检验不够或失误以及管理不当） 4）使用上的缺点 （误操作或未设计条件操作） 5）维修方面的缺点 （维修操作失误或检修程序不当）

2. 故障等级划分

根据故障类型对系统或子系统影响的程度不同而划分的等级称为故障等级。划分故障等级主要是为了划分轻重缓急采取相应的对策，提高系统的安全性。划分方法有很多种，大多根据故障类型的影响后果划分。

（1）定性分级方法　也称为直接判断法，将故障等级划分为 4 个等级，见表 2-15。

表 2-15　故障类型等级划分

故障等级	影响程度	可能造成的损失
Ⅰ	致命性	可造成死亡或系统破坏
Ⅱ	严重性	可造成严重伤害、严重职业病或主系统损坏
Ⅲ	临界性	可造成轻伤、轻职业病或次要系统损坏
Ⅳ	可忽略性	不会造成伤害和职业病，系统不会受到损坏

（2）半定量分级方法　由于直接判断法只考虑了故障的严重程度，具有一定的片面性。为了更全面地确定故障的等级，可以依据损失的严重程度、故障的影响范围、故障发生的频率、防止故障的难易程度和工艺设计情况确定。

1）评点法。在难以取得可靠性数据的情况下，可以采用评点法，此法较简单，划分精确。它从几个方面来考虑故障对系统的影响程度，用一定点数表示影响程度的大小，通过计算，求出故障等级。查表法是常用的一种评点数方法，即根据评点因素表（表 2-16），求出每个项目的点数后，按下式相加，计算出总点数。

$$C_s = C_1 + C_2 + C_3 + C_4 + C_5 \tag{2-2}$$

表 2-16　评点因素表

评点因素	内　容	点　数
故障影响大小	造成生命损失	5.0
	造成相当程度的损失	3.0
	元件功能有损失	1.0
	无功能损失	0.5
对系统影响程度	对系统造成两处以上的重大影响	2.0
	对系统造成一处以上的重大影响	1.0
	对系统无过大影响	0.5
发生频率	容易发生	1.5
	能够发生	1.0
	不易发生	0.7
防止故障的难易程度	不能防止	1.3
	能够防止	1.0
	易于防止	0.7
是否是新设计的工艺	内容相当新的设计	1.2
	内容和过去相类似的设计	1.0
	内容和过去同样的设计	0.8

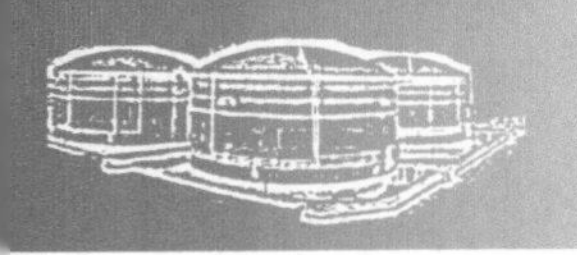

由上述方法求出的总点数 C_s，可按表2-17选取故障等级。

表2-17　评点数与故障等级

故障等级	评点数（C_s）	内　容	应采取的措施
Ⅰ致命	7~10	完不成任务，人员伤亡	变更设计
Ⅱ重大	4~7	大部分任务完不成	重新讨论，也可变更设计
Ⅲ轻微	2~4	一部分任务完不成	不必变更设计
Ⅳ小	<2	无影响	无

2）风险矩阵法。综合考虑故障发生的可能性及造成后果严重度来确定故障等级。根据严重度和故障概率数据，画出风险矩阵图，根据风险所处的区域即可确定故障类型的风险率高低。详细操作方法见2.3.6节。

3. 分析步骤

进行FMEA时，可按照下述步骤进行。

（1）明确系统本身的情况和目的　分析时首先要熟悉有关资料，从设计说明书等资料中了解系统的组成、任务等情况，查出系统含有多少子系统，各个子系统又含有多少单元或元件，了解它们之间如何接合，熟悉它们之间的相互关系、相互干扰以及输入和输出等情况。

（2）确定分析程度和水平　一开始分析时便要根据所了解的系统情况，决定分析到什么水平，这是一个很重要的问题。如果分析程度太浅，就会漏掉重要的故障类型，得不到有用的数据；如果分析的程度过深，一切分析都细到元件甚至零部件，则会造成手续复杂，做起措施来也很难。一般来讲，经过对系统的初步了解后，就会知道哪些子系统比较关键、哪些次要。对关键的子系统可以分析得深一些，次要的分析得浅一些，甚至可以不进行分析。

对于一些功能像继电器、开关、阀门、储罐、泵等都可当作元件对待，不必进一步分析。

（3）绘制系统图和可靠性框图　一个系统可以由若干个功能子系统组成，如动力、设备、结构、燃料供应、控制仪表、信息网络系统等。为了便于分析，对复杂系统可以绘制各功能子系统相结合的系统图以表示各子系统间的关系。对简单系统可以用流程图代替系统图。

从系统图可以继续画出可靠性框图，它表示各元件是串联的或并联的以及输入/输出情况。由几个元件共同完成一项功能时用串联连接，元件有备品时则用并联连接，可靠性框图内容应和相应的系统图一致。

（4）故障类型分析　按照可靠性框图，根据过去的经验和有关的故障资料，列举出所有的故障类型，填入FMEA表格内。然后从其中选出对子系统乃至系统有影响的故障类型，深入分析其影响后果、故障等级及应采取的措施。

使用FMEA方法的特点之一就是制表。由于表格便于编码、分类、查阅、保存，所以很多部门都会根据自己情况拟出不同表格（表2-18和表2-19），但基本内容相似。

表 2-18　故障类型影响分析表格（一）

系统______子系统______ 组件______				故障类型影响分析						日期______制表______主管______ 审核______			
分析项目				功能	故障类型及造成原因	任务阶段	故障影响			故障检测方法	改正处理所需时间	故障等级	修改
名称	项目号	图纸号	框图号				组件	子系统	系统（任务）				

表 2-19　故障类型影响分析表格（二）

系　统______ 子系统______		故障类型影响分析			工具______ 制表______ 主管______	
框图号	子系统项目	故障类型	推断原因	对子系统影响	对系统影响	故障等级

（5）列出造成故障的原因　对危险性特别大的故障类型，如故障等级为Ⅰ级，则需进一步开展致命度分析。

4. 致命度分析

对于危险性特别大的故障类型，如故障等级等于Ⅰ级的故障类型（有可能导致人命伤亡或系统损坏），应予以特别注意，可采用称为致命度分析的方法（CA）进一步分析。美国汽车工程师学会（SAE）把故障致命度分成表 2-20 中所列的 4 个等级。

表 2-20　致命等级与内容

等　级	内　容
Ⅰ	有可能丧失生命的危险
Ⅱ	有可能使系统毁坏的危险
Ⅲ	涉及运行推迟和损失的危险
Ⅳ	造成计划外维修的可能

致命度分析所用表格见表 2-21。

表 2-21　致命度分析表

系统______子系统______				致命度分析							日期______制表______ 主管______		
（1）项目编号	致命故障			致命度计算									
	（2）故障类型	（3）运行阶段	（4）故障影响	（5）项目数 n	（6）k_A	（7）k_E	（8）λ_G	（9）故障率数据来源	（10）运转时间或周期 t	（11）可靠性指数 $nk_Ak_E\lambda_Gt$	（12）α	（13）β	（14）C_r

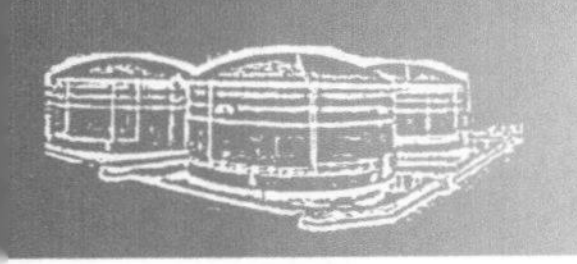

致命度分析一般和故障类型影响分析合用。使用下式计算出致命度指数 C_r，它表示元件运行 100 万 h（次）发生的故障次数。

$$C_r = \sum_{n=1}^{j} (\alpha\beta k_A k_E \lambda_G t \times 10^6)_n \tag{2-3}$$

式中 n——元件的致命故障类型号数，$n=1, 2, \cdots, j$；

j——致命故障类型的第 j 个序号；

λ_G——单位时间或周期的故障次数，一般指元件故障率；

t——完成一项任务，元件运行的小时数或周期（次）数；

k_A——元件 λ_G 的测定值与实际运行时的强度修正系数；

k_E——元件 λ_G 的测定值与实际运行时的环境条件修正系数；

α——λ_G 中该故障类型所占比例；

β——发生故障时会造成致命的影响的发生概率，其值见表 2-22。

表 2-22 造成致命影响的故障发生概率

影　响	发生概率 β	影　响	发生概率 β
实际损失	$\beta=1.00$	可预计损失	$0.10 \leq \beta < 1.00$
可能损失	$0 < \beta < 0.10$	无影响	$\beta=0$

2.3.8 概率评价法

概率评价法是一种定量评价法。该方法是先求出系统发生事故的概率，在求出事故发生概率的基础上，进一步计算风险率，以风险率大小确定系统的安全程度。系统危险性的大小取决于两个方面，一是事故发生的概率，二是造成后果的严重度。风险率综合了两个方面的因素，它的数值等于事故的概率（频率）与严重度的乘积。

概率评价法首先要求出系统发生事故的概率。生产装置或工艺过程发生事故是由组成它的若干元件相互复杂作用的结果决定的，总的故障概率取决于这些元件的故障概率和它们之间相互作用的性质，故要计算生产装置或工艺过程的事故概率，首先必须了解各个元件的故障概率。

1. 元件的故障概率及其求法

构成设备或装置的元件，工作一定时间就会发生故障或失效。元件在两次相邻故障间隔期内正常工作的平均时间，称为平均故障间隔期，用 τ 表示。一般来说，元件平均故障间隔期由生产厂家给出，或通过实验室测得。它是元件到故障发生时运行时间 t_i 算术平均值，即

$$\tau = \frac{\sum_{i=1}^{n} t_i}{n} \tag{2-4}$$

式中 n——所测元件的个数。

对于一般可修复系统，元件或单元的故障率 λ 即单位时间（或周期）故障发生的频率，它是元件平均故障间隔期 τ 的倒数，即

$$\lambda = \frac{1}{\tau} \tag{2-5}$$

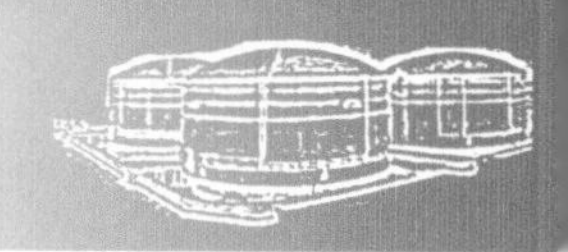

元件在规定时间内和规定条件下完成规定功能的概率称为可靠度，用 $R(t)$ 表示。元件在时间间隔（0，t）内的可靠度符合下列关系：

$$R(t)=e^{-\lambda t} \tag{2-6}$$

式中　t——元件运行时间。

元件在规定时间内和规定条件下没有完成规定功能（失效）的概率就是故障概率（或不可靠度），用 $P(t)$ 表示。故障概率是可靠度的补事件，计算式为

$$P(t)=1-e^{-\lambda t} \tag{2-7}$$

式（2-6）和式（2-7）只适用于故障率 λ 稳定的情况。许多元件的故障率是随时间变化而变化的，其变化规律曲线如图 2-5 所示。

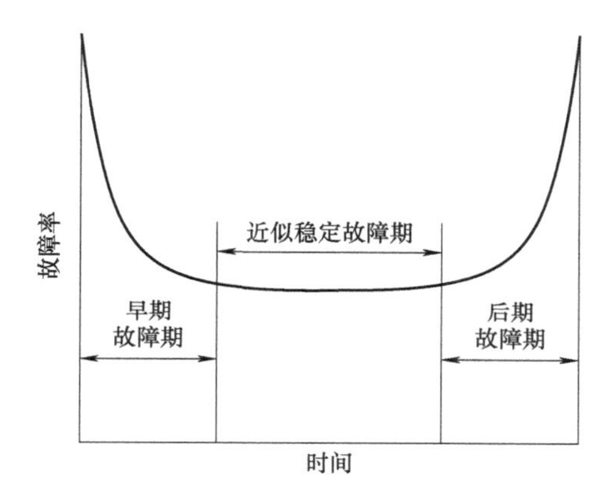

图 2-5　故障率曲线图

由图 2-5 可见，元件故障率随时间变化有三个时期：早期故障期、近似稳定故障期（偶然故障期）和后期故障期（损耗故障期）。元件在早期和后期故障率都很高。这是因为元件在开始时可能内部有缺陷或调试过程被损坏，因而故障率较高，但很快就下降了。当使用时间长了，由于老化、磨损、功能下降，故障率又会迅速提高。如果设备或元件在后期之前，更换或修理即将失效部分，则可延长使用寿命。在早期和后期两个周期之间的故障率低且稳定，式（2-6）和式（2-7）适用。表 2-23 列出了部分元件的故障率。

表 2-23　部分元件的故障率

元　件	故障率 λ/(次/年)	元　件	故障率 λ/(次/年)
控制阀	0.60	压力测量	1.41
控制器	0.29	泄压阀	0.022
流量测量（液体）	1.14	压力开关	0.14
流量测量（固体）	3.75	电磁阀	0.42
流量开关	1.12	步进电动机	0.044
气液色谱	30.6	长纸条记录仪	0.22
手动阀	0.13	热电偶温度测量	0.52
指示灯	0.044	温度计温度测量	0.027
液位测量（液体）	1.70	阀动定位器	0.44

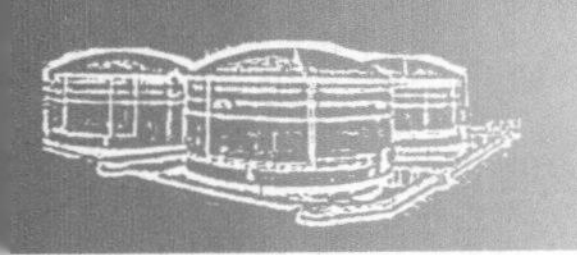

（续）

元　　件	故障率 λ/(次/年)	元　　件	故障率 λ/(次/年)
液位测量（固体）	6.86	氧分析仪	5.65
pH计	5.88		

2. 元件的连接及系统故障（事故）概率计算

生产装置或工艺过程是由许多元件连接在一起构成的，这些元件发生故障常会导致整个系统故障或事故的发生。因此，可根据各个元件故障概率，依照它们之间的连接关系计算出整个系统的故障概率。

元件的相互连接有串联和并联两种情况。

串联连接的元件用逻辑或门表示，意思是任何一个元件故障都会引起整个系统发生故障或事故。串联元件组成的系统，其可靠度计算式如下：

$$R = \prod_{i=1}^{n} R_i \tag{2-8}$$

式中　R_i——第 i 个元件的可靠度；

n——元件的数量。

系统故障概率 P 的计算式为

$$P = 1 - \prod_{i=1}^{n} (1 - P_i) \tag{2-9}$$

式中　P_i——第 i 个元件的故障概率。

只有 A 和 B 两个元件组成的系统，式（2-9）展开为

$$P(A \text{ 或 } B) = P(A) + P(B) - P(A)P(B) \tag{2-10}$$

如果元件的故障概率很小，则 $P(A)P(B)$ 项可以忽略。此时，式（2-10）可简化为

$$P(A \text{ 或 } B) = P(A) + P(B) \tag{2-11}$$

式（2-9）可简化为

$$P = \sum_{i=1}^{n} P_i \tag{2-12}$$

当元件的故障率不是很小时，不能用简化公式计算总的故障概率。

并联连接的元件用逻辑与门表示，即仅当并联的各元件同时发生故障，系统才会发生故障。并联元件组成的系统故障概率 P 的计算式为

$$P = \prod_{i=1}^{n} P_i \tag{2-13}$$

系统的可靠度计算式为

$$R = 1 - \prod_{i=1}^{n} (1 - R_i) \tag{2-14}$$

系统的可靠度计算得出后，可由式（2-6）求出总的故障率 λ。

3. 应用实例

若某反应器内进行的是放热反应，当温度超过一定值后，会引起反应失控而爆炸。为及时移走反应热量，在反应器外面安装了夹套冷却水系统。由反应器上的热电偶温度测量仪与冷却水进口阀连接，根据温度控制冷却水流量。为防止冷却水供给失效，在冷却水进水管上

安装了压力开关并与原料进口阀连接，当水压小到一定值时，原料进口阀会自动关闭，停止反应。反应器的超温防护系统如图 2-6 所示。试计算这一装置发生超温爆炸的故障率、故障概率、可靠度和平均故障间隔期，假设操作周期为 1 年。

解：从图 2-6 可以看出，反应器的超温防护系统由温度控制和原料关闭两部分组成。温度控制部分的温度测量仪与冷却水进口阀串联，原料关闭部分的压力开关和原料进口阀也是串联的，而温度控制和原料关闭两部分则为并联关系。

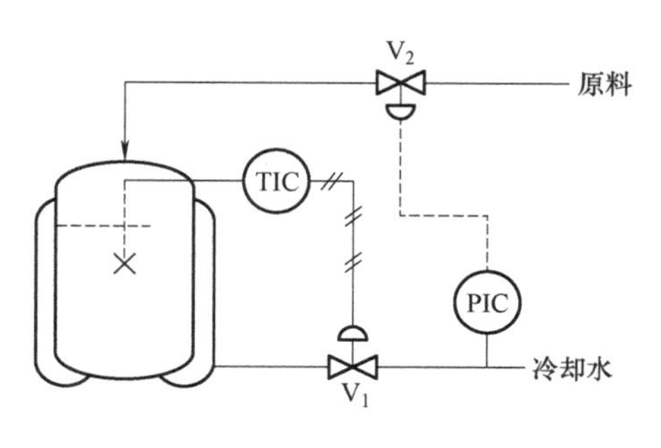

图 2-6 反应器的超温防护系统

由表 2-23 查得热电偶温度测量、控制阀、压力开关的故障率分别是 0.52 次/年、0.60 次/年、0.14 次/年。首先根据式（2-6）和式（2-7）计算各个元件的可靠度和故障概率。

1）热电偶温度测量仪：

$$R_1 = e^{-0.52\times1} = 0.59$$
$$P_1 = 1-R_1 = 1-0.59 = 0.41$$

2）控制阀：

$$R_2 = e^{-0.60\times1} = 0.55$$
$$P_2 = 1-R_2 = 1-0.55 = 0.45$$

3）压力开关：

$$R_3 = e^{-0.14\times1} = 0.87$$
$$P_3 = 1-R_3 = 1-0.87 = 0.13$$

4）温度控制部分：

$$R_A = R_1R_2 = 0.59\times0.55 = 0.32$$
$$P_A = 1-R_A = 1-0.32 = 0.68$$
$$\lambda_A = -\frac{\ln R_A}{t} = -\frac{\ln 0.32}{1}\text{次/年} = 1.14\text{ 次/年}$$
$$\tau_A = \frac{1}{\lambda_A} = \frac{1}{1.14}\text{年} = 0.88\text{ 年}$$

5）原料关闭部分：

$$R_B = R_2R_3 = 0.55\times0.87 = 0.48$$
$$P_B = 1-R_B = 1-0.48 = 0.52$$
$$\lambda_B = -\frac{\ln R_B}{t} = -\frac{\ln 0.48}{1}\text{次/年} = 0.73\text{ 次/年}$$
$$\tau_B = \frac{1}{\lambda_B} = \frac{1}{0.73}\text{年} = 1.37\text{ 年}$$

6）超温防护系统：

$$P = P_AP_B = 0.68\times0.52 = 0.35$$
$$R = 1-P = 1-0.35 = 0.65$$

$$\lambda=-\frac{\ln R}{t}=-\frac{\ln 0.65}{1}\text{次/年}=0.43\text{次/年}$$

$$\tau=\frac{1}{0.43}\text{年}=2.3\text{年}$$

由计算说明，预计温度控制部分每0.88年发生一次故障，原料关闭部分每1.37年发生一次故障。两部分并联组成的超温度防护系统，预计2.3年发生一次故障，防止超温的可靠性明显提高。

计算出安全防护系统的故障率，就可进一步确定反应器超压爆炸的风险率，从而可比较它的安全性。

2.3.9 事故树分析法

事故树分析（fault tree analysis，FTA）采用演绎逻辑的方法进行危险分析，以系统可能发生或已经发生的事故作为分析起点，将导致事故发生的原因按照因果逻辑关系逐层列出，形成逻辑树形图，该方法可达到如下目的：

1）识别导致事故的基本事件（基本的设备故障）与人为失误的组合，以便人们找到避免或减少导致事故基本原因的线索，从而降低事故发生的可能性。

2）对导致灾害事故的各种因素及逻辑关系做出全面、简洁和形象的描述。

3）便于查明系统内固有的或潜在的各种危险因素，为设计、施工和管理提供科学依据。

4）使有关人员、作业人员全面了解和掌握各项防灾要点。

5）便于进行逻辑运算，进行定性、定量分析和系统评价。

1. 事故树的相关名词术语

事故树是由各种事件符号及逻辑门构成的树形逻辑图。事件符号表示不同类型的事件，逻辑门表示事件之间的逻辑关系。

（1）事件符号　事件符号主要有：矩形符号、圆形符号、屋形符号和菱形符号，如图2-7所示。

图2-7　事件符号

矩形符号表示故障事件，它是顶上事件（顶事件）或中间事件，即需要继续分析的事件。作图时应将事件扼要明确地记入矩形之内。在定量分析中是不给其发生概率的，它的概率将由下层事件决定。

圆形符号表示基本原因事件，即不能再往下分析的最基本的原因事件，如人为差错、组件故障、环境的不良因素等。

屋形符号表示正常事件，即系统在正常状态下发生的正常事件。由于事故树分析是一种严密的逻辑分析，为了保证逻辑分析的严密性，有时必须用正常事件。

菱形符号表示省略事件，即没有必要继续分析的事件，或其原因尚不明确的事件，还可表示来自系统之外的事件。

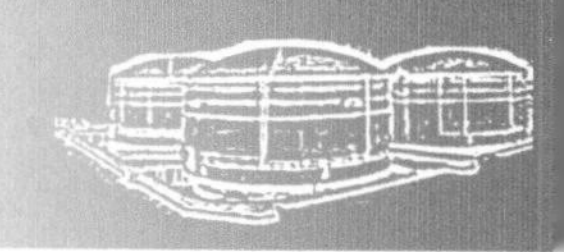

圆形、屋形及菱形表示的事件均称为基本事件或底事件。

（2）逻辑门　逻辑门符号起着事件之间逻辑连接的作用，这是事故树分析的特点和优点。掌握逻辑门的使用对事故树作图起着关键作用。逻辑门很多，这里只介绍与门、或门、条件与门、条件或门、限制门这五种较为常用的基本逻辑门，如图 2-8 所示。

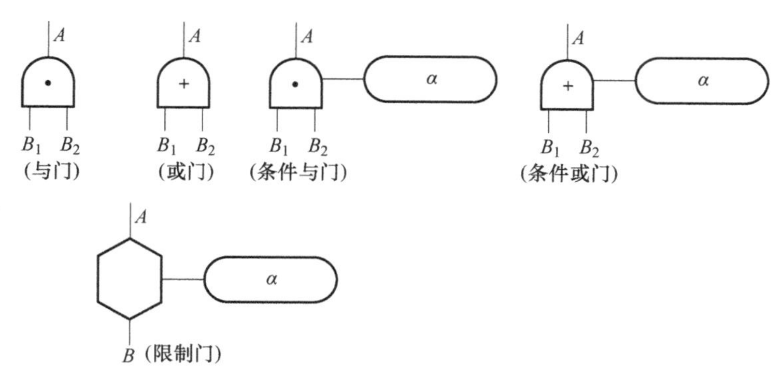

图 2-8　逻辑门符号

1）与门。与门表示输入事件 B_1、B_2 都发生时，输出事件 A 才发生的逻辑连接关系。在有若干输入事件时也是如此。表现为逻辑积的关系，即 $A=B_1B_2$ 表示。

2）或门。或门表示输入事件 B_1、B_2 中至少一个发生就可使输出事件 A 发生。在有若干输入事件时也是如此。表现为逻辑和的关系，即 $A=B_1+B_2$ 表示。

3）条件与门。条件与门表示 B_1、B_2 都发生，且满足条件 α 时，A 才发生的逻辑连接关系。其逻辑关系为：$A=B_1B_2\alpha$。

4）条件或门。条件或门表示 B_1、B_2 至少一个发生，且满足条件 α 时，A 才发生的逻辑连接关系。其逻辑关系为：$A=(B_1+B_2)\alpha$。

5）限制门。限制门也称禁门，表示 B 发生且满足条件 α 时，A 才发生的逻辑连接关系。其逻辑关系为：$A=B\alpha$。

（3）转移符号　转移符号有转入和转出。当事故树规模很大，不能在一张图纸上完成时，需要标明在其他图纸上继续完成的部分树图的从属关系；或者整个树图中多处有同样的部分树时，用转入、转出符号标明，如图 2-9 所示。

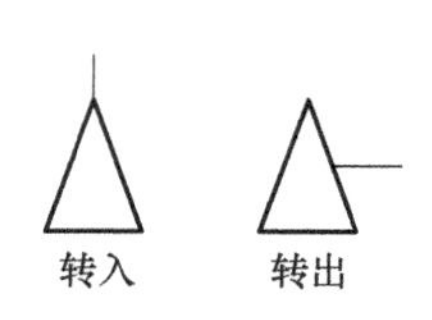

图 2-9　转移符号

2. 事故树的分析程序

事故树分析法基本程序如图 2-10 所示。首先详细了解系统状态及各种参数，绘出工艺流程图或平面布置图。其次，收集事故案例（国内外同行业、同类装置曾经发生的），从中找出后果严重且较易发生的事故作为顶事件。根据经验教训和事故案例，经统计分析后，确定要控制的事故目标值。然后从顶事件起按其逻辑关系，构建事故树。最后进行定性分析，确定各基本事件的结构重要度，求出概率，再进行定量分析。如果事故树规模很大，可借助计算机进行。

3. 事故树的定性分析

事故树的定性分析仅按事故树的结构和事故的因果关系进行。分析过程中不考虑各事件的发生概率，或认为各事件的发生概率相等。内容包括求基本事件的最小割集、最小径集及

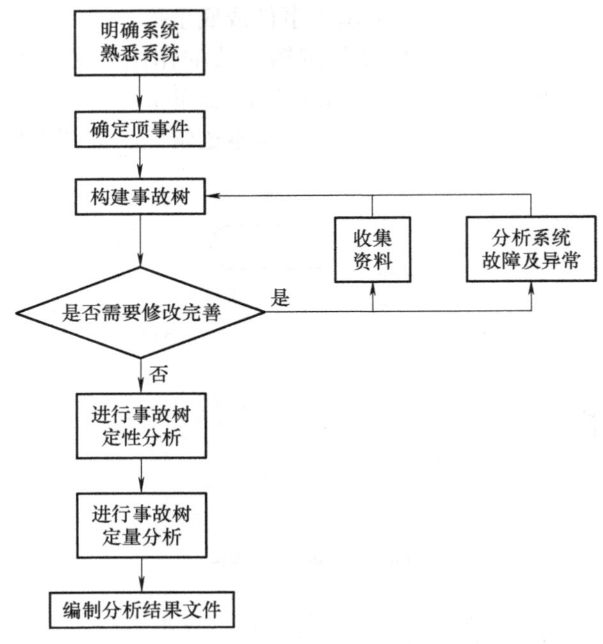

图 2-10 事故树分析法的基本程序

其结构重要度。

（1）布尔代数主要运算法则 在事故树分析中常用逻辑运算符号“·”“+”将 A、B、C 等各个事件连接起来（有时为书写简明会省略“·”），这些连接式称为布尔代数表达式，这些法则见表 2-24。

表 2-24 布尔代数运算表

法 则	数学表达式
交换律	$A+B=B+A$ $A\cdot B=B\cdot A$
结合律	$A+(B+C)=(A+B)+C$ $A\cdot(B\cdot C)=(A\cdot B)\cdot C$
分配律	$A\cdot(B+C)=A\cdot B+A\cdot C$ $A+(B\cdot C)=(A+B)\cdot(A+C)$
吸收律	$A\cdot(A+B)=A$ $A+A\cdot B=A$
幂定律	$A\cdot A=A$ $A+A=A$
互补律	$A+\overline{A}=1$ $A\cdot\overline{A}=0$
对偶定律	$\overline{A+B}=\overline{A}\cdot\overline{B}$ $\overline{A\cdot B}=\overline{A}+\overline{B}$

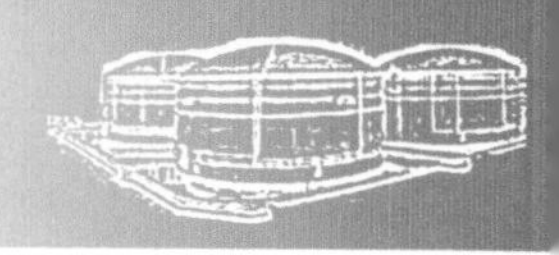

（2）事故树的数学表达式——函数表达式　事故树 A 如图 2-11 所示。

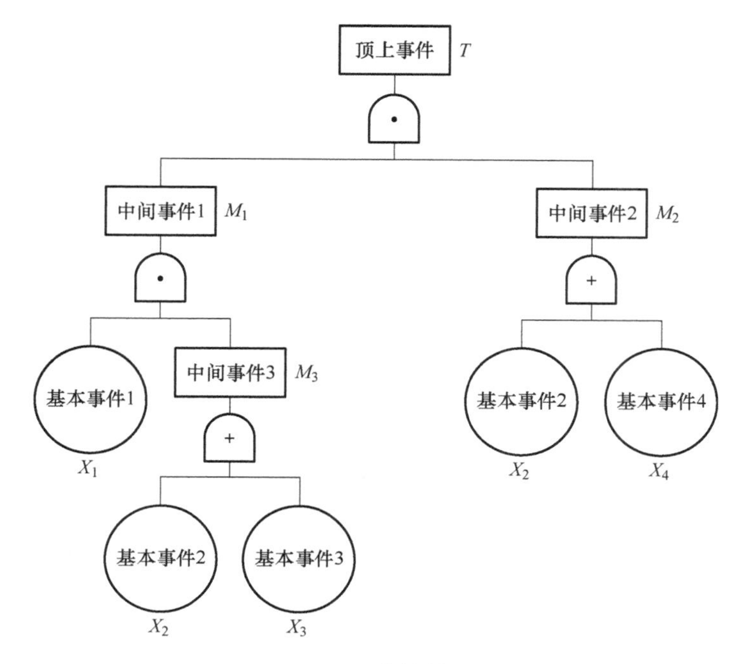

图 2-11　事故树 A

该事故树 A 的函数表达式为

$$
\begin{aligned}
T &= M_1 \cdot M_2 \\
&= (X_1 \cdot M_3) \cdot (X_2+X_4) \\
&= [X_1 \cdot (X_2+X_3)] \cdot (X_2+X_4) \\
&= (X_1 \cdot X_2+X_1 \cdot X_3) \cdot (X_2+X_4)
\end{aligned} \tag{2-15}
$$

（3）割集与最小割集　事故树顶上事件发生与否是由构成事故树的各种基本事件的状态决定的。显然，所有基本事件都发生时，顶上事件肯定发生。然而，在大多数情况下，并不是所有基本事件都发生时顶上事件才发生，而只要某些基本事件发生就可能导致顶上事件发生。在事故树中，能够引起顶上事件发生的基本事件的集合称为割集。如果割集中任意除去一个基本事件就不再是割集，则这样的割集称为最小割集，即导致顶上事件发生的最低限度的基本事件的集合。最小割集是引起顶上事件发生的充分必要条件。

最小割集的求法有布尔代数法和矩阵法。事故树经过布尔代数化简，得到若干交（“与”）集和并（“或”）集，每个交集实际就是一个最小割集。将式（2-15）展开并应用上述布尔代数有关运算法则归并、化简得

$$
\begin{aligned}
T &= X_1X_2X_2+X_1X_2X_4+X_1X_2X_3+X_1X_3X_4 \\
&= X_1X_2+X_1X_2X_4+X_1X_2X_3+X_1X_3X_4 \\
&= X_1X_2+X_1X_3X_4
\end{aligned} \tag{2-16}
$$

得到两个最小割集：$T_1=\{X_1,X_2\}$；$T_2=\{X_1,X_3,X_4\}$。

根据最小割集，可以画出事故树 A 的等效事故树（图 2-12）。

最小割集在事故树定性分析中起着非常重要的作用，归纳起来有 3 个方面：

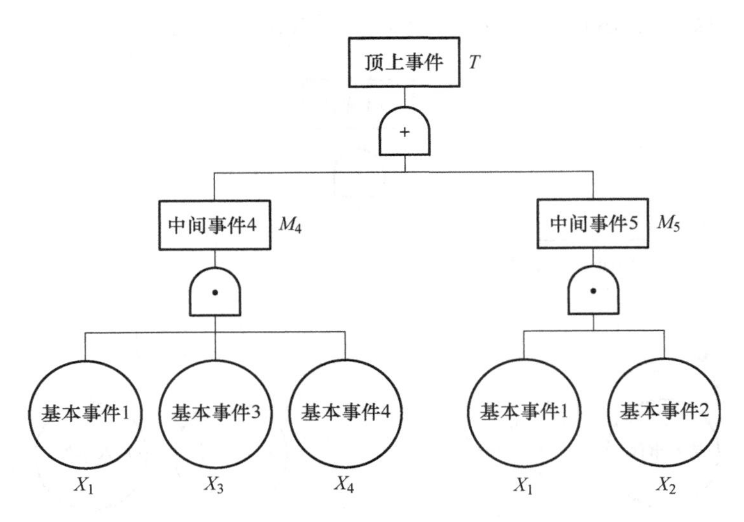

图 2-12 事故树 A 的等效事故树

1）表示系统的危险性，每个最小割集都是顶上事件发生的一种可能渠道。最小割集的数目越多，越危险。

2）表示顶上事件发生的原因，事故发生必然是某个最小割集中几个事件同时发生的结果。一旦发生事故，就可以方便地知道所有可能发生事故的途径，并可以逐步排除非本次事故的最小割集，而较快地查出本次事故的最小割集，这就是导致本次事故的基本事件的组合。掌握了最小割集，对于掌握事故的发生规律、调查事故发生的原因有很大帮助。

3）为降低系统的危险性提出控制方向和预防措施。每个最小割集都代表了一种事故模式，由事故树的最小割集可以直观地判断哪种事故模式最危险，哪种可以忽略，以及如何采取预防措施。

（4）径集与最小径集　在事故树中，所有基本事件都不发生时，顶上事件肯定不会发生。然而，顶上事件不发生常常并不要求所有基本事件都不发生，而只要某些基本事件不发生，顶上事件就不会发生。

这些不发生的基本事件的集合称为径集。如果径集中任意除去一个基本事件就不再是径集，则这样的径集称为最小径集，亦即导致顶上事件不能发生的最低限度的基本事件的集合。

最小径集求法是先将事故树化为对偶的成功树（只需将与门和或门互换，将事件变成事件补即可）；写出成功树的结构函数；化简得到由最小割集表示的成功树的结构函数；再求补得到若干并集的交集，每一个并集实际上就是一个最小径集。事故树 A 对应的成功树如图 2-13 所示，其结构函数为：

$$\overline{T}=\overline{M_1}+\overline{M_2}=(\overline{X_1}+\overline{M_3})+(\overline{X_2}\cdot\overline{X_4})=\overline{X_1}+(\overline{X_2}\cdot\overline{X_3})+(\overline{X_2}\cdot\overline{X_4})$$
$$=\overline{X_1}+\overline{X_2}\cdot\overline{X_3}+\overline{X_2}\cdot\overline{X_4} \tag{2-17}$$

利用对偶定律求补得：

$$\overline{(\overline{T})}=\overline{(\overline{X}_1+\overline{X}_2\overline{X}_3+\overline{X}_2\overline{X}_4)}=\overline{(\overline{X}_1)}\cdot\overline{(\overline{X}_2\overline{X}_3)}\cdot\overline{(\overline{X}_2\overline{X}_4)}$$
$$=X_1\cdot(X_2+X_3)\cdot(X_2+X_4) \tag{2-18}$$

得到三个最小径集：$P_1=\{X_1\}$，$P_2=\{X_2,X_3\}$，$P_3=\{X_2,X_4\}$。

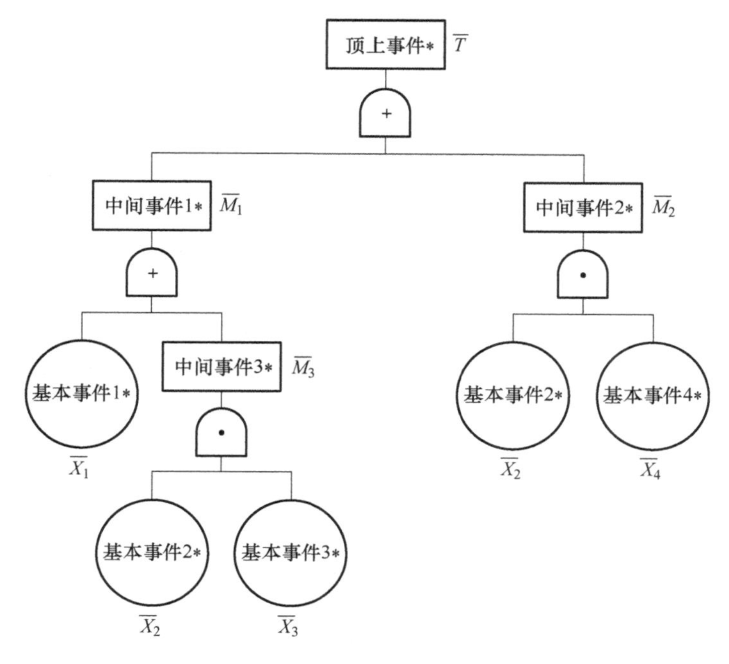

图 2-13　事故树 A 对应的成功树

根据最小径集，可以画出事故树 A 的等效事故树（图 2-14）。

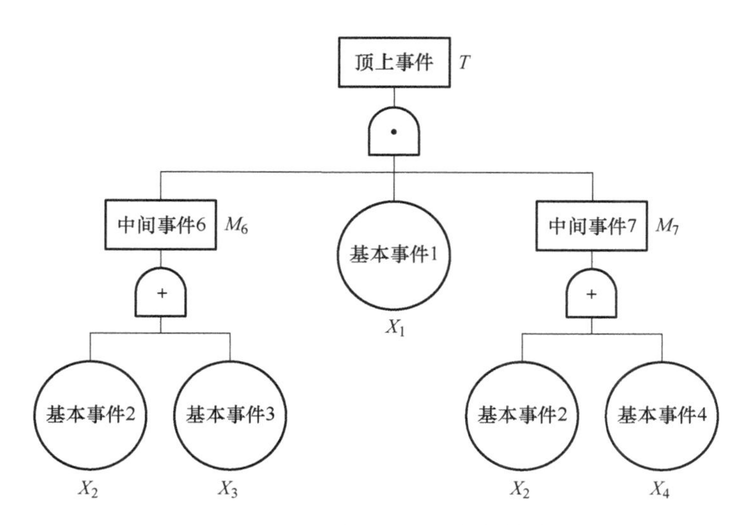

图 2-14　事故树 A 的等效事故树

最小径集在事故树定性分析中的作用与最小割集同样重要，归纳起来有三方面：

1）表示系统的安全性，每个最小径集都是保证顶上事件不发生的条件，是采取预防措施、防止发生事故的一种途径。最小径集的数目越多，越安全。

2）选取确保系统安全的最佳方案，每个最小径集都是防止顶上事件发生的一个方案，

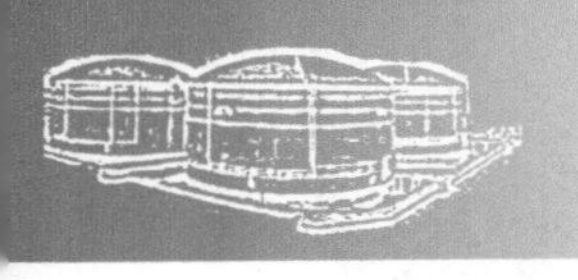

可根据最小径集中所包含的基本事件个数的多少、技术的难易程度、耗费的时间长短以及投入的资金数量多少，来选择最经济、最有效的控制事故的方案。

3）利用最小径集同样可以判定故障树中基本事件的结构重要度和计算顶上事件发生概率。在事故树分析中，根据具体情况，有时应用最小径集更为方便。一般而言，如果事故树中与门多，其最小割集的数量就少，定性分析最好从最小割集入手。反之，如果事故树中或门多，其最小径集的数量就少，定性分析最好从最小径集入手，从而可以得到更为经济、有效的结果。

（5）结构重要度分析　从事故树结构上分析各基本事件的重要度，即分析各基本事件的发生对顶事件发生的影响程度，称为结构重要度分析。利用最小割集分析判断结构重要度有以下几个原则：

1）单事件最小割集（一阶）中的基本事件的结构重要系数 $I(i)$ 大于所有高阶最小割集中基本事件的结构重要系数。如在 $T_1=\{X_1\}$，$T_2=\{X_2,X_3\}$，$T_3=\{X_1,X_5,X_6\}$ 的最小割集中，$I(1)$ 最大。

2）在同一最小割集中出现的所有基本事件，结构重要系数相等（在其他割集中不再出现）。如在 $T_1=\{X_1,X_2\}$，$T_2=\{X_3,X_4,X_5\}$，$T_3=\{X_7,X_8,X_9\}$ 中，$I(1)=I(2)$，$I(3)=I(4)=I(5)$。

3）几个最小割集均不含共同元素，则低阶最小割集中基本事件重要系数大于高阶割集中基本事件重要系数。阶数相同，重要系数相同。

4）比较两个基本事件，若与之相关的割集阶数相同，则两事件结构重要系数大小由它们出现的次数决定，出现次数多的重要系数大。如 $T_1=\{X_1,X_2,X_3\}$，$T_2=\{X_1,X_2,X_4\}$，$T_3=\{X_1,X_5,X_6\}$ 中，$I(1)>I(2)$。

5）相比较的两事件仅出现在基本事件个数不等的若干最小割集中，若它们重复在各最小割集中出现次数相等，则在少事件最小割集中出现的基本事件结构重要系数大。如 $T_1=\{X_1,X_3\}$，$T_2=\{X_2,X_3,X_5\}$，$T_3=\{X_1,X_4\}$，$T_4=\{X_2,X_4,X_5\}$ 中，X_1 出现两次，X_2 也出现两次，但 X_1 位于少事件割集中，所以 $I(1)>I(2)$。

此外，还可以用近似判别式判断，其公式为

$$I(i)=\sum_{K_i}\frac{1}{2^{n_i-1}} \tag{2-19}$$

式中　$I(i)$——基本事件 X_i 的结构重要系数近似判断值；

K_i——包含 X_i 的所有最小割集；

n_i——包含 X_i 的最小割集中的基本事件个数。

由式（2-16）表示的两个最小割集中各基本事件的结构重要系数分别为

$$I(1)=\frac{1}{2^{2-1}}+\frac{1}{2^{3-1}}=\frac{3}{4}$$

$$I(2)=\frac{1}{2^{2-1}}=\frac{1}{2}$$

$$I(3)=\frac{1}{2^{3-1}}=\frac{1}{4}$$

$$I(4)=\frac{1}{2^{3-1}}=\frac{1}{4}$$

用最小割集分析判断基本事件结构重要度顺序与用最小径集分析判断的结果是一致的。凡对最小割集适用的原则，对最小径集同样适用。

4. 事故树的定量分析

计算顶上事件发生概率首先是确定各基本事件的发生概率，各基本事件的发生概率是事故树定量分析的基础。一般可通过统计或实验观察测量得到。已知各基本事件的发生概率，可根据各事件之间的逻辑关系计算顶上事件的发生概率，以评价系统的安全可靠性。具体计算方法可见 2.3.8 概率评价法。

5. 事故树分析法应用实例

某化工厂一反应器为受压容器反应塔装置（图 2-15），配有呼吸阀及压力自控装置。其中，输出阀堵塞的发生概率为 0.002，呼吸阀故障的发生概率为 0.004，调节阀故障的发生概率为 0.003，调节仪表故障的发生概率为 0.001。请用事故树分析法对受压容器反应塔装置进行安全评价，完成以下要求。

1）画出以压力容器爆炸为顶上事件的事故树。

2）建立事故树的结构函数，并计算其最小割集。

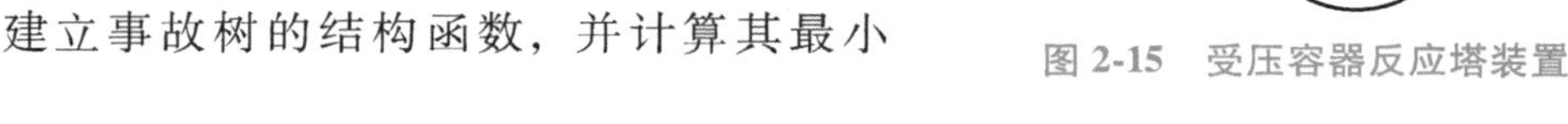

图 2-15　受压容器反应塔装置

3）对事故树各基本事件的重要度进行排序。

4）计算顶上事件压力容器爆炸的发生概率。

解：1）压力容器爆炸为顶上事件的事故树如图 2-16 所示。

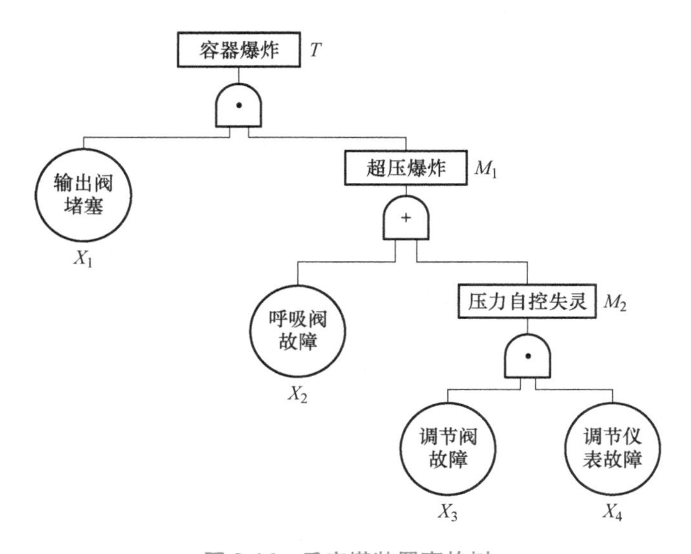

图 2-16　反应塔装置事故树

2）事故树的结构函数：

$$T = X_1 \cdot M_1 = X_1 \cdot (X_2 + M_2)$$
$$= X_1 \cdot (X_2 + X_3X_4) = X_1X_2 + X_1X_3X_4$$

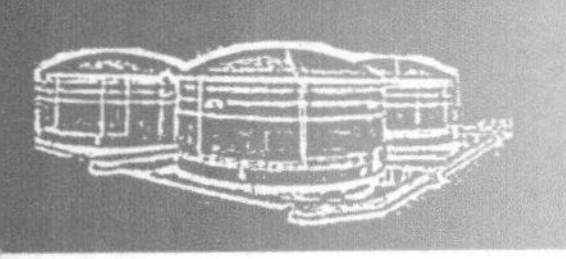

求出2个最小割集为

$$T_1=\{X_1,X_2\},\ T_2=\{X_1,X_3,X_4\}$$

3）结构重要度排序方法有多种。

① 采用排列法求解：　$T=X_1X_2+X_1X_3X_4$

故障的结构重要度为　$I(1)>I(2)>I(3)=I(4)$

② 采用近似判别式法求解：$I(i)=\sum\limits_{K_i}\dfrac{1}{2^{n_i-1}}$。

$$I(1)=\frac{1}{2^{2-1}}+\frac{1}{2^{3-1}}=\frac{3}{4},\ I(2)=\frac{1}{2^{2-1}}=\frac{1}{2}$$

$$I(3)=\frac{1}{2^{3-1}}=\frac{1}{4},\ I(4)=\frac{1}{2^{3-1}}=\frac{1}{4}$$

故障的结构重要度为：

$$I(1)>I(2)>I(3)=I(4)$$

4）顶上事件压力容器爆炸的发生概率为

$$\begin{aligned}P&=P_1\times P_2+P_1\times P_3\times P_4\\&=0.002\times0.004+0.002\times0.003\times0.001\\&=0.000008006\end{aligned}$$

2.3.10　事件树分析法

事件树分析（event tree analysis，ETA）是一种按事故发展的时间顺序由初始事件开始推论可能的后果，从而进行危险源辨识与评价的方法，是一种从原因到结果的自下而上的归纳逻辑分析方法。

事件树展开的是事故序列，由初始事件开始，再对控制系统和安全系统如何响应进行分析，其结果是确定出由初始事件引起的事故。分析人员按事件发生和发展的顺序列出安全措施，在估计安全系统对异常状况的响应时，分析人员应仔细考虑正常工艺控制系统对异常状况的响应。

1. 分析步骤

（1）确定初始事件　初始事件是事件树中在一定条件下造成事故后果的最初原因事件。它可以是系统故障、设备失效、人员误操作或工艺过程异常等。一般是选择分析人员最感兴趣的异常事件作为初始事件。

（2）找出与初始事件有关的环节事件　所谓环节事件就是出现在初始事件后一系列可能造成事故后果的其他原因事件。

（3）画事件树　把初始事件写在最左边，各环节事件按顺序写在右面；从初始事件画一条水平线到第一个环节事件，在水平线末端画一垂直线段，垂直线段上端表示成功，下端表示失败；再从垂直线两端分别向右画水平线到下个环节事件，同样用垂直线段表示成功和失败两种状态；依次类推，直到最后一个环节事件为止。如果某一个环节事件不需要往下分析，则水平线延伸下去，不发生分支，如此便得到事件树。

（4）说明分析结果　在事件树最后面写明由初始事件引起的各种事故结果或后果。

为清楚起见，对事件树的初始事件和各环节事件用不同字母加以标记。事件树的树形结构如图 2-17 所示。

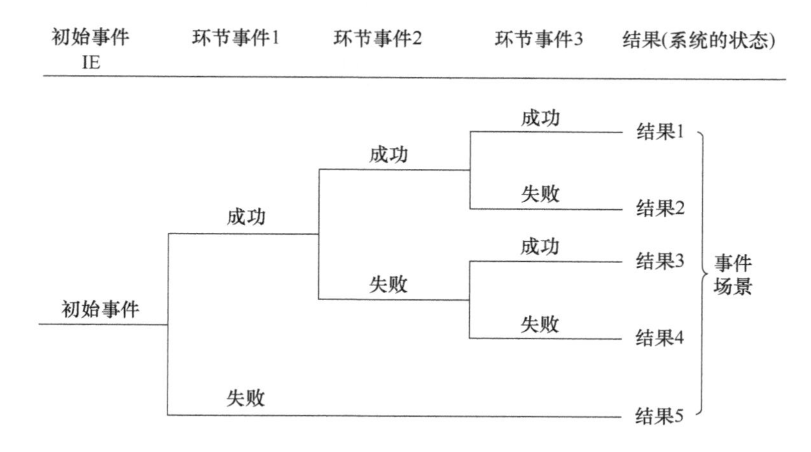

图 2-17　事件树的树形结构

2. 应用实例

某炼油厂催化生产输送系统构成如图 2-18 所示，A 为增压泵，B 为手动调节阀门，C 为电动流量调节阀；A 增压泵失效概率为 0.02，B 阀门关闭概率为 0.04，C 电动流量阀不正常概率为 0.03。

请用事件树分析法对催化生产输送系统进行安全评价，

完成以下要求：

1）画出催化生产输送系统的事件树。

2）计算催化生产输送系统正常工作的概率。

3）计算催化生产输送系统的失效概率。

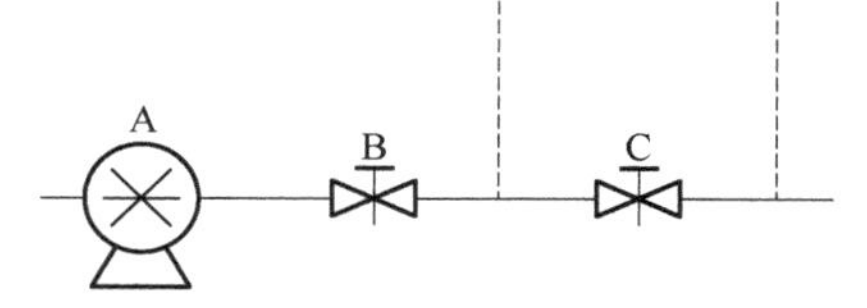

图 2-18　催化生产输送系统

解：1）分析画出催化生产输送系统的事件树如图 2-19 所示。

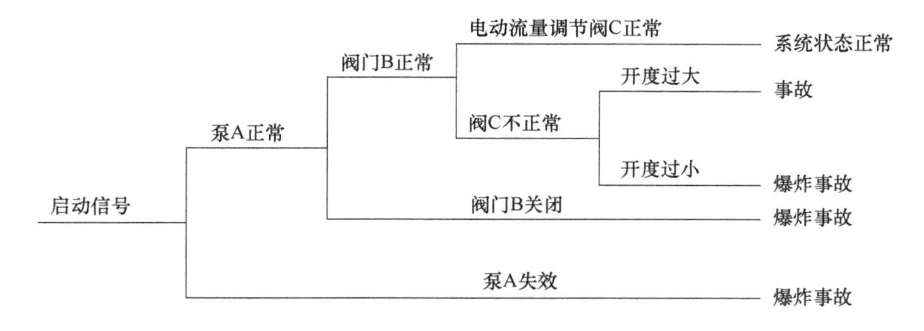

图 2-19　输送系统事件树

2）已知 $P_A=0.02$、$P_B=0.04$、$P_C=0.03$，系统正常工作的概率：

$$
\begin{aligned}
P_s &= (1-P_A)\times(1-P_B)\times(1-P_C)\\
&= (1-0.02)\times(1-0.04)\times(1-0.03)\\
&= 0.912576
\end{aligned}
$$

3）系统失效概率为

$$P_F = 1 - P_s = 1 - 0.912576 = 0.087424$$

2.3.11 道化学公司火灾、爆炸危险指数评价法

美国道化学公司火灾、爆炸危险指数评价法（Dow's fire and explosion index hazard classification code）（第七版）（简称"道七版"）是以工艺过程中物料的火灾、爆炸潜在危险性为基础，结合工艺条件、物料量等因素求取火灾、爆炸（危险）指数，进而可求出经济损失的大小，以经济损失评价生产装置的安全性。评价中定量的依据是以往事故的统计资料、物质的潜在能量和现行安全措施的状况。

1. 评价的目的

评价的目的是：

1）真实地量化潜在火灾、爆炸和反应性事故的预期损失。

2）确定可能引起事故发生或使事故扩大的设备（或单元）。

3）向管理部门通报潜在的火灾、爆炸危险性。

4）使工程技术人员了解各工艺部分可能造成的损失，并帮助确定减轻潜在事故严重性和总损失的有效而又经济的途径。

2. 基本评价程序

评价的基本程序如图2-20所示。其步骤如下：

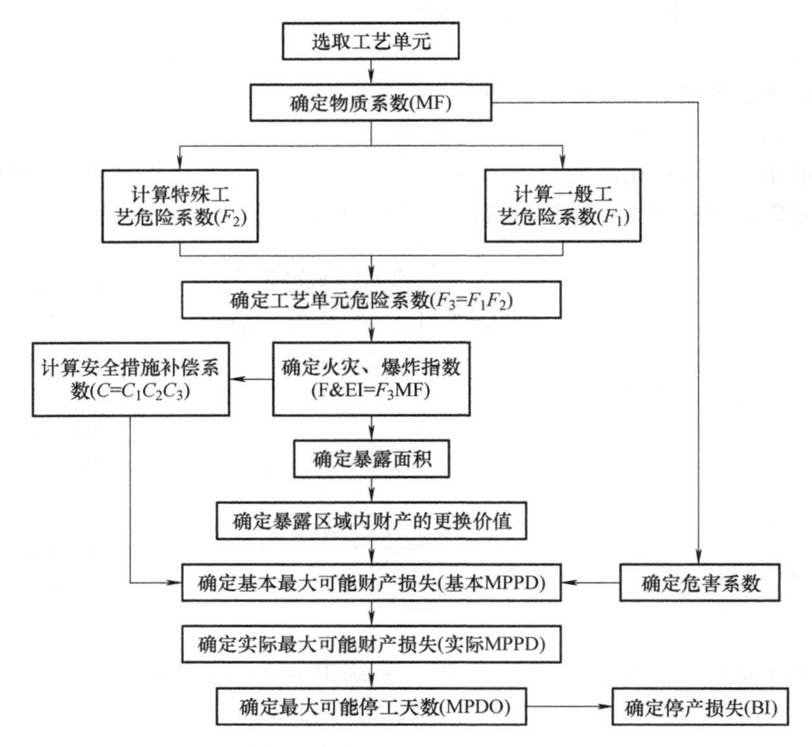

图2-20 道化学公司（第七版）风险分析计算评价程序

（1）资料准备　在评价之前首先要准备如下资料：

1）准确的装置（生产单元）的设计方案。

2）工艺流程图。

3）火灾、爆炸指数危险度分级表。

4）火灾、爆炸指数（fire and explosion index，F&EI）表（表 2-25）。

5）安全措施补偿系数表（表 2-26）。

6）工艺单元风险分析汇总表（表 2-27）。

7）生产单元风险分析汇总表（表 2-28）。

8）有关装置的更换费用数据。

在资料准备齐全和充分熟悉评价系统的基础上再按图 2-20 所示的分析程序进行。

表 2-25　火灾、爆炸指数表

地区/国家：	部门：	场所：	日期：
位置：	生产单元：	工艺单元：	
评价人：	审定人（负责人）：		建筑物：
检查人（管理部）：	检查人（技术中心）：		检查人（安全和损失预防）：
工艺设备中的物料：			
操作状态： 设计—开车—正常操作—停车		确定 MF 的物质	
物质系数　当单元温度超过 60℃时则注明			

1. 一般工艺危险	危险系数范围	采用范围系数①
基本系数	1.00	1.00
（1）放热化学反应	0.3～1.25	
（2）吸热反应	0.20～0.40	
（3）物料处理与输送	0.25～1.05	
（4）密闭式或室内工艺单元	0.25～0.90	
（5）通道	0.20～0.35	
（6）排放和泄漏控制	0.25～0.50	
一般工艺危险系数（F_1）		
2. 特殊工艺危险		
基本系数	1.00	1.00
（1）毒性物质	0.20～0.80	
（2）负压（<6.67kPa）	0.50	
（3）易燃范围内及接近易燃范围的操作 惰性化—— 未惰性化——		
1）装易燃液体	0.50	

（续）

2）过程失常或吹扫故障	0.30	
3）一直在燃烧范围内	0.80	
（4）粉尘爆炸	0.25～2.00	
（5）压力 操作压力/kPa（绝对压力） 释放压力/kPa（绝对压力）		
（6）低温	0.20～0.30	
（7）易燃及不稳定物质的质量 物质质量/kg 物质燃烧热 H_c/kJ·kg^{-1}		
1）工艺过程中的液体及气体		
2）储存中的液体及气体		
3）储存中的可燃固体及工艺中的粉尘		
（8）腐蚀与磨蚀	0.10～0.75	
（9）泄漏——接头和填料	0.10～1.50	
（10）使用明火设备		
（11）热油交换系统	0.15～1.15	
（12）转动设备	0.50	
特殊工艺危险系数（F_2）		
工艺单元危险系数（$F_1F_2=F_3$）		
火灾、爆炸指数（F_3MF=F&EI）		

① 无危险时系数用0.00。

表2-26 安全措施补偿系数表

项目		补偿系数范围	采用补偿系数[1]
1. 工艺控制安全补偿系数（C_1）	1）应急电源	0.98	
	2）冷却装置	0.97～0.99	
	3）抑爆装置	0.84～0.98	
	4）紧急切断装置	0.96～0.99	
	5）计算机控制	0.93～0.99	
	6）惰性气体保护	0.94～0.96	
	7）操作规程/程序	0.91～0.99	
	8）化学活泼性物质检查	0.91～0.98	
	9）其他工艺危险分析	0.91～0.98	
	C_1值 合计		

（续）

项　　目		补偿系数范围	采用补偿系数[1]
2. 物质隔离安全补偿系数（C_2）	1）遥控阀	0.96～0.98	
	2）卸料/排空装置	0.96～0.98	
	3）排放系统	0.91～0.97	
	4）联锁装置	0.98	
	C_2 值　合计		
3. 防火设施安全补偿系数（C_3）	1）泄漏检测装置	0.94～0.98	
	2）结构钢	0.95～0.98	
	3）消防水供应系统	0.94～0.97	
	4）特殊灭火系统	0.91	
	5）洒水灭火系统	0.74～0.97	
	6）水幕	0.97～0.98	
	7）泡沫灭火装置	0.92～0.97	
	8）手提式灭火器材/喷水枪	0.93～0.98	
	9）电缆防护	0.94～0.98	
	C_3 值　合计		
安全措施补偿系数② $C=C_1C_2C_3=$			

① 无安全补偿系数时，填入 1.00。

② 所采用安全补偿系数的乘积。

表 2-27　工艺单元风险分析汇总表

序　号	内　容	工 艺 单 元
1	火灾、爆炸指数（F&EI）	
2	危险等级	
3	暴露区域半径/m	
4	暴露区域面积/m^2	
5	暴露区域内财产价值	
6	危害系数	
7	基本最大可能财产损失（基本 MPPD）	
8	安全措施补偿系数	
9	实际最大可能财产损失（实际 MPPD）	
10	最大可能停工天数（MPDO）	
11	停止损失（BI）	

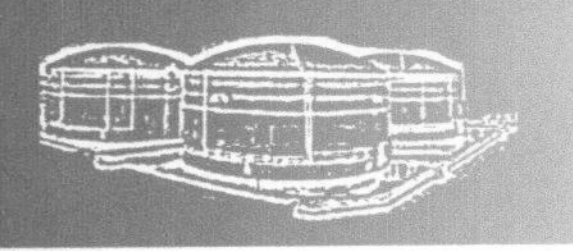

表 2-28 生产单元风险分析汇总表

<table>
<tr><td colspan="3">地区/国家</td><td colspan="3">部门</td><td colspan="3">场所</td></tr>
<tr><td colspan="3">位置</td><td colspan="3">生产单元</td><td colspan="3">操作类型</td></tr>
<tr><td colspan="3">评价人</td><td colspan="3">生产单元总替换价值</td><td colspan="3">日期</td></tr>
<tr><td>工艺单元</td><td>主要物质</td><td>物质系数</td><td>火灾爆炸指数（F&EI）</td><td>影响区内财产价值</td><td>基本 MPPD</td><td>实际 MPPD</td><td>停工天数 MPDO</td><td>停产损失 BI</td></tr>
<tr><td></td><td></td><td></td><td></td><td></td><td></td><td></td><td></td><td></td></tr>
</table>

（2）选择工艺（评价）单元 一套生产装置包括许多工艺单元，但计算火灾、爆炸指数时，只评价那些从损失预防角度来看影响比较大的工艺单元，这些单元称为评价单元。

选择评价单元时可从以下几个方面考虑：

1）潜在化学能（物质系数）。

2）工艺单元中危险物质的数量。

3）资金密度（美元/m^2）。

4）操作压力和操作温度。

5）导致火灾、爆炸事故的历史资料。

6）对装置操作起关键作用的单元，如热氧化器。

一般情况下，这些方面的数值越大，该工艺单元越需要评价。

（3）确定物质系数（MF） 在火灾、爆炸指数的计算和其他危险性评价时，物质系数（MF）是最基础的数值，它是表述物质由燃烧或其他化学反应引起的火灾、爆炸中释放能量大小的内在特性。我国出版的石油化工手册中提供了许多有关的物质系数，可直接查得。

（4）计算一般工艺危险系数 F_1 一般工艺危险性是确定事故损害大小的主要因素，包括：放热反应、吸热反应、物料处理和输送、封闭单元或室内单元、通道、排放和泄漏控制。

一个评价单元不一定包括每项内容，要根据具体情况选取恰当的系数，填入表 2-25 中，并将这些危险系数相加，得到单元的一般工艺危险系数 F_1。

（5）计算特殊工艺危险系数 F_2 特殊工艺危险性是影响事故发生概率的主要因素。它包括如下内容：物质毒性、操作压力、在爆炸极限范围内（或附近）操作、粉尘量、压力释放程度、温度（高、低温）、易燃和不稳定物质的数量、腐蚀、泄漏、明火设备、热油交换系统、转动设备。

每个评价单元应根据实际需要取值，而不必将上述各项都考虑在内。然后，将所选择的有关各项按规定求取危险系数。

（6）确定单元危险系数 F_3 单元危险系数（F_3）= 一般工艺危险系数（F_1）×特殊工艺危险系数（F_2）

F_3 值范围为 1~8，若 F_3>8 则按 8 计。

（7）计算火灾、爆炸指数（F&EI） 火灾、爆炸指数用来估算生产过程中事故可能造成的破坏情况，它等于物质系数（MF）和单元危险系数（F_3）的乘积。

“道七版”还将火灾、爆炸指数划分为 5 个危险等级（表 2-29），以便了解单元火灾、爆炸的严重程度。

表 2-29 F&EI 及危险等级

F&EI 值	1~60	61~96	97~127	128~158	≥159
危险等级	最轻	较轻	中等	很大	非常大

（8）确定暴露面积　用火灾、爆炸指数乘以 0.84 即可求出暴露半径 R（ft，1ft = 0.3048m）。根据暴露半径计算出暴露区域面积（$S=\pi R^2$）。

（9）确定暴露区域内财产的更换价值

更换价值=原来成本×0.82×价格增长系数

式中系数 0.82 是考虑事故时有些成本不会被破坏或无需更换，如场地平整、道路、地下管线和地基、工程费等。如果更换价值有更精确的计算，这个系数可以改变。

（10）单元危害系数的确定　单元危害系数由单元危险系数（F_3）和物质系数（MF）按图 2-21 来确定，它代表了单元中物料泄漏或反应能量释放所引起的火灾、爆炸事故的综合效应。如果 F_3 数值超过 8.0，则以 8.0 来确定单元危害系数。

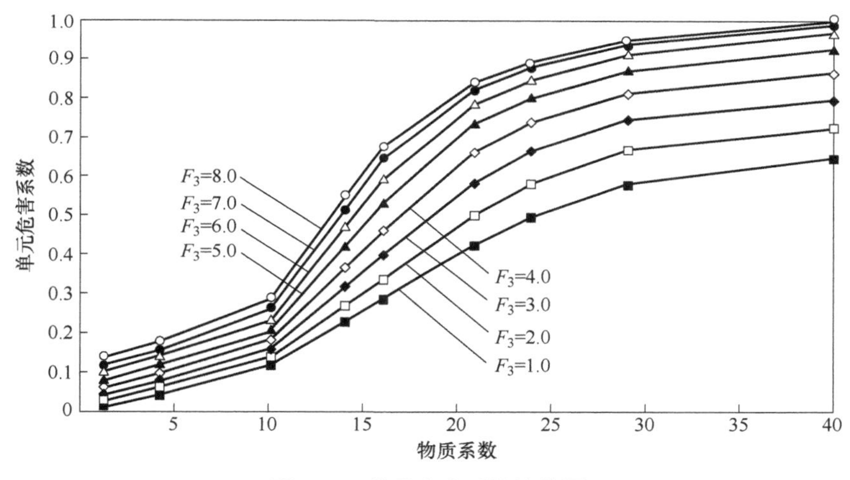

图 2-21 单元危害系数计算图

（11）计算基本最大可能财产损失（基本 MPPD）　确定了暴露区域面积（实际上是体积）和危害系数后，就可计算事故造成的最大可能财产损失。

基本 MPPD=暴露区域的更换价值×危害系数

（12）安全措施补偿系数（C）的计算　“道七版”考虑的安全措施分成三类：工艺控制补偿系数 C_1、物质隔离补偿系数 C_2、防火措施补偿系数 C_3。每一类的具体内容及相应补偿系数见表 2-26，其总的补偿系数是该类中所有选取系数的乘积，即

$$C=C_1C_2C_3$$

（13）确定实际最大可能财产损失（实际 MPPD）　基本最大可能财产损失与安全措施补偿系数的乘积就是实际最大可能财产损失。它表示采取适当的（但不完全理想）防护措施后事故造成的财产损失。

（14）最大可能工作日损失（MPDO）　估算最大可能工作日的损失（即停工天数）是

为了评价停产损失（BI）。MPDO 可由图 2-22 根据实际 MPPD 查出。

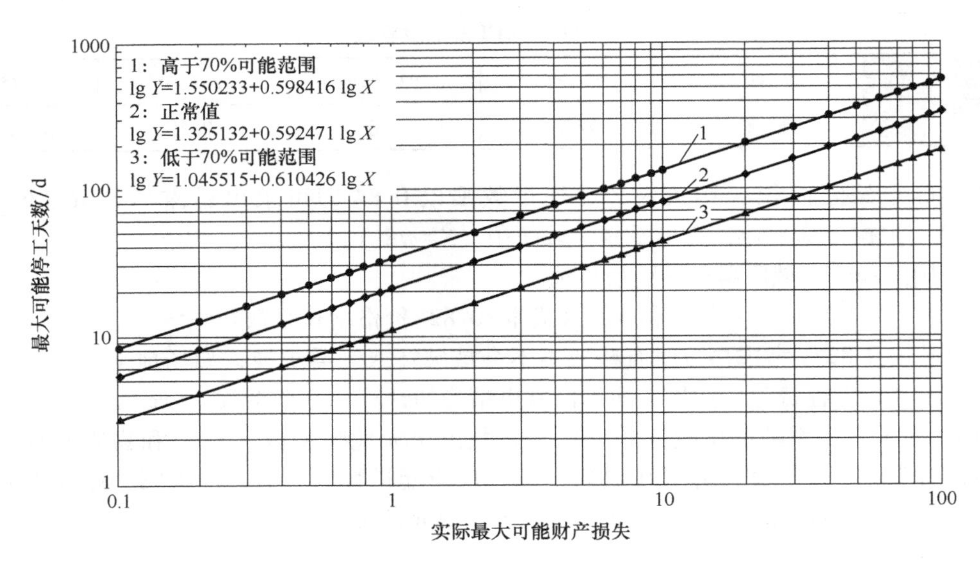

图 2-22　最大可能停工天数（MPDO）计算图

图 2-22 表明了 MPDO 与实际 MPPD 之间的关系。以往的火灾、爆炸事故得到的数据，也为确定危害系数提供了基础。由于对数据做了大量的推演，MPDO 与 MPPD 之间的关系是不够精确的。在许多情况下，可直接从第 2 条线读出 MPDO 的值。值得注意的是在确定 MPDO 时要做恰当的判断，如果不能做出精确的判断，MPDO 的值可能在 70%上下范围内波动。可是，如有确凿的证据，MPDO 的值也可远远偏离 70%，如果能根据供应时间和工程进度较精确地确定停产日期，就可采用它而不用按图 2-22 来加以确定。

（15）停产损失（BI）的估算

$$BI=0.70VPM\frac{MPDO}{30} \tag{2-20}$$

式中　VPM——月产值；

0.70——固定成本和利润。

最后根据造成损失的大小确定其安全程度。

2.3.12　蒙德火灾、爆炸、毒性指数评价法

1974 年英国帝国化学公司（ICI）蒙德部在对现有装置和设计建设中装置的危险性研究中，既肯定了道化学公司的火灾、爆炸危险指数评价法，又在其定量评价基础上对道化学公司的火灾、爆炸危险指数评价法做了重要的改进和扩充。扩充的内容主要有以下几点：

1）增加了毒性的概念和计算。

2）发展了某些补偿系数。

3）增加了几个特殊工程类型的危险性。

4）能对较广范围内的工程及储存设备进行研究。

改进和扩充后的蒙德法评价的基本程序如图 2-23。

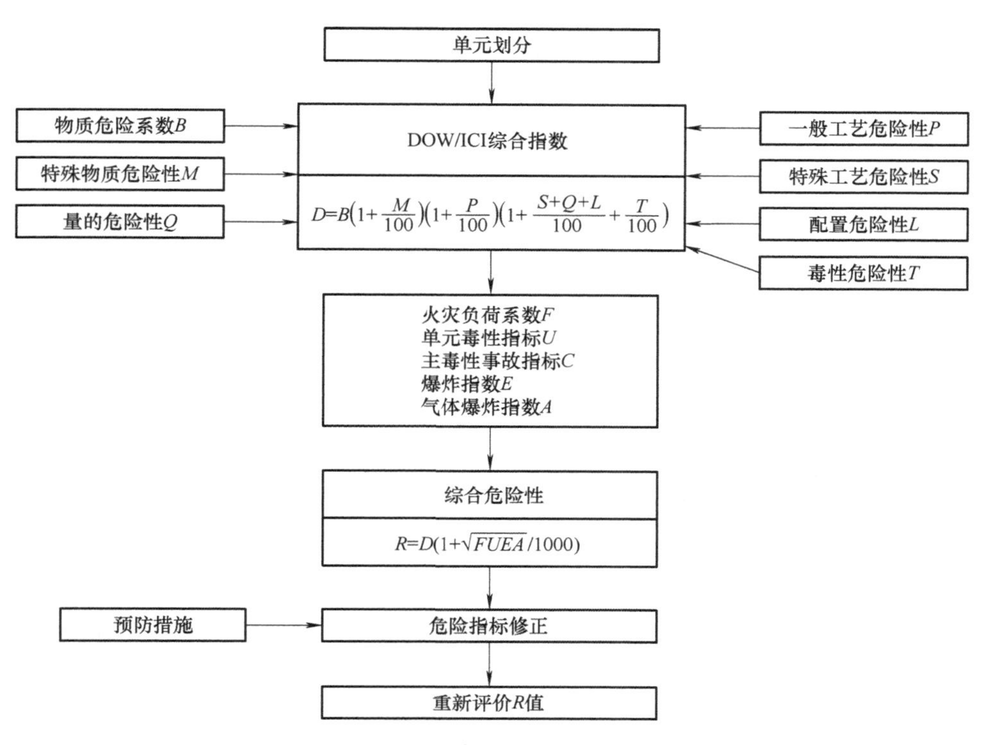

图 2-23 ICI 蒙德法安全评价程序

该法首先将评价系统划分成单元，选择有代表性的单元进行评价。评价过程分两个阶段进行，一是初期危险度评价，二是最终危险度评价。

1. 初期危险度评价

初期危险度评价是不考虑任何安全措施，评价单元潜在危险性的大小。评价的项目包括：确定物质危险系数（B）、特殊物质的危险性（M）、一般工艺危险性（P）、特殊工艺危险性（S）、量的危险性（Q）、配置危险性（L）、毒性危险性（T）。

计算 DOW/ICI 全体指标 D，有

$$D=B\left(1+\frac{M}{100}\right)\left(1+\frac{P}{100}\right)\left(1+\frac{S+Q+L}{100}+\frac{T}{100}\right) \tag{2-21}$$

将 DOW/ICI 总指标 D 划分为 9 个危险等级，见表 2-30。

表 2-30 D 与危险程度

D 的范围	危险程度	D 的范围	危险程度
0~20	缓和的	90~115	极端的
20~40	轻度的	115~150	非常极端的
40~60	中等的	150~200	潜在灾难性的
60~75	稍重的	>200	高度灾难性的
75~90	重的		

考虑总指标受火灾负荷系数（F）、单元毒性指标（U）、爆炸指数（E）和气体爆炸指数（A）等因素影响较大，故开发了总危险性评分值 R。

$$R=D\left(1+\frac{\sqrt{FUEA}}{1000}\right) \tag{2-22}$$

对应于 R 的危险程度分级见表 2-31。

表 2-31 R 与危险程度

总危险性 R	危险程度	总危险性 R	危险程度
0~20	缓和	1100~2500	高（2类）
20~100	低	2500~12500	非常高
100~500	中等	12500~65000	极端
500~1100	高（1类）	>65000	非常极端

2. 最终危险度评价

初期危险度评价主要是了解单元潜在危险的程度。评价单元潜在危险性一般都比较高，因此需要采取安全措施，降低危险性，使之达到人们可以接受的水平。蒙德法从降低事故的频率和减少事故规模两个方面考虑采取措施。减少事故频率的安全预防手段有容器系统（系数 K_1）、工艺管理（系数 K_2）、安全态度（系数 K_3）三类，减少事故规模的措施有防火（K_4）、物质隔离（K_5）、消防活动（K_6）三类。每类都包括数项安全措施，每项根据其降低危险所起的作用给予小于 1 的补偿系数。各类安全措施补偿系数等于该类各项取值之积。

安全措施补偿系数取值之后，分别求出 K_1、K_2、K_3、K_4、K_5、K_6，即可按下式计算经安全措施补偿以后总危险性指标 R_2 下降到什么程度。

$$R_2=RK_1K_2K_3K_4K_5K_6 \tag{2-23}$$

经补偿后的危险性降到了可以接受的水平，则可以建设或运转装置，否则必须更改设计或增加安全措施，然后重新进行评价，直至达到安全为止。

2.3.13 日本劳动省化工厂六阶段安全评价法

1976 年日本劳动省颁布了《化工厂安全评价指南》，提出化工厂六阶段安全评价法。该法将定性分析和定量评价相结合，先用安全检查表对照检查，再根据各种条件评出表示危险性的点数，然后按照点数采取相应的安全措施。

化工厂六阶段安全评价法的评价程序如图 2-24 所示。

1. 资料准备（第一阶段）

评价之前首先要准备建厂条件、装置布置、工艺过程、安全装备、操作要点以及人员的配置、安全教育训练计划、各种设备图等资料。

2. 定性评价（第二阶段）

定性安全评价包括：建厂条件，工厂内部布置，对建筑物的要求，工艺设备的选择，原材料、中间体、产品的危险特性及管理，工艺过程注意的问题，运输储存系统的要求，消防设施等。

每个方面的详细内容列成检查表进行分析评价。

3. 定量评价（第三阶段）

定量评价时，首先将装置划分成几个单元，以单元的物质、容量、温度、压力和操作五项进行评定。每项又分为 A、B、C、D 四类，分别用 10 点、5 点、2 点、0 点表示，最后用单元点数之和评定其危险等级。危险等级划分见表 2-32。

$$单元点数=\begin{Bmatrix}物质\\0\sim10\end{Bmatrix}+\begin{Bmatrix}容量\\0\sim10\end{Bmatrix}+\begin{Bmatrix}温度\\0\sim10\end{Bmatrix}+\begin{Bmatrix}压力\\0\sim10\end{Bmatrix}+\begin{Bmatrix}操作\\0\sim10\end{Bmatrix}$$

4. 安全措施（第四阶段）

危险等级确定之后，就要在设备和组织管理等方面采取相应措施。

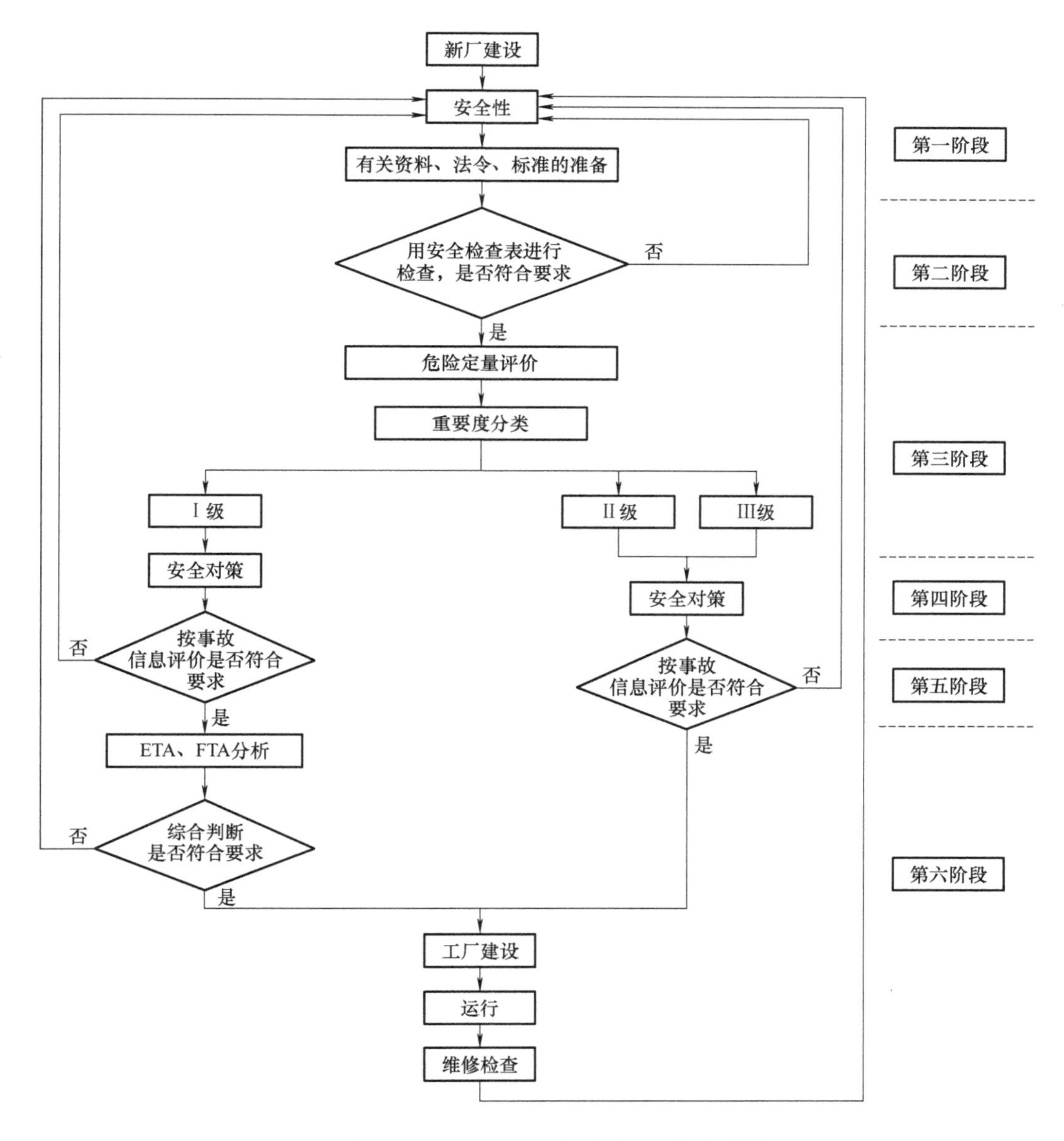

图 2-24 日本化工企业六阶段安全评价程序图

表 2-32 单元危险等级划分表

点 数	等 级	危险程度
16点及以上	Ⅰ级	高度危险
11~15点	Ⅱ级	需同周围情况及其他设备联系起来评价
1~10点	Ⅲ级	低度危险

5. 用过去的事故情况进行再评价（第五阶段）

在第四阶段以后，再根据设计内容参照过去同样设备和装置的事故资料进行再评价。如果有需要改进的地方，再按照第四阶段重复进行讨论。

对危险程度为Ⅱ、Ⅲ级的装置，在经以上评价之后，即可进行中间工厂或装置的建设。

6. 用 FTA 和 ETA 进行再评价（第六阶段）

危险程度为Ⅰ级的装置，最好用 FTA 和 ETA 进行再评价。

如果评价后发现有的地方需要改进，要对设计内容进行修改，然后才能建设。

日本化工企业六阶段安全评价法综合运用检查表法、定量评价法、类比法、FTA、ETA 反复评价，准确性高，但工作量大。它是一种周到的评价方法，除化工厂外，还可用于其他有关行业的安全评价。

2.4 评价单元划分和评价方法的选择

通常，评价的对象是一个项目或系统，对其进行评价时，一般先按一定原则将评价对象分成若干有限的、范围确定的单元，然后分别进行评价，最后再综合整个系统的评价，目的是方便评价工作的进行，简化评价工作，减少评价工作量，避免遗漏，提高评价的准确性。

安全评价方法是进行安全评价的手段和工具。安全评价方法有很多种，每种评价方法都有其适用范围和应用条件，而且，安全评价的目的和对象不同，安全评价的内容和指标也不同。所以，在进行安全评价时，应根据安全评价对象的特点和要实现的安全评价目标选择合适的安全评价方法。下面就评价单元的划分及评价方法的选择进行简单介绍。

2.4.1 评价单元划分

在危险、有害因素分析的基础上，根据评价目标和评价方法的需要，将系统分成有限个确定范围的单元进行评价，该范围称为评价单元。

划分评价单元是为评价目标和评价方法服务的，要便于评价工作的进行，有利于提高评价工作的准确性。评价单元一般以生产工艺、工艺装置、物料的特点和特征与危险、有害因素的类别、分布有机结合进行划分，还可以按评价的需要将一个评价单元再划分为若干子评价单元或更细致的单元。由于至今尚无一个明确通用的“规则”来规范单元的划分方法，因此不同的评价人员对同一个评价对象可能划分出不同的评价单元；同时，由于评价目标不同，各评价方法均有自身特点。只要达到评价的目的，评价单元划分的方法并不要求绝对一致。

常用的评价单元划分原则和方法：

1. 以危险危害因素的类别为主划分评价单元

（1）综合评价单元 对工艺方案、总体布置及自然条件、社会环境对系统影响等综合方面危险、有害因素的分析和评价，宜将整个系统作为一个评价单元。

（2）将具有共性危险因素、有害因素的场所和装置划为一个单元

① 按危险因素类别各划为一个单元，再按工艺、物料、作业特点（即其潜在危险因素不同）划分成子单元分别评价。例如，炼油厂可将火灾爆炸作为一个评价单元，按馏分、催化重整、催化裂化、加氢裂化等工艺装置和储罐区划分成子评价单元，再按工艺条件、物料的种类（性质）和数量更细分为若干评价单元。

② 将存在起重伤害、车辆伤害、高处坠落等危险因素的各码头装卸作业区作为一个评价单元；有毒危险品、散粮、矿砂等装卸作业区的毒物、粉尘危害部分则列入毒物、粉尘有害作业评价单元；燃油装卸作业区作为一个火灾爆炸评价单元，其车辆伤害部分则在通用码头装卸作业区评价单元中评价。

③ 进行安全评价时，宜按有害因素（有害作业）的类别划分评价单元。例如，将噪声、辐射、粉尘、毒物、高温、低温、体力劳动强度危害的场所各划为一个评价单元。

2. 以装置和物质特征划分评价单元

下列评价单元划分原则并不是孤立的，是有内在联系的，划分评价单元时应综合考虑各方面因素进行划分。

应用火灾爆炸指数法、单元危险性快速排序法等评价方法进行火灾爆炸危险性评价时，除按下列原则外还应依据评价方法的有关具体规定划分评价单元。

1）按装置工艺功能划分。例如，原料储存区域；反应区域；产品蒸馏区域；吸收或洗涤区域；中间产品储存区域；产品储存区域；运输装卸区域；催化剂处理区域；副产品处理区域；废液处理区域；通入装置区的主要配管桥区；其他（过滤、干燥、固体处理、气体压缩等）区域。

2）按布置的相对独立性划分。

① 以安全距离、防火墙、防火堤、隔离带等与（其他）装置隔开的区域或装置部分可作为一个单元。

② 储存区域内通常以一个或共同防火堤（防火墙、防火建筑物）内的储罐、储存空间作为一个单元。

3）按工艺条件划分评价单元。按操作温度、压力范围的不同划分单元；按开车、加料、卸料、正常运转、检修等不同作业条件划分单元。

4）按储存、处理危险物品的潜在化学能、毒性和危险物品的数量划分评价单元。

5）根据以往事故资料，将发生事故能导致停产、波及范围大、造成巨大损失和伤害的关键设备作为一个单元；将危险性大且资金密度大的区域作为一个单元；将危险性特别大的区域、装置作为一个单元；将具有类似危险性潜能的单元合并为一个大单元。

2.4.2 评价方法的选择

各种评价方法都有其特点和适用范围，在应用时应根据评价对象的特点、具体条件和需要以及评价目标进行分析和比较，慎重选用。必要时，根据实际情况，可同时选用几种评价

方法对同一评价对象进行评价，互相补充、分析、综合，相互验证，以提高评价结果的准确性。在表2-33中大致归纳了一些评价方法的评价目标、特点、适用范围、应用条件、优缺点等，选择安全评价方法时可参考。

表2-33　常用的安全评价方法比较

评价方法	评价目标	评价能力	特点	优缺点	应用条件	适用范围
安全检查表法（SCA）	分析危险有害因素，确定安全等级	定性	按事先编制的有标准要求的检查表逐项检查，按规定的赋分标准赋分，评定安全等级	简便、易于掌握，但编制检查表难度及工作量大	有事先编制的各类检查表，有赋分、评级标准	各类系统的设计、验收、运行、管理、事故调查
专家评议分析法	分析危险有害因素，进行事故预测	定性	举行专家会议，对所提出的具体问题进行分析、预测，综合专家意见得出比较全面的结论	简单易行，比较客观，十分有用，但对专家要求比较高	相关专家熟悉系统，有丰富的知识和实践经验，专家覆盖面广	适合于对类似装置的安全评价和专项评价
预先危险性分析法（PHA）	分析危险有害因素，确定危险等级	定性	讨论分析系统存在的危险和有害因素、触发条件、事故类型，评定危险性等级	简便易行，但受分析评价人员主观因素影响	分析评价人员熟悉系统，有丰富的知识和实践经验	各类系统设计、施工、生产、维修前的概略分析和评价
故障假设分析法（WI）	分析危险有害因素以及触发条件	定性	讨论分析系统存在的危险和有害因素、触发条件及事故类型	简便易行，但受分析评价人员主观因素影响	分析评价人员熟悉系统，有丰富的知识和实践经验	适用于各类设备设计和操作的各个方面
危险与可操作性研究（HAZOP）	确定偏离及其原因，分析其对系统的影响	定性	通过讨论，分析系统可能出现的偏离、偏离原因、偏离后果及对整个系统的影响	简便易行，但受分析评价人员主观因素影响	分析评价人员熟悉系统，有丰富的知识和实践经验	化工系统、热力系统及水力系统的安全分析
事故树分析法（FTA）	确定事故原因及事故发生的概率	定性 定量	演绎法，由事故和基本事件逻辑推断事故原因，由基本事件概率计算事故发生的概率	精确但复杂，工作量大，编制有误时容易失真	熟练掌握评价方法以及事故和基本事件间的联系，掌握了基本事件发生的概率	宇航、核电、工艺设备等复杂系统的事故分析
事件树分析法（ETA）	确定事故原因、触发条件及事故发生的概率	定性 定量	归纳法，由初始事件判断系统事故原因及条件，由事件概率计算系统发生事故的概率	简便易行，但受分析评价人员主观因素影响	熟悉系统、元素间的因果关系，有各事件发生的概率	各类局部工艺

（续）

评价方法	评价目标	评价能力	特点	优缺点	应用条件	适用范围
日本化学企业六阶段法	确定危险性等级	定性 定量	检查表法定性评价，单元点法定量评价，采取措施，用类比资料复评，一级危险性装置用 ETA、FTA 等方法再评价	综合应用几种方法反复评价，准确性高，但工作量大	熟悉系统，掌握有关方法，具有相关知识和经验，有类比资料	化工厂和有关装置
道化学指数法	确定火灾爆炸危险性等级和事故损失	定量	根据物质、工艺危险性计算火灾爆炸指数，判断采取措施前后的整体危险性，由影响范围、单元破坏系数计算系统整体经济损失	大量使用图表，简洁明了，参数取值宽，因人而异，但只能对系统整体做宏观评价	熟练掌握评价方法，熟悉系统，有丰富的知识和良好的判断能力，须有各类企业的各类装置经济损失目标值	生产、储存和处理易燃、易爆、具有化学活性或有毒物质的工艺过程及其他有关工艺系统
蒙德火灾、爆炸毒性指标评价法	确定火灾、爆炸毒性及系统整体危险性等级	定量	由物质、工艺、毒性、配置危险计算采取措施前后的火灾、爆炸、毒性和整体危险性指数，评定各类危险性等级	大量使用图表，简洁明了，参数取值宽，因人而异，但只能对系统整体做宏观评价	熟练掌握评价方法，熟悉系统，有丰富的知识和良好的判断能力	生产、储存和处理易燃、易爆、具有化学活性或有毒物质的工艺过程及其他有关工艺系统

在进行安全评价时，应该在认真分析和熟悉被评价系统的前提下，选择安全评价方法。选择安全评价方法应遵循充分性、适应性、系统性、针对性和合理性的原则。

安全评价方法选择过程有所不同，一般在选择安全评价方法时，应首先详细分析被评价的系统，明确通过安全评价要达到的目标，即通过安全评价需要给出哪些安全评价结果，然后应了解尽量多的安全评价方法，将安全评价方法进行分类整理，明确被评价系统能够提供的基础数据、工艺参数和其他资料，然后再结合安全评价要达到的目标，选择合适的安全评价方法。

选择安全评价方法的具体准则如图 2-25 所示，选择流程如图 2-26～图 2-29 所示。

2.4.3　应用实例

某压缩天然气（compressed natural gas，CNG）储配站安全验收评价中，评价单元依据 2.4.2 节内容可整合划分为：

1）法律法规符合性单元。

2）装置、设备、设施及工艺单元。

3）公用工程及辅助设施单元。

4）安全生产管理及应急救援单元。

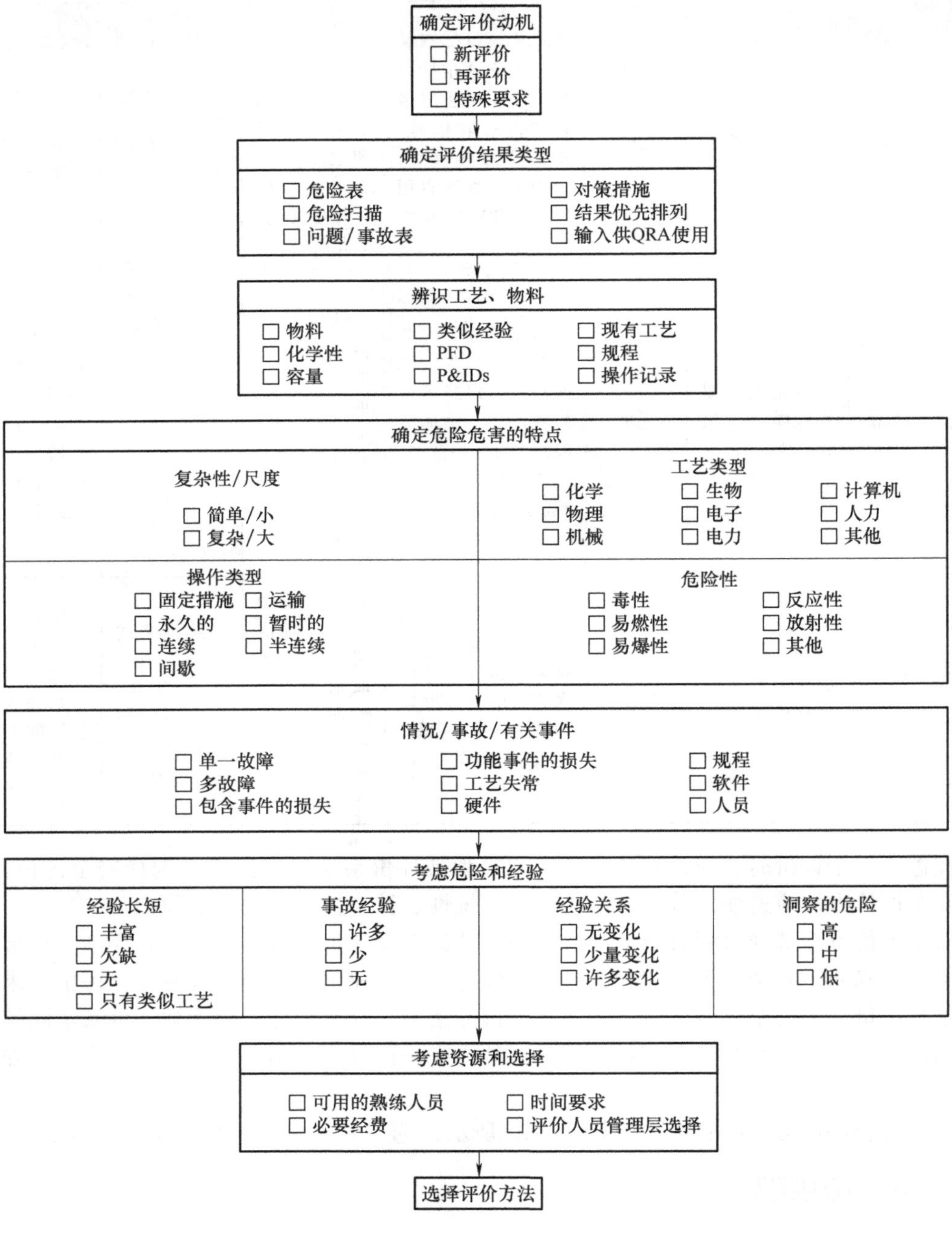

确定评价动机

□ 新评价
□ 再评价
□ 特殊要求

↓

确定评价结果类型

□ 危险表　□ 对策措施
□ 危险扫描　□ 结果优先排列
□ 问题/事故表　□ 输入供QRA使用

↓

辨识工艺、物料

□ 物料　□ 类似经验　□ 现有工艺
□ 化学性　□ PFD　□ 规程
□ 容量　□ P&IDs　□ 操作记录

↓

确定危险危害的特点

复杂性/尺度
□ 简单/小
□ 复杂/大

工艺类型
□ 化学　□ 生物　□ 计算机
□ 物理　□ 电子　□ 人力
□ 机械　□ 电力　□ 其他

操作类型
□ 固定措施　□ 运输
□ 永久的　□ 暂时的
□ 连续　□ 半连续
□ 间歇

危险性
□ 毒性　□ 反应性
□ 易燃性　□ 放射性
□ 易爆性　□ 其他

↓

情况/事故/有关事件

□ 单一故障　□ 功能事件的损失　□ 规程
□ 多故障　□ 工艺失常　□ 软件
□ 包含事件的损失　□ 硬件　□ 人员

↓

考虑危险和经验

经验长短
□ 丰富
□ 欠缺
□ 无
□ 只有类似工艺

事故经验
□ 许多
□ 少
□ 无

经验关系
□ 无变化
□ 少量变化
□ 许多变化

洞察的危险
□ 高
□ 中
□ 低

↓

考虑资源和选择

□ 可用的熟练人员　□ 时间要求
□ 必要经费　□ 评价人员管理层选择

↓

选择评价方法

图 2-25　选择安全评价方法准则示意图

针对所有单元整体采用定性的评价方法——安全检查表法，其中装置、设备、设施及工艺单元危险性较高，继续采用事故树分析法和蒸气云爆炸模型的评价方法对危险、有害因素导致事故发生的可能性及其严重程度进行定量评价。

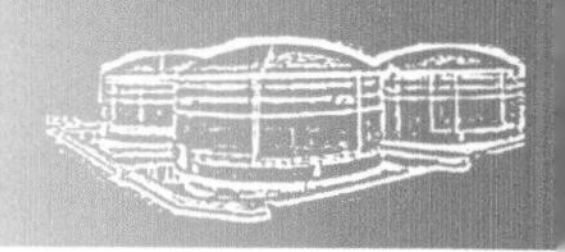

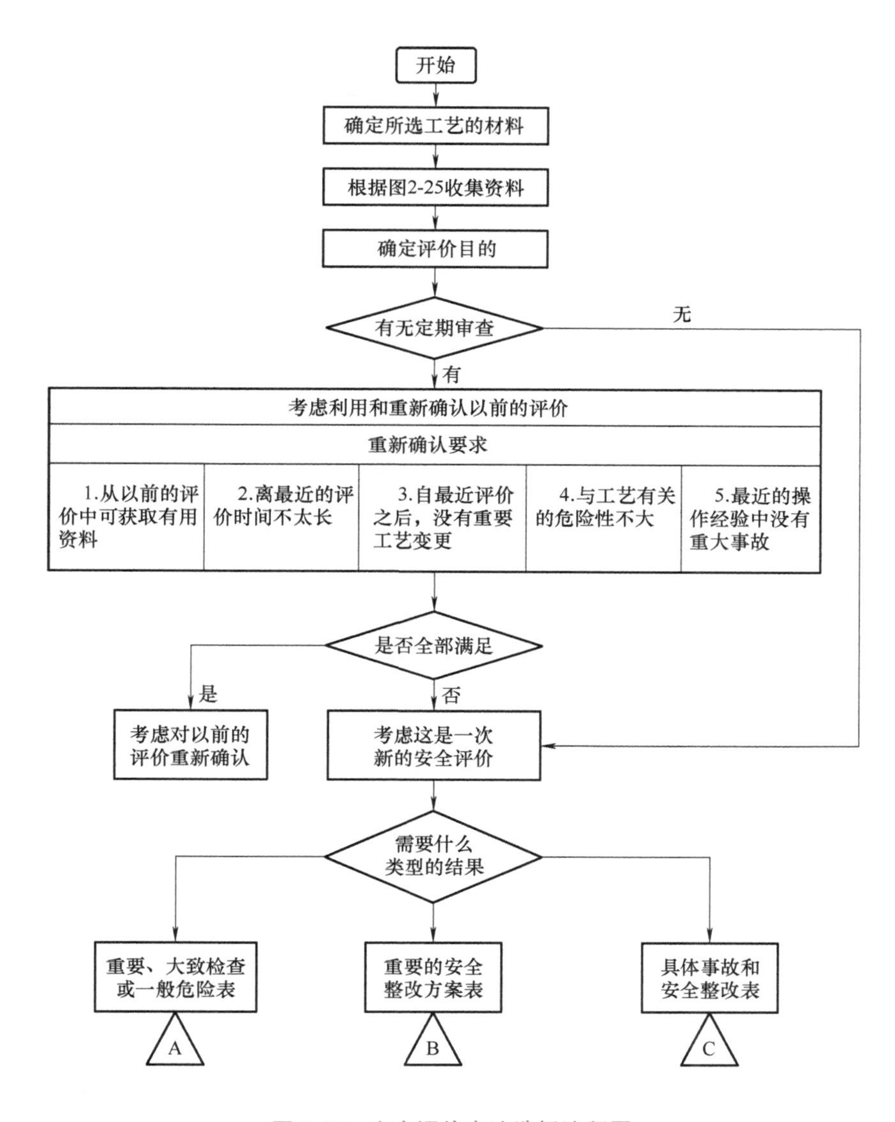

图 2-26　安全评价方法选择流程图

各单元划分及评价方法见表 2-34。

表 2-34　评价单元划分及评价方法

序号	评价单元	评价方法		
		安全检查表	事故树分析法	蒸气云爆炸模型
1	法律法规符合性单元	√		
2	装备、设备、设施及工艺性单元	√	√	√
3	公用工程及辅助设施单元	√		
4	安全生产管理及应急救援单元	√		

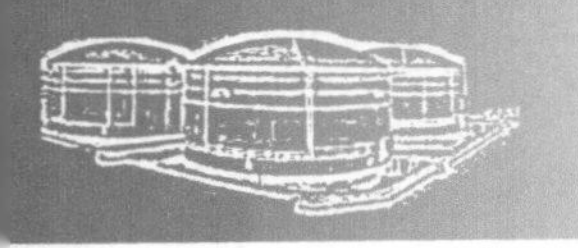

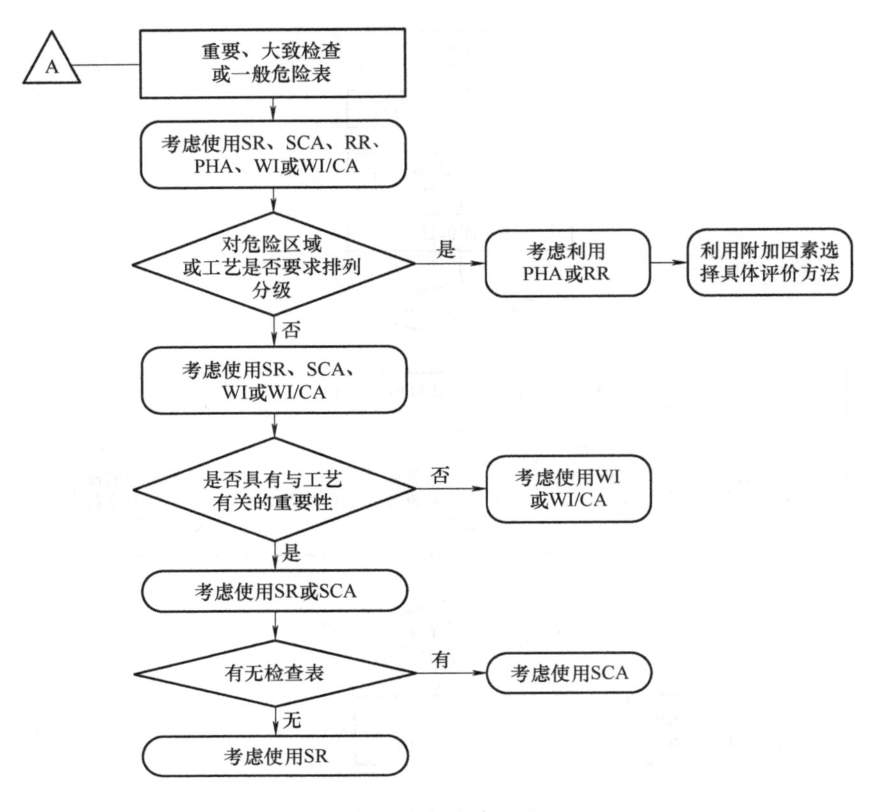

图 2-27　安全评价方法选择流程图——A

SR—安全检查法（safety review）　SCA—安全检查表法（safety checklist analysis）

RR—危险指数法（risk rank）　PHA—预先危险性分析法（preliminary hazard analysis）

WI—故障假设分析法（what...if）　WI/CA—故障假设分析/检查表分析法（what...if/checklist analysis）

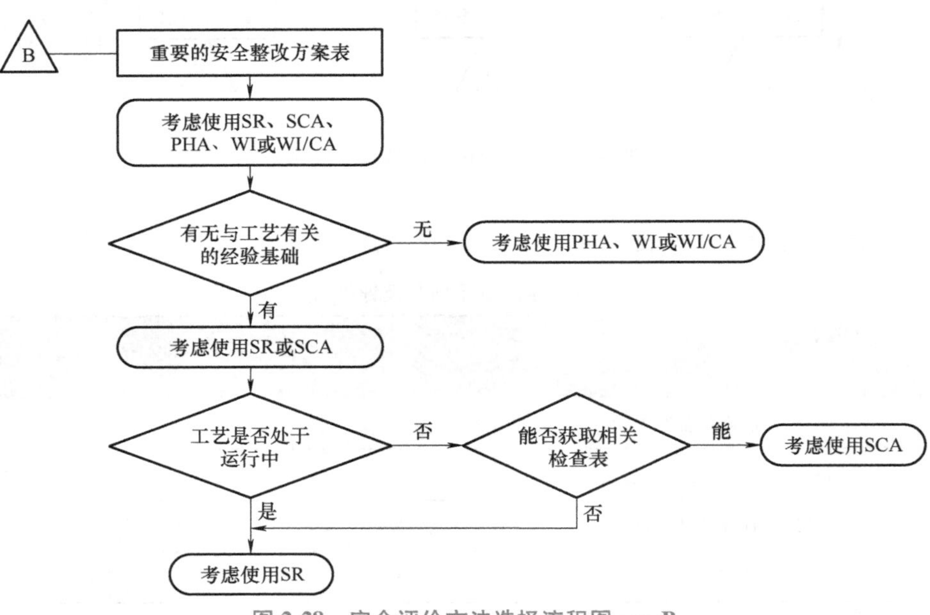

图 2-28　安全评价方法选择流程图——B

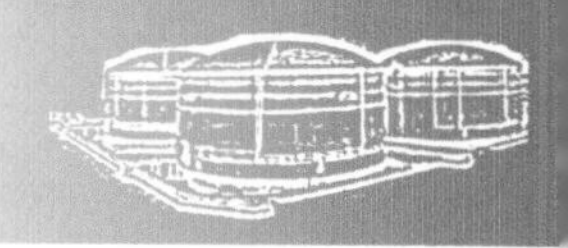

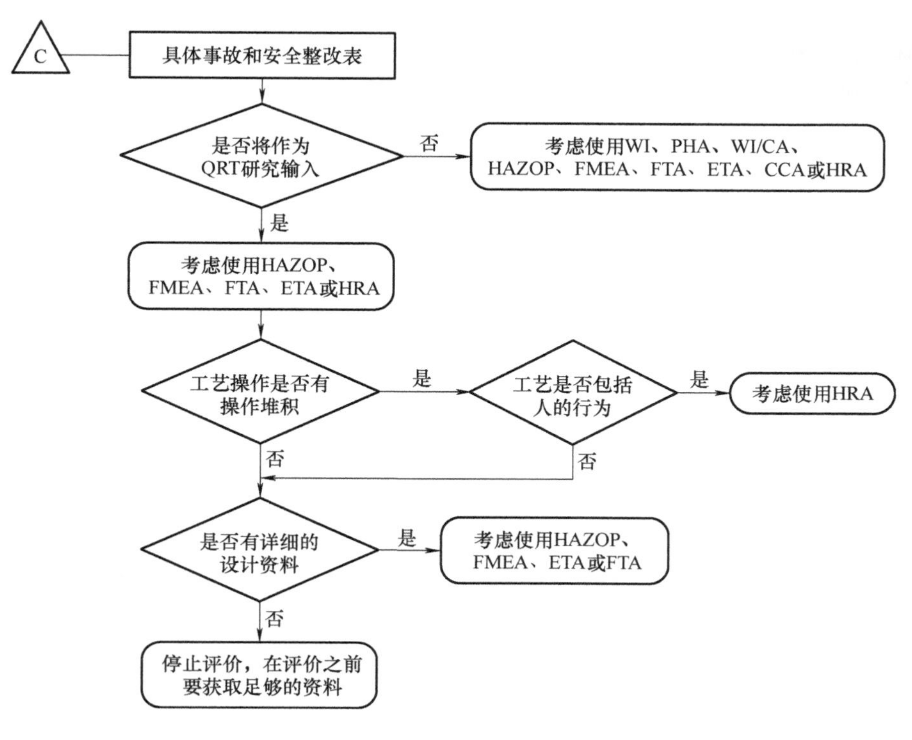

图 2-29 安全评价方法选择流程图——C

HAZOP—危险和操作性研究法（hazard and operability studies）
FMEA—故障类型与影响分析法（failure mode and effects analysis）
FTA—事故树分析法（fault tree analysis） ETA—事件树分析法（event tree analysis）
CCA—原因后果分析法（cause-consequence analysis） HRA—人员可靠性分析法（human reliability analysis）

内容小结

1）安全评价是以实现工程和系统的安全为目的，应用安全系统工程的原理和方法，对工程和系统中存在的危险及有害因素等进行识别与分析，判断工程和系统发生事故和职业危害的可能性及其严重程度，提出安全对策及建议制订防范措施和管理决策的过程。

2）安全评价包括危险危害因素辨识和危险危害程度评价两部分，具体为危险源辨识、计算风险率、判别指标和危险性控制。

3）安全评价的依据包括国家和地方的有关法律法规和标准、企业内部的规章制度和技术规范、可接受风险标准以及前人的经验和教训等。

4）安全评价程序主要包括准备阶段、危险危害因素识别与分析、定性及定量评价、提出安全对策、形成安全评价结论及建议、编制安全评价报告。

5）安全评价方法的特点、适用范围比较，详见表 2-33。

6）常用的评价单元划分原则：以危险危害因素的类别或以装置和物质特征来划分评价单元。

7）安全评价方法选择：详细分析被评价的系统，再结合安全评价目标，选择合适的安全评价方法。

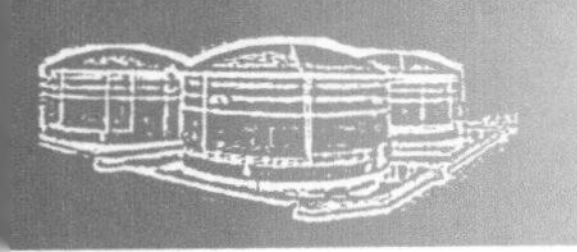

学习自测

2-1 什么是安全性评价？它包括哪些内容？

2-2 安全性评价的基本程序有哪些？

2-3 生产工艺过程中的危险危害因素有哪些？

2-4 安全检查表有哪些优点？编制安全检查表的依据有哪些？

2-5 找一个自己熟悉的系统，编制安全检查表。

2-6 什么是预先危险性分析？它有哪些优点？

2-7 什么是危险和可操作性研究？此法的危险性分析中用了哪些引导词？每个引导词的含义是什么？

2-8 何谓故障、故障类型、故障类型和影响分析？

2-9 什么是结构重要度分析？为什么要进行结构重要度分析？

2-10 道七版的评价步骤有哪些？

2-11 简述蒙德法的评价程序。

2-12 日本劳动省化工厂六阶段安全评价法包括哪六个阶段？该评价法是怎样进行定量评价的？

2-13 图2-30所示的事故树各基本事件的故障概率见表2-35，请分别求出顶上事件发生概率。

表2-35 题2-13表

基本事件	故障概率
X_1	0.01
X_2	0.02
X_3	0.03
X_4	0.04

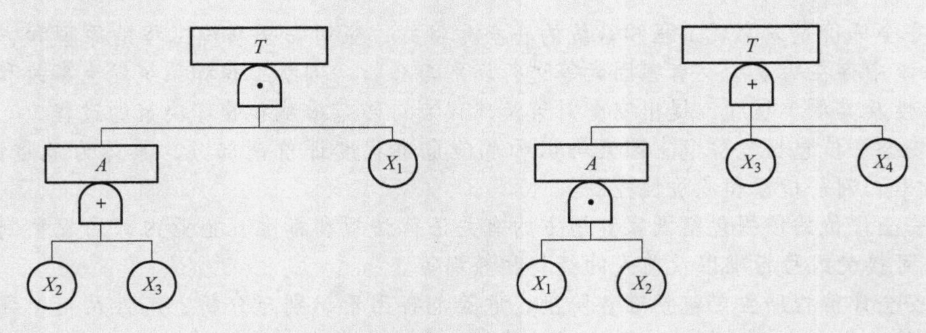

图2-30 题2-13图

2-14 某反应器的温度控制系统如图2-3所示，请以冷冻盐水流量减少作为初始事件画出事件树，并计算反应失控的概率。已知高温报警仪报警、操作者发现超温、操作者恢复冷却剂流量、操作者紧急关闭反应器的概率分别是0.99、0.75、0.75和0.9。

第3章 燃烧爆炸分析与控制

学习目标

1）了解燃烧与爆炸的基本概念、类型及特征。
2）熟悉燃烧过程及燃烧基本理论。
3）掌握爆炸极限理论。
4）掌握爆炸极限的影响因素及爆炸极限的计算。
5）掌握防火防爆措施。

3.1 燃烧

火灾、爆炸事故具有很大的破坏作用，石油化工企业由于生产中使用的原材料、中间产品及产品多为易燃、易爆物质，一旦发生火灾、爆炸事故，会造成严重后果。所以研究燃烧和爆炸的机理，对保护劳动者和人民群众的人身安全，保护财产免遭损失具有重要意义。本章主要阐述燃烧和爆炸的基本原理。

3.1.1 概述

1. 燃烧与氧化的关系

燃烧是一种同时有光和热发生的剧烈氧化还原反应。在氧化还原反应中，某些物质被氧化而另一些物质被还原。根据电子学说理论，氧化还原反应是由于物质发生电子的转移，电子从一物质转移到另一物质造成的。失去电子的物质被氧化，称还原剂；得到电子的物质被还原，称氧化剂。在氧化还原反应中，某物质失去的电子数等于另一物质得到的电子数。

从化学原理看，一切燃烧现象均是氧化还原反应，但氧化还原反应并不都属于燃烧反应的范畴。

燃烧反应必须具有如下三个特征：

1）是一个剧烈的氧化还原反应。

2）放出大量的热。

3）发出光。

根据这三个特征，可以把燃烧和其他现象区别开来。在日常生活和生产中常见的燃烧现象，大都是可燃物和空气中的氧进行剧烈的氧化还原反应，但燃烧反应并非都要有氧参加，

如铁或氢在氯气中燃烧：

$$2Fe+3Cl_2 \longrightarrow 2FeCl_3$$

$$H_2+Cl_2 \longrightarrow 2HCl$$

此时，氯得到电子被还原而铁和氢失去电子被氧化，在反应过程中同时有光和热发生，故属燃烧反应。可是下列铜与硝酸的反应：

$$3Cu+8HNO_3 \longrightarrow 3Cu(NO_3)_2+4H_2O+2NO$$

就不能称为燃烧反应。因为反应虽属氧化还原反应，但由于在反应中没有同时产生光和热，故不属于燃烧反应。所以一切燃烧反应都是氧化还原反应，但氧化还原反应并不都是燃烧反应。

此外，由化学基础知识可知，灯泡中的灯丝通电后同时发光发热，但并非氧化还原反应，所以也不能称作燃烧。

同理，可列出许多反应式，如氢、碳与氧的反应，都属于燃烧的范畴，反应式可写成

$$2H_2+O_2 \longrightarrow 2H_2O$$

$$C+O_2 \longrightarrow CO_2$$

2. 燃烧要素

燃烧必须具备三个基本条件：可燃物、助燃物以及导致着火的能源。要使燃烧发生，三个条件缺一不可，因此这三个条件也称为燃烧的必要条件或燃烧三要素。

下面分别讨论这三个条件及其影响因素。

（1）可燃物　可燃物是指燃烧发生的物质。有可燃物的存在是发生燃烧的必要条件之一。

可燃物可以是固态的，如木材、棉纤维、煤等；或是液态的，如酒精、汽油、苯等；也可以是气态的，如氢气、乙炔、一氧化碳等。

可燃物的不同物质形态具有不同的燃烧性质。处于蒸气或其他微小分散状态的燃料和氧之间极易引发燃烧。有些固体研磨成粉状或加热蒸发极易起火。有些液体在远低于室温时就有较高的蒸气压，就能释放出危险量的易燃蒸气。

因此，对于易燃体，为了排除潜在火灾危险，必须用密封的带有排气管的储罐盛装。这样，当与罐隔开一段距离的物料意外起火时，储罐被引燃的可能性将会大大减小。保证易燃液体安全的关键是防止蒸气在封闭空间中积累至爆炸浓度。

（2）助燃物　需要有助燃物的存在，即有氧化剂存在，常见的氧化剂有空气（其中的氧）、纯氧或其他具有氧化性的物质。

如前所述，虽然在某些特殊情况下，比如氯或磷，能在无氧条件下与物质产生燃烧反应，但是绝大多数的燃料发生燃烧时都需要氧。而且，反应气氛中氧的含量越高，燃烧得就越迅速。

化工企业在生产时很难调节工作区域环境中氧的含量，因为防止发生燃烧的氧含量通常远低于正常氧含量，氧含量过低，就不能满足操作人员的正常呼吸需求。因此，工业上通常需要处理的只是在常温下暴露在空气中就容易起火的物料，隔绝空气是对这些物料可采取的必要的安全措施。此时，这类物料就需要在真空容器或充满惰性气体（如氩、氦和氮）的容器内进行加工，这也是化工企业经常在密闭容器内完成生产过程的原因之一。

（3）着火源　燃烧所需热量可以由不同的导致着火的能源（简称着火源）提供，如高

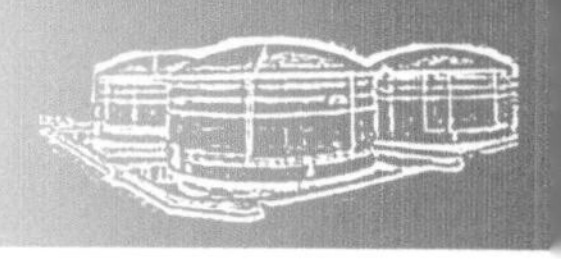

温灼热体、撞击或摩擦所产生的热量或火花、电气火花、静电火花、明火、化学反应热、绝热压缩产生的热能等，因此火源是燃烧的一个非常重要的因素。下面介绍一下常见的火源。

1）明火：如喷枪、火柴、电灯、焊枪、探照灯、手灯、手炉等。

2）电源：这里所指的电源包括电力供应和发电装置，以及电加热和电照明设施。

3）过热：过热是指超出所需热量的温度点。

4）热表面：热表面与燃烧室、干燥器、烤炉、导线管以及蒸气管线相接触，常引发易燃蒸气起火。

5）自燃：许多火灾是由物质的自燃引起的，在封闭且没有通风的仓库中积累的热量可能使氧化反应加速至物质着火点。

6）火花：机具和设备发生的火花，吸烟产生的热烟灰、无防护的灯、锅炉、焚烧炉以及汽油发动机的回火，都是起火的潜在因素。

7）静电：在工业操作中，常由于摩擦而在物质表面产生电荷（即所谓静电）。在湿度比较小的季节或人工加热的情况下，静电起火更容易发生。

8）摩擦：许多起火是由机械摩擦引发的，如通风机叶片与保护罩的摩擦，润滑性能很差的轴承，研磨或其他机械过程，都有可能引发起火。

上述三点是燃烧的必要条件，犹如三角形的三条边，缺少任一条边，就不能组成三角形。同理，缺少上述三条中的任一条，也就不能导致燃烧。所以人们也称燃烧的三个必要条件为燃烧三角形。

但有时虽然已具备了这三个条件，燃烧也不一定发生，因为燃烧还必须具有充分条件。

1）可燃物与助燃物要达到一定的比例，才能引起燃烧。如氢气在空气中含量低于4%时便不能点燃。氧在大气中占21%，燃烧时在一定的环境中氧含量会逐渐减少，当氧含量低于14%时，燃着的木块也会熄灭。这时，要使燃烧继续，燃烧区必须有新鲜空气源源不断地补充。

2）点火源也要有一定强度（温度和热量）。如电焊渣火花，温度可达1200℃以上，足以引起易燃液体的蒸气和空气混合气发生燃烧或爆炸，但若该火花落在木块上，就不一定引起燃烧。这是因为火花温度虽高，但能量不足，无法使木块加热到燃烧温度；当大量火花不断落在木块上时，才可以引起木块燃烧。所以，要引起燃烧，不仅要具备必要条件，还必须满足充分条件。

近代燃烧理论用链锁反应来解释物质燃烧的本质，认为燃烧是一种自由基的链锁反应，并由此提出了燃烧四面体学说。燃烧四面体学说指出，燃烧除了具备上述三个要素外，还必须使链锁反应不受抑制，即自由基反应能继续下去，这是燃烧的第四个要素，并由此而奠定了某些灭火技术的理论基础。

3.1.2 燃烧的分类

1. 按可燃物质和助燃物质存在的相态分

可分为均相燃烧和非均相燃烧。

均相燃烧是指可燃物质和助燃物质间的燃烧反应在同一相中进行，如氢气在氧气中的燃烧，煤气在空气中的燃烧。

非均相燃烧是指可燃物质和助燃物质并非同相，如石油（液相）、木材（固相）在空气

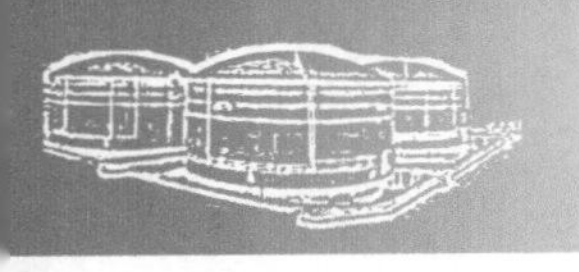

（气相）中的燃烧。与均相燃烧相比，非均相燃烧比较复杂，需要考虑可燃液体或固体的加热，以及由此产生的相变。

2. 按混合程度的不同分

可分为混合燃烧和扩散燃烧两种形式。

可燃气体与助燃气体预先混合后进行的燃烧称为混合燃烧。

可燃气体由容器或管道中喷出，与周围的空气（或氧气）互相接触扩散而产生的燃烧，称为扩散燃烧。

混合燃烧速度快、温度高，一般爆炸反应属于这种形式。在扩散燃烧中，由于与可燃气体接触的氧气量偏低，通常会产生不完全燃烧的炭黑。

3. 按燃烧过程的不同分

可分为蒸发燃烧、分解燃烧和表面燃烧几种形式。

可燃液体蒸发出的可燃蒸气发生的燃烧称为蒸发燃烧。通常液体本身并不燃烧，只是由液体蒸发出的蒸气进行燃烧。分解燃烧是固体或不挥发性液体经热分解后产生的可燃气体的燃烧，如木材和煤大都是由热分解产生的可燃气体进行燃烧。而硫磺和萘这类可燃固体是先熔融、蒸发，而后进行燃烧，也可视为蒸发燃烧。

可燃固体和液体的蒸发燃烧和分解燃烧，均有火焰产生，属火焰型燃烧。当可燃固体燃烧至分解不出可燃气体时，便没有火焰，燃烧继续在所剩固体的表面进行，称为表面燃烧。金属燃烧即属表面燃烧。表面燃烧无汽化过程，无需吸收蒸发热，燃烧温度较高。

此外，根据燃烧产物或燃烧进行过程的程度，还可分为完全燃烧和不完全燃烧。

4. 按燃烧起因的不同分

按照燃烧起因的不同，燃烧可分为闪燃、点燃和自燃三种类型。闪点、着火点和自燃点分别是上述三种燃烧类型的特征参数。

（1）闪燃和闪点　液体表面都有一定量的蒸气存在，由于蒸气压的大小取决于液体所处的温度，因此，蒸气的含量也由液体的温度所决定。可燃液体表面的蒸气与空气形成的混合气体与火源接近时会发生瞬间燃烧，出现瞬间火苗或闪光，这种现象称为闪燃。闪燃的最低温度称为闪点。可燃烧液体的温度高于其闪点时，随时都有被点燃的危险。

闪点这个概念主要适用于可燃液体。某些可燃固体，如樟脑和萘等，也能蒸发或升华为蒸气，因此也有闪点。一些可燃液体的闪点和自燃点见表3-1，一些油品的闪点和自燃点见表3-2。

（2）点燃和着火点　可燃物质在空气充足的条件下，达到一定温度与火源接触即行着火，移去火源后仍能持续燃烧达5min以上，这种现象称为点燃。点燃的最低温度称为着火点。可燃液体的着火点约高于其闪点5~20℃。但闪点在100℃以下时，二者往往相同。

（3）自燃和自燃点　在无外界火源的条件下，物质自行引发的燃烧称为自燃。自燃的最低温度称为自燃点。表3-1和表3-2列出了一些可燃液体的自燃点。物质自燃有受热自燃和自热燃烧两种类型。

1）受热自燃：可燃物质在外部热源作用下温度升高，达到其自燃点而自行燃烧称为受热自热。可燃物质与空气一起被加热时，首先缓慢氧化，氧化反应热使物质温度升高，同时由于散热也有部分热损失。若反应热大于损失热，氧化反应加快，温度继续升高，达到物质的自燃点就发生自燃。在化工生产中，可燃物质由于接触高温热表面、加热或灯烤、撞击或摩擦等，均有可能导致自燃。

2）自热燃烧：可燃物质在无外部热源影响下，其内部发生物理、化学或生化变化而产生热量，并不断积累使物质温度上升，达到其自燃点而燃烧，这种现象称为自热燃烧。引起物质自热的原因主要有：氧化热（如不饱和油脂）、分解热（如硝酸纤维素塑料，俗称赛璐珞）、聚合热（如液相氰化氢）、吸附热（如活性炭）、发酵热（如植物）等。

表 3-1　可燃液体的闪点和自燃点

物质名称	闪点/℃	自燃点/℃	物质名称	闪点/℃	自燃点/℃	物质名称	闪点/℃	自燃点/℃
丁烷	-60	365	苯	11.1	555	四氢呋喃	-13.0	230
戊烷	<-40.0	285	甲苯	4.4	535	醋酸	38	
己烷	-21.7	233	邻二甲苯	72.0	463	醋酐	49.0	315
庚烷	-4.0	215	间二甲苯	25.0	525	丁二酸酐	88	
辛烷	36		对二甲苯	25.0	525	甲酸甲酯	<-20	450
壬烷	31	205	乙苯	15	430	环氧乙烷		428
癸烷	46.0	205	萘	80	540	环氧丙烷	-37.2	430
乙烯		425	甲醇	11.0	455	乙胺	-18	
丁烯	-80		乙醇	14	422	丙胺	<-20	
乙炔		305	丙醇	15	405	二甲胺	-6.2	
1,3-丁二烯		415	丁醇	29	340	二乙胺	-26	
异戊间二烯	-53.8	220	戊醇	32.7	300	二丙胺	7.2	
环戊烷	<-20	380	乙醚	-45.0	170	氢		560
环己烷	-20.0	260	丙酮	-10		硫化氢		260
氯乙烷		510	丁酮	-14		二硫化碳	-30	102
氯丙烷	<-20	520	甲乙酮	-14		六氢吡啶	16	
二氯丙烷	15	555	乙醛	-17		水杨醛	90	
溴乙烷	<-20.0	511	丙醛	15		水杨酸甲酯	101	
氯丁烷	12.0	210	丁醛	-16		水杨酸乙酯	107	
氯乙烯		413	呋喃		390	丙烯腈	-5	

表 3-2　一些油品的闪点和自燃点

油品名称	闪点/℃	自燃点/℃	油品名称	闪点/℃	自燃点/℃
汽油	<28	510~530	重柴油	>120	300~330
煤油	28~45	380~425	蜡油	>120	300~380
轻柴油	45~120	350~380	渣油	>120	230~240

3）影响自燃的因素：热量生成速率是影响自燃的重要因素。热量生成速率可以用氧化热、分解热、聚合热、吸附热、发酵热等过程热与反应速率的乘积表示。因此，物质的过程热越大，生成速率也越大；温度越高，反应速率增加，热量生成速率亦增加。

热量积累是影响自燃的另一重要因素。保温状态良好，热导率低，可燃物质紧密堆积，中心部分处于很热状态，热量易于积累引发自燃。空气流通利于散热，则很少发生自燃。

4）自燃点温度量值：压力、组成成分和催化剂性能对可燃物质自燃点的温度量值都有很大影响。压力越高，自燃点越低。可燃气体与空气混合，其组成成分比值为化学计算量时自燃点最低。活性催化剂能降低物质的自燃点，而钝性催化剂则能提高物质的自燃点。可燃性固体粉碎得越细、粒度越小，其自燃点越低。固体受热分解，产生的气体量越大，自燃点越低。对于有些固体物质，受热时间较长，自燃点也较低。

3.1.3 燃烧过程和燃烧理论

1. 燃烧过程

可燃物质的燃烧一般是在气相中进行的。由于可燃物质的状态不同，其燃烧过程也不相同。

气体最易燃烧，燃烧所需要的热量只用于本身的氧化分解，并使其达到着火点。气体在极短的时间内就能全部燃尽。

液体在火源作用下，先蒸发成气体，而后氧化分解进行燃烧。与气体燃烧相比，液体燃烧多消耗蒸发热使液体变为气体。

固体燃烧有两种情况：对于硫、磷等简单物质，受热时首先熔化，而后蒸发为气体进行燃烧，无分解过程；对于复合物质，受热时首先分解成其组成部分，生成气态和液态产物，而后气态产物和液态产物蒸气着火燃烧。

各种物质的燃烧过程如图 3-1 所示。从图中可知，任何可燃物质的燃烧都经历氧化分解、着火、燃烧等阶段。物质燃烧过程的温度变化如图 3-2 所示。$T_{初}$ 为可燃烧物质开始加热的温度。初始阶段，加热的大部分热量用于可燃物质的熔化或分解，温度上升比较缓慢。温度达到 $T_{氧}$ 后，可燃物质开始氧化。由于开始阶段温度较低，因此氧化速度较缓慢，氧化产生的热量不足以抵消向外界的散热。此时若停止加热，就不会引起燃烧。如继续加热，温度迅速上升，一旦达到 $T_{自}$，即使停止加热，温度仍自行升高，达到 $T'_{自}$ 就着火燃烧起来。这里，$T_{自}$ 是理论上的自燃点。$T'_{自}$ 是开始出现火焰的温度，为实际测量的自燃点。$T_{燃}$ 为物质的燃烧温度。$T_{自}$ 到 $T'_{自}$ 的时间间隔称为燃烧诱导期。

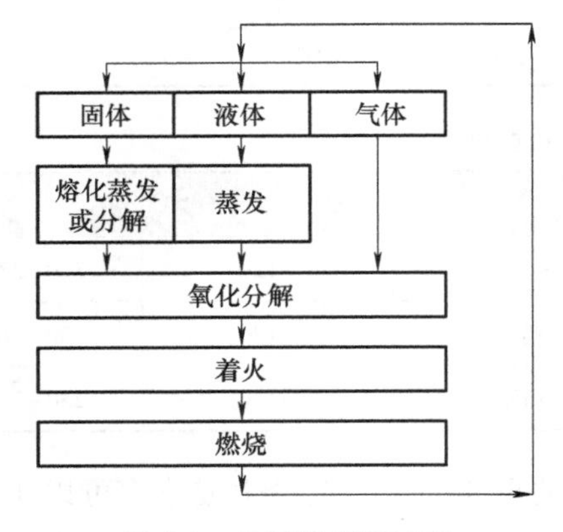

图 3-1 物质的燃烧过程

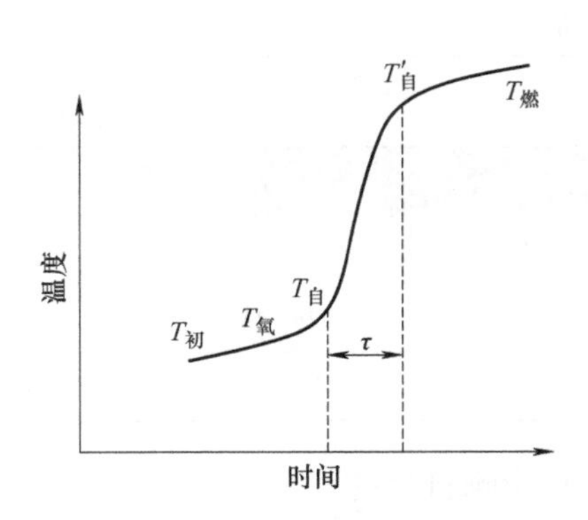

图 3-2 物质燃烧过程的温度变化

2. 燃烧理论

（1）燃烧的活化能理论　燃烧是化学反应，而分子间发生化学反应的必要条件是互相碰撞。在标准状况下，$1dm^3$ 体积内分子互相碰撞约 10^{28} 次/s。但并不是所有碰撞的分子都能发生化学反应，只有少数具有一定能量的分子互相碰撞才会发生反应，这少数分子称为活化分子。活化分子的能量要比分子平均能量超出一定值，这超出分子平均能量的定值称为活化能。活化分子碰撞发生化学反应，称为有效碰撞。

活化能的概念可以用图3-3说明，横坐标表示反应进程，纵坐标表示分子能量。由图可见，能级Ⅰ的能量大于能级Ⅱ的能量，所以能级Ⅰ的反应物转变为能级Ⅱ的产物，反应过程是放热的。反应的热效应 Q_v 等于能级Ⅱ与能级Ⅰ的能量差。能级K的能量是发生反应所必需的能量。所以，正向反应的活化能 ΔE_1 等于能级K与能级Ⅰ的能量差，而反向反应的活化能 ΔE_2 则等于能级K与能级Ⅱ的能量差。ΔE_2 和 ΔE_1 的差值即为反应的热效应。

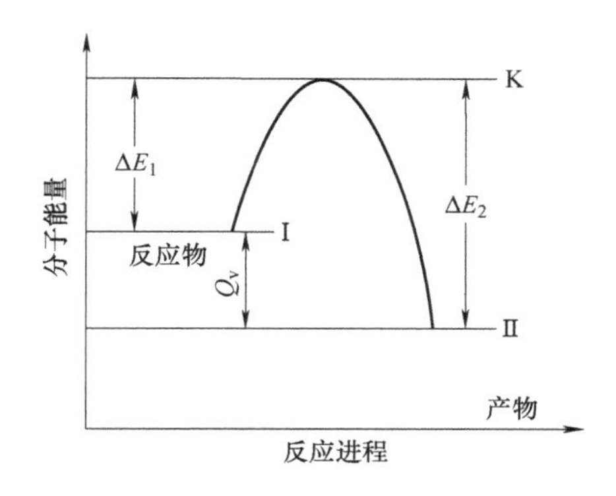

图3-3　反应过程能量变化

当明火接触可燃物质时，部分分子获得能量成为活化分子，有效碰撞次数增加而发生燃烧反应。例如，氧原子与氢反应的活化能为25.10kJ/mol，在27℃、0.1MPa时，有效碰撞仅为碰撞总数的十万分之一，不会引发燃烧反应。而当明火接触时，活化分子增多，有效碰撞次数大大增加而发生燃烧反应。

（2）燃烧的过氧化物理论　在燃烧反应中，氧首先在热能作用下被活化而形成过氧键—O—O—，可燃物质与过氧键化合成为过氧化物。过氧化物不稳定，在受热、撞击、摩擦等条件下，容易分解甚至燃烧或爆炸。过氧化物是强氧化剂，不仅能氧化形成过氧化物的物质，也能氧化其他较难氧化的物质。如氢和氧的燃烧反应，首先生成过氧化氢，而后过氧化氢与氢反应生成水。其反应过程如下：

$$H_2+O_2 \longrightarrow H_2O_2$$

$$H_2O_2+H_2 \longrightarrow 2H_2O$$

有机过氧化物可视为过氧化氢的衍生物，即过氧化氢H—O—O—H中的一个或两个氢原子被烷基所取代，生成H—O—O—R或R—O—O—R′。所以过氧化物是可燃物质被氧化的最初产物，是不稳定的化合物，极易燃烧或爆炸。如蒸馏乙醚的残渣中常由于形成过氧乙醚而引起自燃或爆炸。

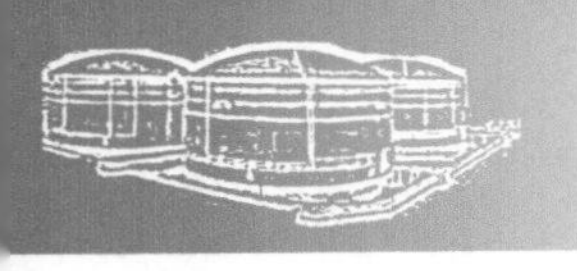

（3）燃烧的链锁反应理论　在燃烧反应中，气体分子间相互作用，往往不是两个分子直接反应生成最后产物，而是活性分子自由基与分子间的作用。活性分子自由基与另一个分子作用产生新的自由基，新自由基又迅速参加反应，如此延续下去形成一系列链锁反应。

链锁反应通常分为直链反应和支链反应两种类型。链锁反应的速度与反应物浓度、能量、传播速度、链的生成和销毁速度有关。

3.1.4　燃烧的特征参数

1. 燃烧温度

可燃物质燃烧所产生的热量在火焰燃烧区域释放出来，火焰温度即是燃烧温度。表3-3列出了一些常见可燃物质的燃烧温度。

表3-3　常见可燃物质的燃烧温度

物质	燃烧温度/℃	物质	燃烧温度/℃	物质	燃烧温度/℃	物质	燃烧温度/℃
甲烷	1800	原油	1100	木材	1000~1170	液化气	2100
乙烷	1895	汽油	1200	镁	3000	天然气	2020
乙炔	2127	煤油	700~1030	钠	1400	石油气	2120
甲醇	1100	重油	1000	石蜡	1427	火柴火焰	750~850
乙醇	1180	烟煤	1647	一氧化碳	1680	燃着香烟	700~800
乙醚	2861	氢气	2130	硫	1820	橡胶	1600
丙酮	1000	煤气	1600~1850	二硫化碳	2195		

2. 燃烧速率

（1）可燃气体的燃烧速率　气体燃烧无需像固体、液体那样经过熔化、蒸发等过程，所以其燃烧速率很快。气体的燃烧速率随物质的成分不同而异。单质气体（如氢气）的燃烧只需受热、氧化等过程；而化合物气体（如天然气、乙炔等）的燃烧则需要经过受热、分解、氧化等过程。所以，单质气体的燃烧速率要比化合物气体的快。在气体燃烧中，扩散燃烧速率取决于气体扩散速率，而混合燃烧速率则只取决于本身的化学反应速率。因此，在通常情况下，混合燃烧速率高于扩散燃烧速率。

气体的燃烧性能常以火焰传播速率来表征，火焰传播速率有时也称为燃烧速率。燃烧速率是指燃烧表面的火焰沿垂直于表面的方向向未燃烧部分传播的速率。在多数火灾或爆炸情况下，已燃和未燃气体都在运动，燃烧速率和火焰传播速率并不相同。这时的火焰传播速率等于燃烧速率和整体运动速率之和。

管道中气体的燃烧速率与管径有关。当管径小于某个量值时，火焰在管中不传播。若管径大于这个量值，火焰传播速率随管径的增加而增加，但当管径增加到某个量值时，火焰传播速率便不再增加，此时即为最大燃烧速率。表3-4列出了烃类气体在空气中的最大燃烧速率。

表 3-4 烃类气体在空气中的最大燃烧速率

气体	体积分数（%）	最大燃烧速率/m·s⁻¹	气体	体积分数（%）	最大燃烧速率/m·s⁻¹	气体	体积分数（%）	最大燃烧速率/m·s⁻¹
甲烷	10.0	0.338	丙烯	5.0	0.438	苯	2.9	0.446
乙烷	6.3	0.401	1-丁烯	3.9	0.432	甲苯	2.4	0.338
丙烷	4.5	0.390	1-戊烯	3.1	0.426	邻二甲苯	2.1	0.344
正丁烷	3.5	0.379	1-己烯	2.7	0.421	1,2,3-三甲苯	1.9	0.343
正戊烷	2.9	0.385	乙炔	10.1	1.41	正丁苯	1.7	0.359
正己烷	2.5	0.368	丙炔	5.9	0.699	叔丁基苯	1.6	0.366
正庚烷	2.3	0.386	1-丁炔	4.4	0.581	环丙烷	5.0	0.495
2,3-二甲基戊烷	2.2	0.365	1-戊炔	3.5	0.529	环丁烷	3.9	0.566
2,3,4-三甲基戊烷	1.9	0.346	1-己炔	3.0	0.485	环戊烷	3.2	0.373
正癸烷	1.4	0.402	1,2-丁二烯	4.3	0.580	环己烷	2.7	0.387
乙烯	7.4	0.683	1,3-丁二烯	4.3	0.545			

（2）可燃液体燃烧速率　液体燃烧速率取决于液体的蒸发。其燃烧速率有如下两种表示方法：

1）质量速率指每平方米可燃液体表面，每小时烧掉液体的质量，单位为 $kg/(m^2/h)$。

2）直线速率是指每小时烧掉可燃液层的高度，单位为 m/h。

液体的燃烧过程是先蒸发而后燃烧。易燃液体在常温下蒸气压就很高，因此有火星、灼热物体等靠近时便能着火，之后，火焰会很快沿液体表面蔓延。另一类液体只有在火焰或灼热物体长久作用下，使表层液体受强热大量蒸发才会燃烧。故在常温下生产、使用这类液体没有火灾或爆炸危险。这类液体着火后，火焰在液体表面上蔓延得也很慢。

为了维持液体燃烧，必须向液体输入大量热，使表层液体持续蒸发。火焰向液体传热的方式是辐射。故火焰沿液面蔓延的速率决定于液体的初温、热容、蒸发潜热以及火焰的辐射能力。表 3-5 列出了几种常见易燃液体的燃烧速率。

（3）可燃固体燃烧速率　固体燃烧速率，一般要小于可燃液体和可燃气体。不同固体物质的燃烧速率有很大差异。萘及其衍生物、三硫化磷、松香等可燃固体，其燃烧过程是受热熔化、蒸发汽化、分解氧化、起火燃烧，一般速率较慢。而另外一些可燃固体，如硝基化合物、含硝化纤维素的制品等，燃烧是分解式的，燃烧剧烈，速度很快。

可燃固体的燃烧速率还取决于燃烧比表面积（即燃烧表面积与体积的比值），该值越大，燃烧速率越大；反之，则燃烧速率越小。

表 3-5 易燃液体燃烧速率

液体	燃烧速率		液体密度/(kg/m³)	液体	燃烧速率		液体密度/(kg/m³)
	直线速率/(m/h)	质量速率/[kg/(m²·h)]			直线速率/(m/h)	质量速率/[kg/(m²·h)]	
甲醇	0.072	57.60	791	甲苯	0.161	138.29	866
乙醚	0.175	125.84	715	航空汽油	0.126	91.98	730
丙酮	0.084	66.36	790	车用汽油	0.105	80.85	770
苯	0.189	165.37	879	煤油	0.066	55.11	835

3. 燃烧热

在前面易燃物质的性质中已经介绍过燃烧热的概念。可燃物质燃烧爆炸时所达到的最高温度、最高压力和爆炸力与物质的燃烧热有关。物质的标准燃烧热可以从一般的物性数据手册中查阅到。

物质的燃烧热一般是用量热仪在常压下测得的。因为生成的水蒸气全部冷凝成水和不冷凝时，燃烧热效应的差值为水的蒸发潜热，所以燃烧热有高热值和低热值之分。高热值是指单位质量的燃料完全燃烧，生成的水蒸气全部冷凝成水时所放出的热量；而低热值是指生成的水蒸气不冷凝时所放出的热量。表 3-6 是一些可燃气体的燃烧热数据。

表 3-6 可燃气体燃烧热数据

气体	高热值		低热值		气体	高热值		低热值	
	kJ/kg	kJ/m³	kJ/kg	kJ/m³		kJ/kg	kJ/m³	kJ/kg	kJ/m³
甲烷	55723	39861	50082	35823	丙烯	48953	87027	45773	81170
乙烷	51664	65605	47279	58158	丁烯	48367	115060	45271	107259
丙烷	50208	93722	46233	83471	乙炔	49848	57873	48112	55856
丁烷	49371	121336	45606	108366	氢	141955	12770	119482	10753
戊烷	49162	149789	45396	133888	一氧化碳	10155	12694	10155	12694
乙烯	49857	62354	46631	58283	硫化氢	16778	25522	15606	24016

4. 氧指数

氧指数又叫临界氧含量（critical oxygen concentration，COC）或极限氧含量（limit oxygen concentration，LOC），它是用来对固体材料可燃性进行评价和分类的一个特性指标。模拟材料在大气中的着火条件，如大气温度、湿度、气流速度等，将材料在不同氧含量的 O_2-N_2 系混合气中点火燃烧，测出能维持该材料有焰燃烧的以体积百分数表示的最低氧气含量，此最低氧含量称为氧指数。由此可见，氧指数高的材料不易着火，阻燃性能好；氧指数低的材料容易着火，阻燃性能差。

由于实际的火灾大都发生在大气条件下，大气中含氧量为21%。所以在实验条件下凡是氧指数大于21的固体材料若在空气中点燃后，都会自行熄灭。但是，材料燃烧时所需的最低氧气浓度受环境温度的影响较大，环境温度升高，最低氧气浓度就要降低。在实际发生火灾条件下，环境温度都很高，这时材料燃烧所需的最低氧气浓度就比较低。因此，即使具有较高氧指数的材料在火灾条件下也可能着火燃烧。一般来说，材料的氧指数越高，阻燃性

能越好。在建筑和装置中使用有机材料时，应充分注意其氧指数，并严格按有关规定执行。

材料的氧指数可按规定的测试标准测定，我国的国家标准 GB/T 2406—2009《塑料 用氧指数法测定燃烧行为》规定了对材料氧指数的测定方法。

5. 最小点火能量

在处于爆炸范围内的可燃气体混合物中产生电火花，从而引起着火所必需的最小能量称为最小点火能量，它是使一定浓度可燃气（蒸气）-空气混合气燃烧或爆炸所需要的能量临界值。如引燃源的能量低于这个临界值，一般情况下不能引燃。

可燃混合气点火能量的大小取决于该物质的燃烧速率、传热系数、可燃气在可燃气-空气（或氧气）系混合气中的含量（体积分数）和压力，以及电极间隙和形状。可燃气含量对点火能量的影响较大，一般在稍高于化学计算量时，其点火能量最小。

3.2 爆炸

3.2.1 概述

爆炸是物质发生急剧的物理、化学变化，在瞬间释放出大量能量并伴有巨大声响的过程。在爆炸过程中，爆炸物质所含能量的快速释放，变为对爆炸物质本身、爆炸产物及周围介质的压缩能或运动能。物质爆炸时，大量能量极短的时间在有限体积内突然释放并聚积，造成高温高压，对邻近介质形成急剧的压力突变并引起随后的复杂运动。爆炸介质在压力作用下，表现出不寻常的运动或机械破坏效应，以及爆炸介质受振动而产生的音响效应。

爆炸常伴随发热、发光、高压、真空、电离等现象，并具有很大的破坏作用。

爆炸的威力是巨大的。在爆炸起作用的整个区域内，爆炸产生的冲击波令物体振荡、使之松散，这就是爆炸力的作用。其原因在于：爆炸发生时，爆炸力的冲击波最初使气压上升，随后气压下降使空气振动产生局部真空，呈现出所谓的吸收作用。由于爆炸的冲击波以呈升降交替的波状气压向四周扩散，从而造成附近建筑物的振荡破坏。

爆炸的破坏作用与爆炸物质的数量和性质、爆炸时的条件以及爆炸位置等因素有关。如果爆炸发生在均匀介质的自由空间，在以爆炸点为中心的一定范围内，爆炸力的传播是均匀的，并使这个范围内的物体粉碎飞散。

化工装置、机械设备、容器等爆炸后，飞散出的碎片会在相当大的范围内造成危害。化工生产中属于爆炸碎片造成的伤亡占很大比例。爆炸碎片的飞散距离一般可达 100~500m。

爆炸气体扩散通常在爆炸的瞬间完成，对一般可燃物质不致造成火灾，而且爆炸冲击波有时能起灭火作用。但是爆炸的余热或余火，会点燃从破损设备中不断流出的可燃液体蒸气而造成火灾。

3.2.2 爆炸分类

工业生产中发生的爆炸事故分类方法很多，可以按照爆炸性质分类，也可以按照爆炸速度分类，还可以按照爆炸反应的相态进行分类。

1. 按爆炸性质分类

（1）物理爆炸 物理爆炸是指物质的物理状态发生急剧变化而引起的爆炸。例如，蒸

汽锅炉、压缩气体、液化气体过压等引起的爆炸，都属于物理爆炸。在物理爆炸后，物质的化学成分和化学性质均不发生变化。

化工容器及设备因物理爆炸而破裂通常有两种情况，一种是在正常操作压力下发生，一种是在超压情况下发生。正常操作压力下发生的设备破裂，有的是在高应力下破坏的，即由于设计、制造、腐蚀等原因，使化工设备在正常操作压力下器壁的平均应力超过材料的屈服强度或强度极限而破坏；有的是在低应力下破坏的，即由于低温、材料缺陷、交变载荷和局部应力等原因，使化工设备在正常操作压力下器壁的平均应力低于或远低于材料的屈服强度而破坏。

化工设备在超压情况下发生物理爆炸而破裂，一般是由于没有按规定装设安全泄放装置或装置失灵、液化气体充装过量且严重受热膨胀、操作失误或违章超负荷运行等原因而引起超压导致爆炸破裂。这种破坏形式一般属于韧性破裂。尽管发生物理爆炸时，有时升压速度也比较快，但它毕竟有一段增压过程。例如，锅炉与废热锅炉、水夹套锅炉、化工容器与设备试压（不包括违章用氧、可燃性气体补压）、石油液化气瓶在正常操作压力和超压下引起的爆炸均属于物理爆炸。

（2）化学爆炸　化学爆炸是指物质发生急剧化学反应，产生高温高压而引起的爆炸。物质的化学成分和化学性质在化学爆炸后均发生了质的变化。

化学爆炸按爆炸时所发生的化学变化的不同又可分为三类：

1）简单分解爆炸。引起简单分解爆炸的爆炸物，在爆炸时并不一定发生燃烧反应。爆炸能量是由爆炸物分解时产生的。属于这一类的有叠氮类化合物，如叠氮铅、叠氮银等；乙炔类化合物，如乙炔铜、乙炔银等。这类物质是非常危险的，受轻微振动即能起爆，如：

$$PbN_6 \xrightarrow{\text{振动}} Pb+3N_2$$

爆速可达 5123m/s。

2）复杂分解爆炸。这类物质爆炸时有燃烧现象，燃烧所需的氧由自身供给，如硝化甘油的爆炸反应

$$C_3H_5(ONO_2)_3 \xrightarrow{\text{引爆}} 3CO_2+2.5H_2O+1.5N_2+0.25O_2$$

爆炸物品大都具有如下结构：

$—NO_3$	硝酸盐类物质
$—N=N\equiv N$	叠氮化合物
$—O—N=C$	雷酸盐类化合物
$—ClO_3$	氯酸盐类
NX_3	氮卤化物
$—C\equiv C—$	乙炔类物质
$=N\equiv N$	重氮类物质

还有硝酸酯类物质及芳香族硝基化合物等。

3）爆炸性混合物爆炸。爆炸性混合物是由至少两种化学上不相联系的组分所构成的系统。混合物之一通常为含氧相当多的物质；另一组分则相反，是根本不含氧的或含氧量不足以发生分子完全氧化的可燃物质。

爆炸性混合物可以是气态、液态、固态或是多相系统。

在化肥、化工、炼油生产中发生的化学爆炸事故，绝大部分是爆炸性混合物爆炸。

如前所述，爆炸的必要条件和燃烧有相似之处：具有可燃的易爆物质、可燃易爆气体与空气（或氧气）混合达到一定浓度和有发火源。这种爆炸性混合物，在高压、高温情况下，在没有明火或静电作用时，同样有可能发生化学爆炸，如设备升压、卸压时，由于气流速度太高，产生高温引爆或高温下积炭自燃。

通过对爆炸性混合物爆炸必备条件的分析，可知化肥、化工、炼油生产中发生爆炸性混合物爆炸的可能性很大。一是处理易燃易爆气体或蒸气的化工设备遍布生产区域；二是空气是常见的助燃物质，而且大量存在，无孔不入；三是由于设备运行、安装、检修的需要，离不开着火源。因此，在石油化工生产中，由于密封装置失效、设备管道腐蚀或断裂以及安装检修不良、操作失误等原因，可燃性气体从化工工艺装置、设备、管道内泄漏或喷射到厂房或周围的大气中，或由于负压操作、系统串气、水封不严或失效，空气窜入到化工装置、设备内，可燃性气体与空气（或氧气）混合形成爆炸性混合气体，若遇到明火或高温就有发生化学爆炸的危险。

化学爆炸的主要特征是：

1）化学爆炸一般都是在瞬间进行的，同时伴有激烈的燃烧反应；容器破裂时还会出现火光和闪光现象。

2）爆破后的容器一般多发生碎裂，裂成许多的碎片，其断口有脆性破裂的特征。

3）事故后检查安全阀和压力表，多发现安全阀有泄压的迹象，压力表的指针撞弯或回不到零位。

4）容器爆炸时，一般有二次空间化学爆炸的迹象，如若在容器内和室内有燃烧痕迹或残留物，有时还会听到二次响声。

2. 按爆炸速度分类

（1）轻爆　爆炸传播速度在每秒零点几米至数米之间的爆炸过程。

（2）爆炸　爆炸传播速度在每秒 10 米至数百米之间的爆炸过程。

（3）爆轰　爆炸传播速度在每秒 1 千米至数千米以上的爆炸过程。

3. 按爆炸反应的相态分类

按引起爆炸反应的相分类，爆炸可分为气相爆炸、液相爆炸和固相爆炸三种。

（1）气相爆炸　包括可燃性气体和助燃性气体混合物的爆炸、物质的热分解爆炸、可燃性液体的雾滴所引起的爆炸（雾爆炸）等。其中，热分解爆炸是不需要助燃性气体的。

（2）液相爆炸　包括聚合爆炸、蒸发爆炸以及由不同液体混合所引起的爆炸。

（3）固相爆炸　包括爆炸性固体物质的爆炸、固体物质的混合或混融所引起的爆炸，以及由于电流过载所引起的电缆爆炸等。

此外，还有粉尘爆炸，它是空气中飞散的可燃性粉尘由于剧烈燃烧引起的爆炸。如空气中飞散的铝粉、食用面粉等引起的爆炸。

3.2.3　爆炸发生的条件

爆炸发生的条件很复杂，不同爆炸性物质的爆炸过程有其独有的特征。

1. 物理爆炸发生的条件

物理爆炸是一种极为迅速的物理能量因失控而释放的过程。在此过程中，体系内的物质以极快的速度把其内部所含有的能量释放出来，转变成机械功、光和热等能量形态。从物理爆炸发生的根本原因考虑，爆炸发生条件可概括为：构成爆炸的体系内存有高压气体或由爆炸瞬间生成的高温高压气体或蒸气的急剧膨胀，爆炸体系和它周围的介质之间发生急剧的压力突变。锅炉爆炸、压力容器爆炸、水的大量急剧汽化等均属于此类爆炸。

2. 化学爆炸发生的条件

化学爆炸过程必须同时具备反应过程放热、反应过程速度极快、反应生成大量气体产物和过程能自动传播四个条件。

（1）反应过程的放热性　这是化学反应能否成为爆炸反应的最重要的基础条件，也是爆炸过程的能量来源。没有这个条件，爆炸过程就不能发生，当然反应也就不能自行延续。因此，也就不可能出现爆炸过程的自动传播。

（2）反应过程速度极快　只有高速的化学反应，才能忽略能量转换过程中由热传导和热辐射所引起的损失，在极短的时间内将反应形成的大量气体产物加热到数千摄氏度，压力猛增到几万乃至几十万个大气压。这些高温、高压气体迅速向四周膨胀做功，便产生了爆炸现象。

（3）反应生成大量气体产物　化学爆炸反应所生成的气体产物是做功的工质。在常温常压下，气体的膨胀系数比固体和液体大得多。在爆炸性物质爆炸瞬间有大量气体产物的产生，由于爆炸过程极快，它们来不及扩散膨胀而被压缩在原有体积内，同时在爆炸反应热快速加热作用下形成高温高压气体。这些气体瞬间膨胀做功，功率巨大，对周围环境会造成极大的破坏。如果反应产物不是气体而是固体或液体，那么即使是放热反应，也不会形成爆炸现象。

（4）过程能自动传播　化学爆炸所释放的大量热量能够使化学反应在无需其他外界因素引发下也能自动连续地不断反应下去。

3.2.4　爆炸极限理论

如前所述，爆炸性混合物与火源接触，便有自由基生成，成为链锁反应的作用中心。点火后，热和链锁载体向大气传播，在传播过程中，促使邻近层的混合物迅速发生化学反应，从此，这层混合物又成为热和链锁的传播源，继续传播，将引起一层又一层的混合均匀燃烧。其火焰速度也随一系列链锁反应逐渐加速，从每秒几米增至数百米，甚至高达数千米，达到爆炸时的速度，而且火焰温度也随之剧升，以致产生巨大能量，造成惨重的恶果。

但是，可燃气体或蒸气与空气的混合物，并不是在任何组成下都可以燃烧或爆炸，而且燃烧（或爆炸）的速率也随组分或组成而变。实验发现，可燃性气体或蒸气在空气中足以使火焰蔓延的浓度有一个从最低到最高的范围，当混合物中可燃气体浓度接近化学反应式的化学计量比时，燃烧最快、最剧烈；若浓度减小或增加，火焰蔓延速率则降低；当浓度低于或高于某个极限值，火焰便不再蔓延。可燃气体或蒸气与空气的混合物能使火焰蔓延的最低浓度，称为该气体或蒸气的爆炸下限；反之，能使火焰蔓延的最高浓度则称为爆炸上限。上限与下限之间的浓度范围称为爆炸极限。显然，如混合物的浓度在此范围以外时，一般是不会发生着火或爆炸的。

爆炸极限一般用可燃气体或蒸气在混合气体中的体积百分数表示，有时也用单位体积可燃气体的质量（kg/m^3）表示。混合气体浓度在爆炸下限以下时含有过量空气，由于空气的冷却作用，活化中心的消失数大于产生数，阻止了火焰的蔓延。若浓度在爆炸上限以上，含有过量的可燃气体，助燃气体不足，火焰也不能蔓延。但此时若被补充空气，就有发生爆炸的危险，因此，安全浓度范围只能是相对的，浓度在爆炸上限以上的混合气体不能认为是安全的。

燃烧和爆炸从化学反应的角度来看并无本质区别。当混合气体燃烧时，燃烧波面上的化学反应可表示为

$$A+B \longrightarrow C+D+Q \tag{3-1}$$

式中 A、B——反应物；

C、D——反应产物；

Q——燃烧热。

A、B、C、D 不一定是稳定分子，也可以是原子或自由基。化学反应前后的能量变化如图 3-3 所示。初始状态Ⅰ的反应物（A+B）吸收活化能 E 达到活化状态Ⅱ，即可进行反应，生成终止状态Ⅲ的产物（C+D），并释放出能量 W，$W=Q+E$。

假定反应系统在受能源激发后，燃烧波的基本反应含量，即反应系统单位体积的反应数为 n，则单位体积放出的能量为 nW。如果燃烧波连续不断，放出的能量将成为新反应的活化能。设活化概率为 $\alpha(\alpha \leqslant 1)$，则第二批单位体积内得到活化的基本反应数为 $\alpha nW/E$，放出的能量为 $\alpha nW^2/E$。后批分子与前批分子反应时放出的能量比 β 定义为燃烧波传播系数，为

$$\beta=\frac{\alpha nW^2}{nWE}=\alpha\frac{W}{E}=\alpha\left(1+\frac{Q}{E}\right) \tag{3-2}$$

当 $\beta<1$ 时，表示反应系统受能源激发后，放出的热量越来越少，因而引起反应的分子数也越来越少，最后反应会终止，不能形成燃烧或爆炸；当 $\beta=1$ 时，表示反应系统受能源激发后均衡放热，有一定数量的分子持续反应，这是决定爆炸极限的条件（严格说 β 值略微超过 1 时才能形成爆炸）；当 $\beta>1$ 时，表示放出的热量越来越多，引起反应的分子数也越来越多，从而形成爆炸。

由此可见，处于爆炸极限时，$\beta=1$，即

$$\alpha\left(1+\frac{Q}{E}\right)=1 \tag{3-3}$$

假设爆炸下限 L_x（体积分数）与活化概率 α 成正比，则有 $\alpha=KL_x$，其中 K 为比例常数。因此

$$\frac{1}{L_x}=K\left(1+\frac{Q}{E}\right) \tag{3-4}$$

当 Q 与 E 相比很大时，式（3-4）可以近似写成

$$\frac{1}{L_x}\approx K\frac{Q}{E} \tag{3-5}$$

式（3-5）近似地表示出爆炸下限 L_x 与燃烧热 Q 和活化能 E 之间的关系。如果各可燃气体的活化能接近于某一常数 C，则可大体得出

$$L_xQ=C \tag{3-6}$$

式中 L_x——体积分数，该体积分数数据大都为 20℃的测定数据；

Q——摩尔燃烧热。

这说明爆炸下限与燃烧热近似于成反比，即是说可燃气体分子燃烧热越大，其爆炸下限就越低。各同系物的 L_xQ 都近似于一个常数表明上述结论是正确的。表 3-7 列出了一些可燃物质的燃烧热和爆炸极限，以及燃烧热和爆炸下限的乘积。利用爆炸下限与燃烧热的乘积成常数的关系，可以推算同系物的爆炸下限。但此法不适用于氢、乙炔、二硫化碳等少数可燃

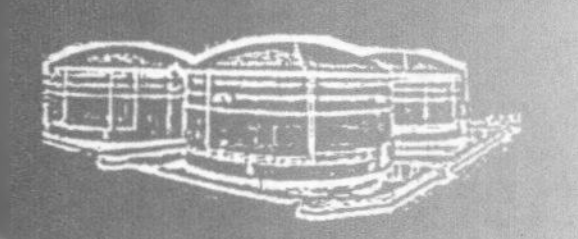

气体爆炸下限的推算。

表 3-7　可燃物质的燃烧热与爆炸极限

物质名称	Q/(kJ/mol)	$L_x \sim L_s$ (%)	L_xQ /(kJ/mol)	物质名称	Q/(kJ/mol)	$L_x \sim L_s$ (%)	L_xQ /(kJ/mol)
甲烷	799.1	5.0~15.0	3995.7	异丁醇	2447.6	1.7~	4160.9
乙烷	1405.8	3.2~12.4	4522.9	丙烯醇	1715.4	2.4~	4117.1
丙烷	2025.1	2.1~9.5	4799.0	戊醇	3054.3	1.2~	3635.9
丁烷	2652.7	1.9~8.4	4932.9	异戊醇	2974.8	1.2~	3569.0
异丁烷	2635.9	1.8~8.4	4744.7	乙醛	1075.3	4.0~57.0	4267.7
戊烷	3238.4	1.4~7.8	4531.3	巴豆醛	2133.8	2.1~15.5	4522.9
异戊烷	3263.5	1.3~	4309.5	糠醛	2251.0	2.1~	4727.9
己烷	3828.4	1.2~7.4	4786.5	三聚乙醛	3297.0	1.3~	4284.4
庚烷	4451.8	1.0~6.0	4451.8	甲乙醚	1928.8	2.0~10.1	3857.6
辛烷	5050.1	1.0~	4799.0	二乙醚	2502.0	1.8~36.5	4627.5
壬烷	5661.0	0.8~	4698.6	二乙烯醚	2380.7	1.7~27.0	4045.9
癸烷	6250.9	0.7~	4188.2	丙酮	1652.7	2.5~12.8	4213.3
乙烯	1297.0	2.7~36.0	3564.8	丁酮	2259.4	1.8~9.5	4087.8
丙烯	1924.6	2.0~11.1	3849.3	2-戊酮	2853.5	1.5~8.1	4422.5
丁烯	2556.4	1.7~7.4	4347.2	2-己酮	3476.9	1.2~8.0	4242.6
戊烯	3138.0	1.6~	5020.8	氰酸	644.3	5.6~40.0	3606.6
乙炔	1259.4	2.5~100.0	3150.6	醋酸	786.6	4.0~	3184.0
苯	3138.0	1.3~7.9	4426.7	甲酸甲酯	887.0	5.1~22.7	4481.1
甲苯	3732.1	1.3~7.8	4740.5	甲酸乙酯	1502.1	2.7~16.4	4129.6
二甲苯	4343.0	1.0~6.0	4343.0	氢	238.5	4.0~74.2	954.0
环丙烷	1945.6	2.4~10.4	4669.3	一氧化碳	280.3	12.5~74.2	3502.0
环己烷	3661.0	1.3~8.3	4870.2	氨	318.0	15.0~27.0	4769.8
甲基环己烷	4255.1	1.2~	4895.3	吡啶	2728.0	1.8~12.4	4932.9
松节油	5794.8	~0.8	4635.9	硝酸乙酯	1238.5	3.8~	4707.0
醋酸甲酯	1460.2	3.2~15.6	4602.4	亚硝酸乙酯	1280.3	3.0~50.0	3853.5
醋酸乙酯	2066.9	2.2~11.4	4506.2	环氧乙烷	1175.7	3.0~80.0	3527.1
醋酸丙酯	2648.5	2.1~	5430.8	二硫化碳	1029.3	1.2~50.0	1284.5
异醋酸丙酯	2669.4	2.0~	5338.8	硫化氢	510.4	4.3~45.5	2196.6
醋酸丁酯	3213.3	1.7~	5464.3	氧硫化碳	543.9	11.9~28.5	6472.6
醋酸戊酯	4054.3	1.1~	4460.1	氯甲烷	640.2	8.2~18.7	5280.2
甲醇	623.4	6.7~36.5	4188.2	氯乙烷	1234.3	4.0~14.8	4937.1
乙醇	1234.3	3.3~18.9	4050.1	二氯乙烯	937.2	9.7~12.8	9091.8
丙醇	1832.6	2.6~	4673.5	溴甲烷	723.8	13.5~14.5	9773.8
异丙醇	1807.5	2.7~	4790.7	溴乙烷	1334.7	6.7~11.2	9004.0
丁醇	2447.6	1.7~	4163.1				

3.2.5 爆炸极限的影响因素

爆炸极限是随多种不同条件影响而变化的，在掌握了外界条件变化对爆炸极限的影响规律后，在一定条件下测得的爆炸极限就具有参考价值，其主要的影响因素如下：

1. 初始温度

爆炸性气体混合物的初始温度越高，则爆炸极限范围越宽，即下限降低而上限增高。其原因在于系统温度升高，其分子内能增加，这时活性分子也就相应增加，使原本不燃不爆的混合物变为可燃可爆，因而温度升高将增加爆炸的危险性。混合物爆炸范围随温度升高而扩大的情况见表 3-8。

表 3-8 初始温度对混合物爆炸极限的影响

物　质	初始温度/℃	L_x（%）	L_s（%）
丙酮	0	4.2	8.0
	50	4.0	9.8
	100	3.2	10.0
煤气	20	6.00	13.4
	100	5.45	13.5
	200	5.05	13.8
	300	4.40	14.25
	400	4.00	14.70
	500	3.65	15.35
	600	3.35	16.40
	700	3.25	18.75

2. 初始压力

爆炸极限的变化与压力有关。一般在增压时，爆炸极限的下限变化不大，但爆炸极限的范围随压力升高而扩大，且上限随压力增加较为显著。其原因在于系统压力增加，物质分子间距缩小，碰撞概率增加，使燃烧的最初反应和反应的进行更为容易。压力降低，则气体分子间距加大，爆炸极限范围会变小。待压力降到某一数值时，其上限即与下限重合，出现一个临界值；若压力再下降，系统便成为不燃不爆。因此，在密闭容器内进行负压操作，对安全生产是有利的。

表 3-9 表明了甲烷-空气混合物在初始压力条件下的爆炸范围，同时可见，初始压力升高爆炸的上限明显提高。

表 3-9 初始压力对甲烷爆炸极限的影响

初始压力/MPa	L_x（%）	L_s（%）	初始压力/MPa	L_x（%）	L_s（%）
0.1013	5.6	14.3	5.065	5.4	29.4
1.013	5.9	17.2	12.66	5.7	45.7

3. 介质的影响

（1）惰性介质的影响　爆炸性混合物中惰性气体含量增加，其爆炸极限范围缩小。当惰性气体含量增加到某一值时，混合物将不再发生爆炸。惰性气体的种类对爆炸极限的影响不同。如氩、氦、氮气、水蒸气、二氧化碳、四氯化碳对其爆炸极限的影响依次增大。

在一般情况下，爆炸性混合物中惰性气体含量增加，对其爆炸上限影响比对爆炸下限的影响更为显著。这是因为在爆炸性混合物中，随着惰性气体含量的增加，氧的含量相对减少，而在爆炸上限下氧的含量本来已经很小，故惰性气体含量略微增加，就会产生较大影响，使爆炸上限剧烈下降。

（2）其他杂质的影响　对于爆炸性气体，水等杂质对其反应影响很大。如果无水，干燥的氯没有氧化功能；干燥的空气不能氧化钠或磷；干燥的氢氧混合物在 1000℃下也不会产生爆炸。恒量的水会急剧加速臭氧、氯氧化物等物质的分解。少量的硫化氢会大大降低水煤气及其混合物的燃点，加速其爆炸。

图 3-4 表明了加入惰性气体（N_2、CO_2、Ar、He、CCl_4、水蒸气）对甲烷混合气爆炸极限的影响。由图可见，随惰性气体的增加，对上限的影响较之对下限的影响更显著。

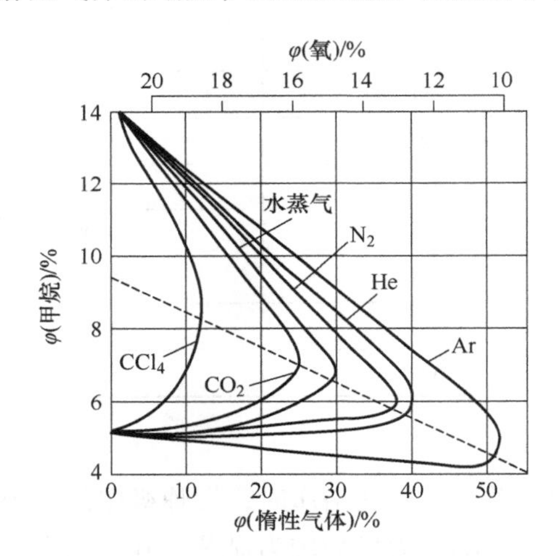

图 3-4　各种惰性气体含量对甲烷爆炸极限的影响

4. 容器

（1）容器直径　研究表明，容器或管道直径越小，爆炸极限范围越小。对于同一可燃物质，管径减小，火焰蔓延速度降低。当管径（或火焰通道）小到一定程度时，火焰便不能通过，这一间距称为临界直径，也称作最大灭火间距。当管径小于临界直径时，火焰便不能通过而熄灭。

容器或管道直径大小对爆炸极限的影响原因可以从器壁效应得到解释，器壁效应可以用链锁反应理论说明。如前所述，持续燃烧的条件是新生的自由基数必须等于或大于消失的自由基数。可是，随着管径的缩小，自由基与反应分子间的碰撞概率也不断减小，而自由基与器壁碰撞的概率反而不断增大，有碍于新自由基的产生。当器壁间距小到某一数值时，这种器壁效应就会使火焰无法继续。其临界直径的计算式为

$$d=\sqrt[2.48]{\frac{E_d}{2.35\times10^{-2}}} \tag{3-7}$$

式中 d——临界直径（cm）；

E_d——某一物质的最小点火能量（J）。

（2）容器材质　容器材质对爆炸极限也有很大影响，如氢和氟在玻璃皿中混合，即使在使空气液化的极低温度下，置于黑暗中也会产生爆炸；而在银制器皿中，在一般温度下才会发生反应。

5. 点火能源

火花能量、热表面面积、火源与混合物的接触时间等，对爆炸极限均有影响。如甲烷在电压100V、电流为1A的电火花作用下，无论浓度如何都不会引起爆炸。但当电流增加至2A时，其爆炸极限为5.9%~13.6%；3A时为5.85%~14.8%。对于一定浓度的爆炸性混合物，都有一个引起该混合物爆炸的最低能量。浓度不同，引爆的最低能量也不同。对于给定的爆炸性物质，各种浓度下引爆的最低能量中的最小值，称为最小引爆能量，或最小引燃能量。表3-10列出了部分气体的最小引爆能量。

表3-10　部分气体的最小引爆能量

气体	体积分数（%）	能量/×10⁶（J/mol）	气体	体积分数（%）	能量/×10⁶（J/mol）
甲烷	8.5	0.280	氧化丙烯	4.97	0.190
乙烷	4.02	1.031	甲醇	12.24	0.215
丁烷	3.42	0.380	乙醛	7.72	0.376
乙烯	6.52	0.016	丙酮	4.87	1.15
丙烯	4.44	0.282	苯	2.71	0.550
乙炔	7.73	0.020	甲苯	2.27	2.50
甲基乙炔	4.97	0.152	氨	21.8	0.77
丁二烯	3.67	0.170	氢	29.2	0.019
环氧乙烷	7.72	0.105	二硫化碳	6.52	0.015

另外，光对爆炸极限也有影响，在黑暗中氢与氯的反应十分缓慢，在光照下则会发生链锁反应引起爆炸。此外，表面活性物质对某些介质也有影响，如在温度为530℃的球形器皿中，氢与氯无反应，但若在器皿中插入石英玻璃、铜或铁棒，则会发生爆炸。

6. 点火位置（火焰的传播方向）

当在爆炸极限测试管中进行爆炸极限测定时，可发现在竖直放置的测试管中位于管下部点火，火焰由下向上传播时，爆炸下限 L_x 值最小，上限 L_s 值最大；当在管上部点火时，火焰向下传播，爆炸下限值最大，上限值最小；在水平放置的管中测试时，爆炸上下限值介于前两者之间。由表3-11所列数据可见此规律。

表 3-11　火焰传播方向对爆炸极限（φ）的影响

气体名称	L_x（%）			L_s（%）		
	（↑）	（↓）	（→）	（↑）	（↓）	（→）
氢	4.15	8.8	6.5	75.0	74.5	—
甲烷	5.35	5.59	5.4	14.9	13.5	14.0
乙烷	3.12	3.26	3.15	15.0	10.2	12.9
戊烷	1.42	1.48	—	74.5	4.64	—
乙烯	3.02	3.38	3.20	34.0	15.5	23.7
丙烯	2.18	2.26	2.22	9.7	7.4	9.3
丁烯	1.7	1.8	1.75	9.6	6.3	9.0
乙炔	2.6	2.78	2.68	80.5	71.0	78.5
一氧化碳	12.8	15.3	13.6	75.0	70.5	—
硫化氢	4.3	5.85	5.3	45.5	21.3	33.50

注：表中“↑”“↓”“→”分别表示火焰传播方向是向上、向下和水平。

7. 含氧量

测试表明，空气中的含氧量 $\varphi(O_2)$ 为21%，当混合气中 $\varphi(O_2)$ 增加时，爆炸极限范围加大。原因在于，当处于空气中爆炸的下限时，其组分中 $\varphi(O_2)$ 已很高，故增加 $\varphi(O_2)$ 对爆炸下限影响不大；而增加 $\varphi(O_2)$ 将使上限显著增加，是由于氧取代了空气中的氮，使反应更易进行。某些可燃气体在空气和氧气中的爆炸极限见表3-12。

表 3-12　某些可燃气体在空气和氧气中的爆炸极限

物质名称	在空气中		在氧气中	
	L_s（%）	L_x（%）	L_s（%）	L_x（%）
甲烷	14	5.3	61	5.1
乙烷	12.5	3.0	66	3.0
丙烷	9.5	2.2	55	
正丁烷	8.5	1.8	49	1.8
异丁烷	8.4	1.8	48	1.8
丁烯	9.6	2.0		3.0
1—丁烯	9.3	1.6	58	1.8
2—丁烯	9.7	1.7	55	1.7
丙烯	10.3	2.4	53	2.1
氯乙烯	22	4	70	4
氢	75	4	94	4
一氧化碳	74	12.5	94	15.5
氨	28	15	79	15.5

3.2.6　爆炸极限的计算

具有爆炸危险性的气体或蒸气与空气或氧气混合物的爆炸极限，在应用时一般可查阅文献或直接测定以获得数据，也可以通过其他数据及某些经验公式计算来获得。但由于生产条件与测试条件的差异，这类数据仅作参考。下面介绍几种计算方法。

1. 根据闪点计算

易燃液体的爆炸下限与该液体的闪点是互相关联的。因为可燃液体在闪点时的饱和蒸气分压正好对应着火的最低体积分数。利用这种关系可进行可燃液体的闪点或爆炸下限的推算，即

$$L_x=\frac{p_{sh}}{p_z}\times 100\% \tag{3-8}$$

式中　p_z——混合物的总压力，常压时为 1.013×10^5Pa；

p_{sh}——闪点时该液体的蒸气分压（Pa）。

超过爆炸上限温度（上部闪点之上），可燃液体所生成蒸气的体积分数在上限以上时是不会燃烧或爆炸的。爆炸上限温度（上部闪点）也可以应用式（3-8）计算。

例 3-1　已知乙醇的爆炸上限为 $\varphi_{(乙醇)}=19\%$，求爆炸上限温度（上部闪点）。

解：由 $C=0.19$ 可计算出

$$p=0.19\times1.013\times10^5\text{Pa}=19247\text{Pa}$$

由计算图或物化手册中可查出 19247Pa 对应的温度为 42℃。

2. 按可燃气体完全燃烧时的化学当量含量计算

可燃气（液）体完全燃烧时的化学当量含量可用来确定链烷烃类的爆炸下限，其计算公式为

$$L_x=0.55C_0 \tag{3-9}$$

式中　C_0——气体在完全燃烧时与物质的当量浓度。

如丙烷在空气中燃烧，其值由反应式确定。

$$C_3H_8+5O_2\longrightarrow 3CO_2+4H_2O \tag{3-10}$$

空气中 $\varphi(O_2)=21\%$，则丙烷的化学当量含量为

$$C_0=\frac{1}{1+\dfrac{n_0}{0.21}}\times100\%=4.03\% \tag{3-11}$$

其中，n_0 为完全燃烧时所需氧分子数，由式（3-10）可知 $n_0=5$，则

$$L_x=0.55C_0=0.55\times4.03\%=2.2\% \tag{3-12}$$

此值与某些文献值所列的 2.1%相差不大。

式（3-12）也可用于估算链烷烃类以外的其他有机可燃性气（液）体的爆炸下限，但当计算 H_2、C_2H_2 以及含 N_2、Cl_2 等有机物时出入较大，不可应用。

3. 由爆炸下限估算爆炸上限

常压下 25℃的链烷烃类在空气中的爆炸上下限的关系为

$$L_s=7.1L_x^{0.56} \tag{3-13}$$

如果在爆炸上限附近不伴有冷火焰，式（3-13）可简化为

$$L_s=6.5\sqrt{L_x} \tag{3-14}$$

把式（3-9）代入式（3-14），可得

$$L_s = 4.8\sqrt{C_0} \tag{3-15}$$

4. 由分子中所含碳原子数估算爆炸极限

脂肪族烃类化合物的爆炸极限与化合物中所含碳原子数 n_C 的近似关系为

$$\frac{1}{L_x} = 0.1347n_C + 0.04343 \tag{3-16}$$

$$\frac{1}{L_s} = 0.01337n_C + 0.05151 \tag{3-17}$$

5. 复杂组分的可燃性气体混合物的爆炸极限

前面介绍的均为单一可燃性气体与空气组成混合物的爆炸极限，但在实际生产中常遇到的多为几种可燃性气体混合物，其计算方法可根据 Le Chatelier 方程来计算。

$$L_m = \frac{1}{\sum_{i=1}^{n} \frac{y_i}{L_i}} \times 100\% \tag{3-18}$$

式中　L_m——混合气的爆炸上限或下限；

L_i——混合气中某一组分的爆炸上限或下限；

y_i——某一可燃组分在可燃气体中的摩尔分数或体积分数；

n——可燃组分数量。

当求混合气爆炸上限时，y_i 全部以上限值代入；求下限值时，则 y_i 全部以下限值代入。

在应用 Le Chatelier 公式时，必须注意 $y_a+y_b+y_c+\cdots=1(100)$。该公式是一个经验公式，并不普遍适用，它只适用于混合气中各组分气体的活化能 E、摩尔燃烧热 Q、活化概率的比例常数 k 等近似相等的混合气。故在计算其他可燃性气体混合物时会出现一些偏差，但仍有一定参考价值。

例 3-2　已知某混合气体的组成及爆炸极限数据见表 3-13：

表 3-13　某混合气体数据

物质名称	φ（%）	L_x（%）	L_s（%）
已烷	0.8	1.1	7.5
甲烷	2.0	5.0	15
乙烯	0.5	2.7	36
空气	96.7		

问：此混合气有无爆炸危险？

解：先算出此混合气中可燃气体的体积分数，即

$$\varphi(\text{已烷}) = \frac{0.8}{0.8+2.0+0.5} = \frac{0.8}{3.3} = 24\%$$

$$\varphi(\text{甲烷}) = \frac{2.0}{3.3} = 61\%$$

$$\varphi(\text{乙烯}) = \frac{0.5}{3.3} = 15\%$$

用 Le Chatelier 公式

$$L_{mx}=\frac{1}{\sum_{i=1}^{n}\frac{y_i}{L_{ix}}}\times 100\%=\frac{100}{\frac{24}{1.1}+\frac{61}{5.0}+\frac{15}{2.7}}\%=2.53\%$$

$$L_{ms}=\frac{1}{\sum_{i=1}^{n}\frac{y_i}{L_{is}}}\times 100\%=\frac{100}{\frac{24}{7.5}+\frac{61}{15}+\frac{15}{36}}\%=13.02\%$$

因为上述混合气中共含 3.3%的可燃组分，它处于混合可燃气体爆炸上、下限之间，所以这种混合气具有爆炸危险。

6. 可燃气体和惰性气体混合物的爆炸极限

当可燃性气体混合物中含有惰性气体时可用下列经验公式计算。

$$L'_m=L_m\frac{1+\frac{\varphi_B}{1-\varphi_B}}{100+L_m\frac{\varphi_B}{1-\varphi_B}}\times 100\% \tag{3-19}$$

式中 L'_m——含有惰性气体的可燃混合气的爆炸上限或下限；

L_m——混合可燃部分的爆炸上限或下限；

φ_B——惰性气体体积分数（需去除空气中所含的惰性气体）。

例 3-3 已知表 3-14 所示组分的混合气，试计算其爆炸极限，并判断其合理性。

表 3-14 混合气组分

组分	H_2	CO	CH_4	CO_2	N_2	O_2
φ（%）	12.4	27.3	0.7	6.2	53.4	0
爆炸极限（%）	4~75	12.5~74	5.3~14			

解：先算出可燃部分的 L_m。该混合气中可燃部分的体积分数为 40.4%，惰性气体的体积分数为 59.6%。

可燃部分中 $\varphi(H_2)=\frac{12.4}{40.4}=30.69\%$

$$\varphi(CO)=\frac{27.3}{40.4}=67.57\%$$

$$\varphi(CH_4)=\frac{0.7}{40.4}=1.73\%$$

$$L_{mx}=\frac{100}{\frac{30.69}{4}+\frac{67.57}{12.5}+\frac{1.73}{5.3}}\%=7.46\%$$

$$L_{ms}=\frac{100}{\frac{30.69}{75}+\frac{67.57}{74}+\frac{1.73}{14}}\%=69.16\%$$

该混合气的爆炸上下限

$$L'_{mx}=7.46\times\frac{1+\dfrac{0.596}{1-0.596}}{100+7.46\times\dfrac{0.596}{1-0.596}}\times100\%=16.64\%$$

$$L'_{ms}=69.16\times\frac{1+\dfrac{0.596}{1-0.596}}{100+69.16\times\dfrac{0.596}{1-0.596}}\times100\%=84.76\%$$

由计算结果可见，含惰性气体混合气的爆炸上限是84.76%，比不含惰性气体混合气的上限还高，不符合实际，所以此式用于估算含惰性气体的混合气的爆炸上限并不一定适用。

7. 压力下爆炸极限的计算

如前所述，压力升高，物质分子的浓度增大，反应加速，释放的热量增多。在超过常压时，爆炸极限范围一般会加大。在已知气体中，随着压力增加而爆炸极限的下限变化不大，而上限随压力增加而加大，只有一氧化碳是例外。根据低碳烃化合物在氧气中爆炸上限的研究结果得知，在0.1~1.0MPa范围内可以比较准确地应用以下实验式进行爆炸上限的计算：

CH_4: $$L_s=56.0(p-0.9)^{0.040} \tag{3-20}$$

C_2H_6: $$L_s=52.5(p-0.9)^{0.045} \tag{3-21}$$

C_3H_8: $$L_s=47.7(p-0.9)^{0.042} \tag{3-22}$$

C_2H_4: $$L_s=64.0(p-0.2)^{0.083} \tag{3-23}$$

C_3H_6: $$L_s=43.5(p-0.2)^{0.095} \tag{3-24}$$

式中 L_s——气体的爆炸上限（%）；

p——压力，大气压 $p=0.101325$MPa。

8. 爆炸温度与压力

爆炸性气体混合物的爆炸温度和压力，可根据燃烧反应热或热力学能来计算。下面仅就用内能法求爆炸性混合气体的爆炸温度与压力进行介绍。

由于爆炸（燃烧）的速度在极短时间内变化很大，所以可设定它是在绝热系统内进行，据此可得

$$\sum U_c=\sum U_f+nQ_r \tag{3-25}$$

式中 $\sum U_c$——产生的总热力学能（kJ）；

Q_r——燃烧产生的热量（kJ/mol）；

n——物质的量（mol）；

$\sum U_f$——反应物的热力学能之和（kJ）。

例3-4 已知甲烷燃烧产生的热量 $Q_r=799.14$kJ/mol，摩尔热力学能 $U_{m,CH_4}=1.82\times4.184$kJ/mol（300K时），原始温度为300K时，1mol甲烷在空气中爆炸，试求爆炸时的最高温度与压力。

解：先写出燃烧方程式：

$$CH_4+2O_2+2\times3.76N_2\longrightarrow CO_2+2H_2O+7.52N_2$$

求出爆炸前即300K时反应物的热力学能之和。O_2、N_2的摩尔热力学能可以由表3-15查得。

$$\sum U_f = U_{m,CH_4} + 2U_{m,O_2} + 7.52U_{m,N_2}$$
$$= (1\times1.82 + 2\times1.49 + 7.52\times1.49)\times4.184\text{kJ}$$
$$= 66.96\text{kJ}$$

系统内爆炸（燃烧）产生的总热力学能为

$$\sum U_f + nQ_r = (66.96 + 799.14)\text{kJ} = 866.1\text{kJ}$$

再用试差法求爆炸（燃烧）产生的摩尔热力学能：

设爆炸后的温度为 2800K，从表 3-15 查得 2800K 时各产物的摩尔热力学能代入式（3-25）内，计算产生的热力学能

$$\sum U_c = U_{m,CO_2} + 2U_{m,H_2O} + 7.52U_{m,N_2}$$
$$= (1\times30.4 + 2\times24.0 + 7.52\times16.9)\times4.184\text{kJ}$$
$$= 859.76\text{kJ}$$

由于所设 2800K 时各产物热力学能之和 859.76kJ<866.1kJ，故爆炸的实际理论温度应大于 2800K，因此需要再设爆炸后温度为 3000K 进行计算，则

$$\sum U_c = (1\times33.0 + 2\times26.2 + 7.5\times18.3)\times4.184\text{kJ} = 933.1\text{kJ}$$

这个值大于 866.1kJ，故爆炸后的温度应在 2800～3000K 之间，则用内插法求出理论上的最高温度

$$T_{max} = 2800\text{K} + \frac{866.1 - 859.76}{933.1 - 859.76}\times(3000 - 2800)\text{K} = 2817\text{K}$$

爆炸压力可根据气体状态方程式求得

$$p_{max} = p_0 \frac{T_{max}}{T_0}\,\frac{n}{m} \tag{3-26}$$

式中　p_0——气体初始压力（Pa）；

T_0——气体原始温度（K）；

m——爆炸前气体的物质的量（mol）；

n——爆炸后气体的物质的量（mol）。

$$p_{max} = \frac{2817}{300}\times1.01\times10^5\times\frac{10.53}{10.53}\text{Pa} = 9.48\times10^5\text{Pa}$$

上面计算的是甲烷在空气中按化学当量浓度完全燃烧时计算的值，又假设没有热损失，所以是最大值。如果在系统内可燃气的浓度大于或小于与空气中氧完全反应所需的化学计量值，则爆炸时的温度和压力都将降低。

表 3-15　部分气体的摩尔热力学能

（单位：4.184kJ/mol）

温度/K	H_2	O_2	N_2	CO	NO	OH	CO_2	H_2O
300	1.440	1.486	1.489	1.489	1.611	1.523	1.658	1.786
400	1.936	1.998	1.988	1.989	2.126	2.035	2.400	2.399
500	2.436	2.530	2.491	2.496	2.650	2.541	3.229	3.032
600	2.937	3.087	3.006	3.017	3.189	3.049	4.130	3.690
700	3.441	3.667	3.534	3.555	3.846	3.556	5.090	4.381

（续）

温度/K	H_2	O_2	N_2	CO	NO	OH	CO_2	H_2O
800	3.948	4.266	4.079	4.110	4.320	4.069	6.100	5.100
900	4.460	4.881	4.640	4.683	4.912	4.589	7.150	5.846
1000	4.986	5.510	5.215	5.270	5.519	5.173	8.235	6.621
1200	6.043	6.799	6.408	6.483	6.768	6.209	10.489	8.444
1400	7.147	8.123	7.643	7.739	8.057	7.346	12.829	9.971
1600	8.291	9.475	8.911	9.023	9.374	8.522	15.220	11.786
1800	9.476	10.848	10.206	10.333	10.706	9.738	17.683	13.687
2000	10.697	12.244	11.520	11.662	12.056	10.986	20.166	15.656
2200	11.950	13.664	12.851	13.004	13.417	12.262	22.688	17.681
2400	13.232	15.105	14.195	14.359	14.791	13.565	25.231	19.752
2600	14.540	16.565	15.549	15.722	16.174	14.890	27.798	21.860
2800	15.872	18.049	16.913	17.093	17.566	16.235	30.382	23.999
3000	17.224	19.553	18.283	18.473	19.962	17.597	32.978	26.198
3200	18.595	21.073	19.661	19.858	20.364	18.974	35.594	28.387
3400	19.981	22.611	21.047	21.248	21.769	20.368	38.237	30.600
3600	21.382	24.166	22.437	22.643	23.179	21.776	40.890	32.846
3800	22.797	25.736	23.831	24.043	24.599	23.197	43.543	35.119
4000	24.223	27.315	25.227	25.447	26.023	24.627	46.211	37.411
4200	25.662	28.911	26.631	26.852	27.453	26.075	48.892	39.691
4400	27.109	30.519	28.039	28.262	28.889	27.531	51.587	41.976

例 3-5　计算1单位甲烷在爆炸下限时爆炸的温度与压力。已知 $Q_{CH_4}=799.14\text{kJ/mol}$，$T_0=300\text{K}$，$p=1.01\times10^5\text{Pa}$，甲烷的 $L_x=5.3\%$。

解：写出燃烧方程式，并算出反应前后系统内各物料的 φ。

$$CH_4 + O_2 + N_2 \longrightarrow CO_2 + H_2O + N_2 + O_2$$

反应前物料含量 0.053　0.947×0.21 =0.199　0.947×0.79 =0.75

反应后物料含量　0.053　0.053×2 =0.106　0.75　0.199−0.106 =0.093

爆炸前（300K时）反应物的热力学能和：

$$\sum U_f=(0.053\times1.82+0.199\times1.49+0.75\times1.49)\times4.184\text{kJ}=6.32\text{kJ}$$

系统内爆炸（燃烧）产生的总能量：

$$\sum U_c=\sum U_f+nQ_r=6.32\text{kJ}+0.053\times799.14\text{kJ}=48.67\text{kJ}$$

用试差法求爆炸后的最高温度：

设爆炸后温度为1800K，则

$\sum U_c = (0.053\times17.68+0.106\times13.69+0.75\times10.21+0.093\times10.85)\times4.184\text{kJ}=46.25\text{kJ}$

由于46.25kJ<48.67kJ，故再设爆炸后温度为2000K，则

$\sum U_c = (0.053\times20.17+0.106\times15.66+0.75\times11.52+0.093\times12.24)\times4.184\text{kJ}=52.33\text{kJ}$

由计算数据知 T_{max} 介于1800~2000K之间，用内插法求 T_{max}：

$$T_{max}=1800\text{K}+\frac{48.67-46.25}{52.33-46.25}\times(2000-1800)\text{K}=1880\text{K}$$

$$p_{max}=\frac{T_{max}}{T_0}p_0\frac{n}{m}=\frac{1880}{300}\times1.013\times\frac{0.053+0.106+0.75+0.093}{0.053+0.199+0.75}\text{Pa}$$
$$=6.32\times10^5\text{Pa}$$

3.3 防火防爆措施

为了确保安全生产，最重要的是做好事故预防工作，消除可能引起燃烧和爆炸的危险因素。从理论上讲，使可燃物质不处于危险状态或者消除一切着火源，就可以防止燃烧爆炸事故的发生。但在实际生产中，由于生产条件的限制或者某些不可控因素的影响，往往需要采取多方面的措施，以提高生产过程的安全程度。

为防止危险物质发生火灾爆炸事故，通常采取三个方面的基本措施：一是控制可燃可爆物质；二是当燃烧爆炸物质不可避免地出现时，要尽可能消除或隔离所有着火源；三是当某些着火源不能完全避免时，采取工程设防措施，尽量减轻火灾爆炸事故后果的严重程度。

3.3.1 控制可燃可爆物质

可燃物质、助燃物质、引火源是燃烧三要素，三者缺一就不会发生火灾爆炸事故，这是安全设计和安全控制的基础。

控制可燃可爆物质的目的是在生产、使用、储存具有燃爆性物质的场所，避免形成燃爆性体系。

1. 取代或控制用量

在工艺条件允许的情况下，尽量少使用可燃可爆物质，或采用燃烧性能差的物质代替易燃物质。如氯的甲烷及乙烯衍生物，像二氯甲烷、三氯甲烷、四氯化碳等均为不燃液体，在许多情况下可以用来代替可燃液体，用来溶解脂肪、油脂、橡胶等介质。

需要注意的是，在生产过程中不用或少用可燃可爆物质，这是一个“釜底抽薪”的办法，是为创造生产安全条件值得考虑的方法，但是这只有在工艺上可行的条件下才能实现。

2. 防止泄漏

保持生产设备和容器密闭、防止泄漏是保证可燃物质与空气隔绝的基本措施，也是最重要的安全措施。

对具有压力的设备，应防止物料泄漏至外界与空气形成爆炸性混合物；对真空或负压设备，应防止空气漏入设备内部达到爆炸极限。开口的容器、破损的铁桶、容积较大且没有保护措施的玻璃瓶是不允许储存易燃液体的；不耐压的容器是不能储存压缩气体和加压液体的。

对处理危险物料的设备及管路，在保证安装检修方便的前提下，应尽量少用法兰连接，而尽量采用焊接；输送危险气体、液体的管道应采用无缝钢管；应慎重使用脆性材料，以防止脆性破坏后危险介质泄漏。对于设备中容易发生“跑、冒、滴、漏”的部位应经常检查，发现故障（如填料损坏）应立即维修或调换。

防止泄漏必须根据泄漏类型、泄漏物质状态、泄漏压力、时间等选择适当的方法。在方案设计时采取根本对策；在运转、维护时实行操作检查等预防措施，包括制止突然泄漏的应急措施。

3. 作业场所的通风排气

完全依靠设备自身的密封消除可燃物在厂房生产环境里的存在是不可能的，往往需要通过连续或间断地通风排气来降低空气中可燃物质的浓度，使其不超过最高允许浓度。

当设备内仅是易燃易爆物质存在时，燃气检测报警装置应设置为爆炸极限下限的1/4；对于存在既易燃易爆又具有毒性的物质，应考虑到在有人操作的场所，燃气检测报警装置的允许浓度应由毒物在厂房内的最高容许浓度来决定，因为在通常情况下该浓度比爆炸下限要低得多。

通风可分为机械通风和自然通风，当自然通风不能满足要求时，就必须采用机械通风，强制换气。

布置在室外的化工生产设备，可充分利用室外较高的平均风速来稀释降低有毒与可燃气体浓度。

4. 惰性化处理

惰性化处理是指在容器或管道内加入惰性气体，以置换出其中的空气（或氧气）或可燃物，使系统内氧气的体积分数低于最小氧气浓度（也称含量）。

（1）最小氧气浓度　如前所述，可燃气体燃烧的传播要求有一个最小氧气浓度。最小氧气浓度是指在空气和燃料的体积之和中氧气所占的百分比（体积分数 φ）。最小氧气浓度（MOC）的计算式为

$$\mathrm{MOC}=L_{\mathrm{x}}\frac{\text{氧的物质的量}}{\text{燃料的物质的量}}$$

例 3-6　求丁烷（C_4H_{10}）在空气中燃烧的最小氧气浓度。

解：写出化学反应式：$C_4H_{10}+6.5O_2 \longrightarrow 4CO_2+5H_2O$

查得丁烷在空气中的燃烧爆炸下限 $L_{\mathrm{x}}=1.5\%$，计算得

$$\mathrm{MOC}=L_{\mathrm{x}}\frac{\text{氧的物质的量}}{\text{燃料的物质的量}}=1.5\%\times\frac{6.5}{1}=9.75\%$$

计算说明，在反应系统内加入氮气至 $\varphi(O_2)<9.75\%$时，就可以阻止丁烷的燃烧。

对大多数可燃气体而言，最小氧气浓度约为 $\varphi(O_2)=10\%$，对大多数粉尘而言，最小氧气浓度约为 $\varphi(O_2)=8\%$。

当用惰性气体对容器内可燃气进行混合，使氧气浓度降至安全含量时，通常此过程控制点应比最小氧气浓度低4个百分点，即如果最小氧气浓度为 $\varphi(O_2)=10\%$，则将 $\varphi(O_2)$ 控制在6%。

采用惰化防爆不必用惰性气体全部取代空气中的氧，而只要稀释至一定的程度即可。最高允许氧含量见表3-16和表3-17。

表 3-16　气体、液体的最高允许氧含量

物质名称	最高允许氧含量（%）		物质名称	最高允许氧含量（%）	
	N_2 作稀释剂	CO_2 作稀释剂		N_2 作稀释剂	CO_2 作稀释剂
一氧化碳	5.6	5.9	丙酮	13.5	15.0
氢	5.0	5.9	苯	11.2	13.9
二氧化碳	—	8.0	甲烷	12.1	14.6
乙炔	6.5	9.0	乙烷	9.0	10.5
乙烯	8.0	9.0	丙烷	9.5	11.5
丙烯	9.0	11.0	丁烷	9.5	11.5
甲醇	8.0	11.0	戊烷	12.1	14.4
乙醇	8.5	10.5	己烷	11.9	14.5
乙醚	—	10.5	汽油	11.6	14.4

注：相应环境条件为 20℃、1atm（1atm = 101325Pa）。

表 3-17　用 N_2 惰性可燃粉尘最高允许氧含量

粉尘种类	最高允许氧含量（%）	粉尘种类	最高允许氧含量（%）
煤粉	14.0	硬脂酸钙	11.8
月桂酸镉	14.0	木粉	11.0
硬脂酸钡	13.0	松香粉	10.0
有机颜料	12.0	甲基纤维素	10.0
硬脂酸镉	11.9		

注：系强点火源作用。

（2）惰性化方法

1）惰性气体保护法：在设备控制系统中设置氧浓度监测仪，实时监测氧气浓度。当氧气浓度接近最小氧气浓度控制点时，与监测系统联动的惰性气体通气装置开启，以确保氧气浓度始终低于最小氧气浓度。

2）真空抽净法：将容器抽真空，直至达到预定的真空状态，接着充入惰性气体至大气压，再次抽真空、充惰性气体，直至容器内达到预定的氧气浓度。

3）压力净化法：向容器中加入加压的惰性气体的方法。加入惰性气体至容器内达到一定的高压，惰性气体与内部空气混合，之后再把混合气体排入大气，直到容器内压力降至大气压，一般要进行几次循环才能使氧含量降至预定浓度。每次排放的气体中都含有一定量的氧气，只要容器能够密封，且能承受足够的压力，依次稀释排出后，就能达到惰性化的目的。

4）置换法：将惰性气体从容器的一个口加入，而混合气从容器的另一个口排入大气，把氧气吹出设备，检测排出的气体中氧气浓度达到要求后，停止通气，并封闭气体出入口。根据过程的特点，又将置换法称为吹扫净化法，工厂习惯称为“扫线”。

惰性气体在生产中的使用方式参见表 3-18。

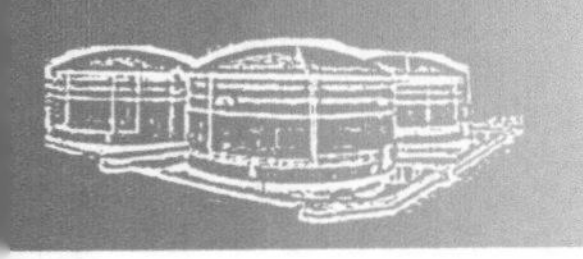

表 3-18　惰性气体使用方式

生产场所	使用方式
易燃、易爆固体的破碎、研磨、筛分、混合、输送	可在惰性气体覆盖下进行，如粉煤制备系统的充氮保护
可燃易爆物质的储存、运输过程，如各种储罐等	若条件允许，可加入惰性气体隔绝空气，或在周围设置固定惰性气体网点
有火灾危险的工艺装置	在装置附近设惰性气体接头
在火灾爆炸场所、可能产生火花的电气、仪表装置	向内部充惰性气体
可燃易爆物资设备、储罐和管道等检修动火前，工艺装置、设备、管道、储罐投用前	用惰性气体置换

5. 工艺参数的安全控制

温度、压力、流量、投料比等工艺参数，是实现化工生产过程预定目的的主要参数，也是进行工艺设计和设备设计的基础参数。在生产过程中，实际的参数可以有一定的波动范围，在此范围内不仅可以顺利完成生产，而且是安全的，如果超出此范围则可能使设备控制失效、物料可能发生不希望的变化，引发事故。因此，按照工艺要求严格控制工艺参数在安全操作限度以内，是实现化工安全生产的基本条件，而对工艺参数的自动调节和有效控制则是保证生产安全的重要措施。

（1）温度控制　温度是化工生产中主要的控制参数之一。不同的化学反应都有各自最适宜的反应温度，不同物料也有各自的适宜处理温度。

控制温度的具体方法有：

1）控制反应热。在化工生产中，应根据反应热的性质选择合适的传热介质，以维持适宜的反应温度。

对于放热反应，应选用冷却剂对反应物料进行冷却，以移除多余的反应热；而对于吸热反应，应选择加热剂来补充反应热。

2）防止搅拌中断。在某些反应场合，可能会采用搅拌装置对反应物料进行充分混合，以使反应充分进行。若搅拌中断，则物料不能混合均匀，反应可能不充分，未反应物料大量积聚，局部反应温度骤升，当搅拌恢复时则大量反应物迅速反应往往造成“冲料”，甚至酿成燃烧爆炸事故。一般情况下，搅拌停止则立即停止加料，在恢复搅拌后，应待反应温度趋于平稳时再继续加料。

3）处理与储存热不稳定物质时要特别注意降温、隔热和避免阳光直晒。

（2）控制投料速度和料比　投料速度过快，放热速率也快，放热速率超过设备移出热量的速率，热量急剧积累，可能出现“飞温”和“冲料”危险。因此，投料时必须严格控制，不得过量，且投料速度要均匀，不得突然增大。投料速度还与实际物料温度有关，通常保持一定的温度才能保证一定的反应速度，如果温度低，即使投料速度没有增加，也可能在反应釜内造成反应物积累；在温度恢复后，反应突然加快，也会造成温度飞升。

（3）压力控制　控制了反应温度和流速、料比，一般就能够控制住压力。

（4）自动控制系统和安全保险装置

1）自动控制系统。自动控制系统按其功能分为以下四类：自动检测系统，自动调节系统，自动操作系统，自动信号、联锁和保护系统。

化工自动化系统，大多数是对连续变化的参数，如温度、压力、流量、液位等进行自动调节。但是还有一些参数，需要按一定的时间间隔做周期性的变化。这样就需要对调节设施如阀门等做周期性的切换。

2）信号报警、保险装置和安全联锁。在化工生产中，可配置信号报警装置，情况失常时发出警告，以便及时采取措施消除隐患。同时，保险装置也会切断，因而可以防止爆炸事故的发生。安全联锁就是利用机械或电气控制依次接通各个仪器和设备，使之彼此发生联系，达到安全运行的目的。

6. 气体检测与报警

为了及时发现泄漏，需在工作场合设置气体检测装置。气体检测装置主要分为两类：一类是固定式气体检测报警系统，另一类是便携式气体检测仪。前者主要用于固定场所固定装置的检测，传感器设置在现场，信号显示及报警控制部分设置在控制室，它是工厂常见的检测装置。便携式气体检测仪可以随身携带，可以在任何地点使用，随时显示检测数据，并有声光报警功能。无论是哪种气体检测装置，对被测气体产生信号的检测器都是核心部件。

3.3.2 着火源及其控制

对点火能源进行控制是消除燃烧三要素同时存在的一个重要措施。在有火灾爆炸危险的生产场所，明火、高温表面、摩擦和撞击、绝热压缩、化学反应热、电气火花、静电火花、雷击和光辐射等点火源都应引起充分的注意，并采取严格的预防措施，包括：

1. 防范明火及高温表面

在有易燃易爆物质存在的场所，防范明火是最基本也是最重要的安全措施。

（1）明火　尽量避免采用明火加热易燃易爆物质，一般采用过热水或蒸汽加热；当采用矿物油、联苯醚等载热体加热时，加热温度必须控制在载热体的安全使用温度范围内，还要保持良好的循环，并留有载热体膨胀的余地，防止传热管路局部温度过高而结焦，要定期检查载热体的成分，及时处理或更换变质的载热体。

如果必须采用明火，设备应严格密封，燃烧室应与设备分开建设或隔离，并按防火规定留出防火间距。

在积存有可燃气体、蒸气的管沟、深坑、下水道及其附近，没有消除危险之前，不能有明火作业。在进入可能存在燃爆气体的设备内工作之前，必须首先确认（检测）可燃气体在安全浓度以内，否则不能进入。进入设备内所用的照明灯具必须是防爆灯具，且要使用安全电压。维修储存过可燃液体的储罐时，应首先检查是否还有残存的液体，确认不存在并通入一定时间空气后，才能开始工作。

汽车、拖拉机、柴油机等的排气管喷火等都可能引起可燃气体或蒸气的爆炸事故，故此类运输工具在未采取防火措施时不得进入危险场所。烟囱应有足够的高度，必要时装火星熄灭器，在一定范围内不得堆放易燃易爆物品。

（2）高温热表面　控制高温表面成为着火源的措施有冷却降温、绝热保温、隔离等，这些措施能有效地降低物质表面温度。如：加热装置、高温物料输送管道的表面温度都比较高，应防止可燃物落于其上而着火；高温物料的输送管线不应与可燃物、可燃建筑构件等接触；可燃物的排放口应远离高温表面，如果接近，则应设隔热设施。加热温度高于物料自燃

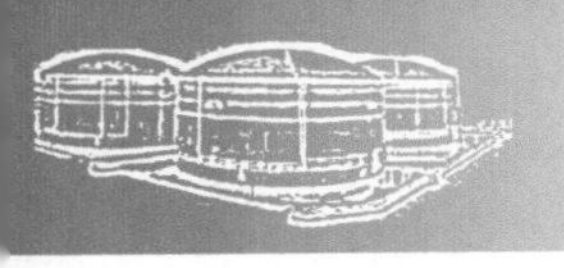

点的工艺过程，应严防物料外泄或空气进入系统。

2. 防止摩擦与撞击

在有火灾爆炸危险的场所，为防止摩擦发热产生火花引起火灾，机器上轴承等要及时加润滑油，保持润滑。搬运盛装易燃液体或气体的金属容器时，不要抛掷、拖拉、振动，防止互相撞击，以免产生火花。为避免撞击起火，锤子、扳手等工具应采用铍青铜或镀铜的钢制作的防爆工具。设备或管道容易遭受撞击的部位应该用不产生火花的材料覆盖起来。防火区严禁穿带钉子的鞋，地面应铺设不发生火花的软质材料或不发火地面。当高压气体通过管道时，管道中的铁锈会随气流流动与管壁摩擦而变成高温粒子，成为可燃气的着火源，必须切实注意。

3. 防止电气火花和电弧

电火花和电弧的温度都很高，在有爆炸危险的场所内，电火花的产生将会引起可燃物燃烧或爆炸。

在有火灾爆炸危险的场所，应根据火灾爆炸危险场所的类别、等级和电火花形成的条件，结合物料的危险性，选择相应的防爆电气设备。

4. 防范静电

防止静电事故的发生，一般采取三方面的措施：减少静电的产生量、加速静电的泄漏或中和，以及静电屏蔽。

（1）减少静电的产生量　如限制流体流速，避免采用喷射方式注入有机液体，管道光滑顺直，避免液体在容器内喷溅等。

（2）加速静电的泄漏或中和　如静电接地连接，等电位连接管线设备，增加空气湿度，穿防静电服，铺设防静电地板等。

（3）静电屏蔽　把带电体用接地的金属板、网包围或用接地导线匝缠绕，将电荷对外的影响局限在屏蔽层内，同时屏蔽层内的物质也不会受到外电场的影响，这种方法属于金属屏蔽法，可防止静电荷向人体放电造成击伤。

5. 防止雷击

雷击是一种自然现象，它不仅能够击毙人畜、劈断树木、破坏建筑物与各种工业设施，还能产生极高的过电压和极大的电流。多年来，由于雷击引发的石油化工企业的火灾爆炸事故很多，因此，在生产、使用、储存易燃易爆危险物品的场所应该采取防雷的安全措施。

3.3.3 限制事故危害范围的工程技术措施

1. 限制火灾事故蔓延的措施

阻止火势蔓延，就是阻止火焰或火星窜入有燃烧爆炸危险的设备、管道或空间内，或者阻止火焰在设备和管道中扩展，或者把燃烧限制在一定范围内不致向外传播。其目的在于减少火灾危害，把火灾损失降到最低限度。下面介绍一些常见的阻火装置或设施。

（1）安全液封　安全液封是一种湿式阻火装置，通常安装在压力（表压）低于0.02MPa的可燃气体管道和生产设备之间，有敞开式和封闭式两种，如图3-5所示。液封的阻火原理是：由于液体（通常为水）封在进、出气管之间，在液封两侧的任一方着火，火焰将在液封处熄火，从而起到阻止火势蔓延的作用。液封内的液位应根据生产设备内的压力保持一定的高度。在运行中，对液封的液位要经常进行检查。在寒冷地区，应通入水蒸气或

注入防冻液，以防止液封冻结。

（2）阻火器　阻火器是阻止可燃气体和可燃液体蒸气的火焰扩展的安全装置。它由带有能通过气体或蒸气的许多细小、均匀或不均匀孔道的固体材料所构成。有金属网、砾石、波纹金属片等多种形式的阻火器，如图 3-6 所示。其阻火原理是：火焰在管中蔓延的速度随着管径的减小而降低；同时随着管径的减小，火焰通过时的热损失增大，最终使火焰熄灭。

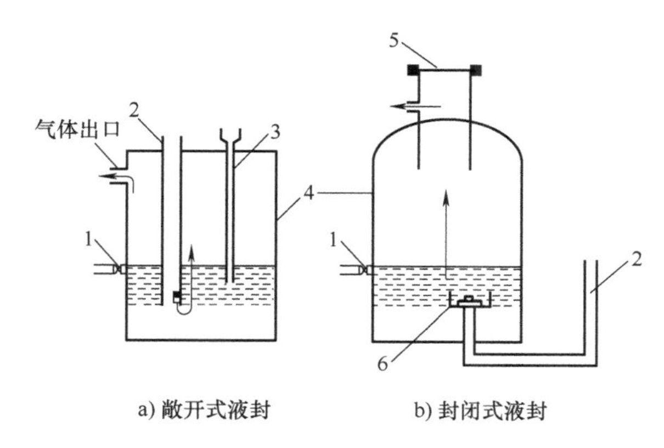

图 3-5　安全液封

1—验水栓　2—进气管　3—安全管　4—外壳　5—爆破片　6—单向阀

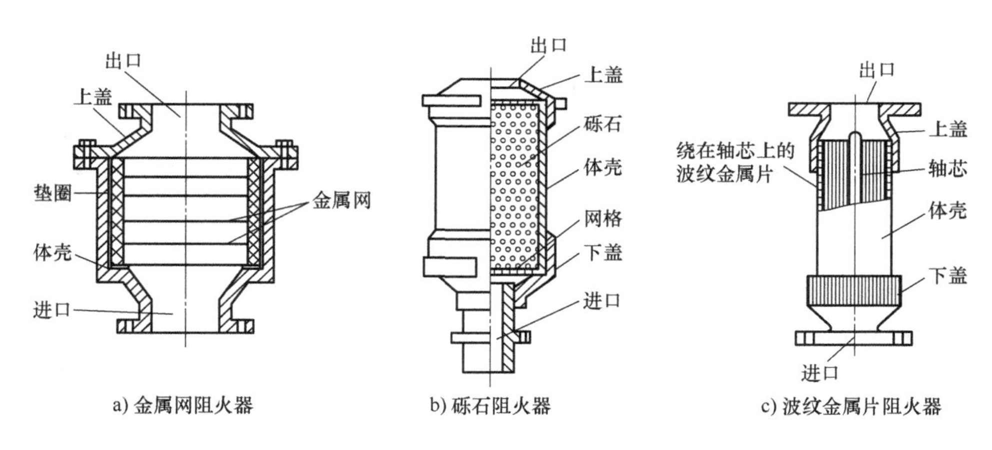

图 3-6　阻火器结构简图

阻火器通常安装在输送可燃气体管线之间及管道设备放空管的末端、储存石油产品的油罐上、油气回收系统上、有爆炸危险的通风管道口处、内燃机排气系统上、去加热炉燃料气的管网处、火炬系统上等。

（3）火星熄灭器　火星熄灭器，俗称防火帽，是用于熄灭由机械或烟囱排放废气中夹带的火星的安全装置。它通常装在汽车、拖拉机、柴油机的排气管上，锅炉烟囱或其他使用鼓风机的烟囱上。其熄灭火星的方式有：

1）将带有火星的烟气从小容积空间引入大容积空间，使其流速减慢，质量大的火星颗粒沉降下来而不从排烟道飞出。

2）设置障碍，改变烟气流动方向，增加火星的流程，使其冷却降温而熄灭。

3）设置网格或叶轮，将较大的火星挡住或分散，以加速火星的熄灭。

4）在烟道内喷水或水蒸气，使火星熄灭。

（4）水封井　如图3-7所示，水封井是一种湿式阻火设施，设置在含有可燃性液体的污水工业下水道中间，用以防止火焰、爆炸波的蔓延扩展。当两个水封井之间的管线长度超过300m时，此段管线上应增设一个水封井。水封井内的水封高度不得小于250mm。

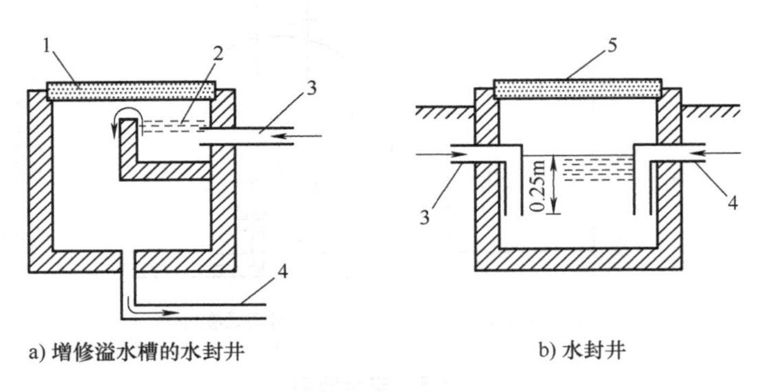

图3-7　水封井

1、5—井盖　2—增修的溢水槽　3—污水进口管　4—污水出口管

（5）防火堤　防火堤又称防油堤，是为容纳泄漏或溢出流体而设的防护设施，设置在可燃性液体的地上、半地上储罐或储罐组的四周。

防火堤应用非燃烧材料建造，能够承受液体满堤时的静压力，高度为1~1.6m。

（6）防火集流坑　防火集流坑是容纳某种设备泄漏或溢出可燃性液体（油品）的防护设施。它通常设置在地面下，并用碎石填塞。如设在较大容量的油浸式电力变压器下面的防火集流坑，在发生火灾时，可将容器内的油放入坑中，既能防止油火蔓延，又便于扑救，缩小火灾范围。

2. 限制爆炸冲击波扩散的措施

限制爆炸冲击波扩散的措施，就是泄压隔爆措施，防止爆炸冲击波对设备或建（构）筑物的破坏和对人员的伤害，这主要是通过在工艺设备上设置防爆泄压装置和在建（构）筑物上设置液压隔爆结构或设施来实现。

（1）防爆泄压装置　防爆泄压装置，是指设置在工艺设备上或受压容器上，能够防止压力突然升高或爆炸冲击波对设备、容器造成破坏的安全防护装置。

1）安全阀。安全阀是防止受压设备和机械内压力超限而发生爆炸的泄压装置。安全阀一般有两个功能。一是排放泄压。当受压容器内部压力超过正常值时，安全阀自动开启，把内部介质释放出去一部分，降低系统压力，防止设备爆炸；当压力降至正常值时，安全阀又自动关闭。二是报警。当设备超压时，安全阀开启并向外排放介质，同时产生气动声响，发出警报。安全阀应每年至少校验一次，以保持灵敏可靠。

2）防爆片。防爆片又称防爆膜、防爆板、自裂盘，是在压力突然升高时能自动破裂泄压的安全装置。它安装在含有可燃气体、蒸气或粉尘等物料的密闭容器或管道上，当设备或

管道内物料突然升压或瞬间反应超过设计压力时能够自动破裂泄压。其特点是放出物料多、泄压快、构造简单，适用于物料黏度高和腐蚀性强的设备系统，以及物料易于结晶或聚合而可能堵塞安全阀和不允许流体有任何泄漏的场合。

3）呼吸阀。呼吸阀是安装在轻质油品储罐上的一种安全附件，其作用是保持密闭容器内外压力经常处于动态平衡。当储罐输入油品或气温上升时，罐内气体受液体压缩或升温膨胀而从呼吸阀排出。呼吸阀可以防止储罐憋压或形成负压而抽瘪。

4）止回阀。止回阀又称止逆阀、单向阀，是用于防止管路中流体倒流的安全装置。

止回阀通常设置在与可燃气体、可燃液体管道及设备相连的辅助管线上，压缩机与油泵的出口管线上，高压与低压相连接的低压系统上。其作用是仅允许流体向一个方向流动，遇有回流时即自动关闭通路，借以防止高压窜入低压系统引起管道设备的爆裂。在可燃气体、可燃液体管线上，止回阀也可以起到防止回火的作用。

（2）建筑防爆泄压结构或设施　建筑防爆泄压结构或设施，是指在有爆炸危险的厂房所采取的阻爆、隔爆措施，如耐爆框架结构、泄压轻质屋盖、泄压轻质外墙、防爆门窗、防爆墙等。这些泄压构件是人为设置的薄弱环节，当发生爆炸时，它们最先遭到破坏或开启而向外释放大量的气体和热量，使室内爆炸产生的压力迅速下降，从而达到主要承重结构不破坏，整座厂房不倒塌的目的。

3.3.4　火灾和爆炸事故的扑救措施

危险化学品容易发生火灾和爆炸事故，但不同的化学品以及在不同情况下发生火灾时，其扑救方法差异很大，若处置不当，不仅不能有效扑灭火灾，反而会使灾情进一步扩大。此外，由于化学品本身及其燃烧产物大多具有较强的毒害性和腐蚀性，极易造成人员中毒、灼伤。因此，扑救化学危险品火灾是一项极其重要又非常危险的工作。

1. 灭火的方法及其基本原理

由燃烧所必须具备的几个基本条件可以得知，灭火就是破坏燃烧条件以使燃烧反应终止的过程。灭火方法可归纳为以下四种：冷却法、窒息法、隔离法和化学抑制法。

（1）冷却法　冷却法的原理是将灭火剂直接喷射到燃烧的物体上，使温度降低到燃点之下，从而使燃烧停止；或者将灭火剂喷洒在火源附近的物体上，使其不因火焰热辐射作用而形成新的火点。冷却灭火法是灭火的一种主要方法，常用水和二氧化碳作为灭火剂来冷却降温灭火。灭火剂在灭火过程中不参与燃烧过程中的化学反应。这种方法属于物理灭火方法。

（2）窒息法　窒息法是阻止空气流入燃烧区或用不燃物质冲淡空气，使燃烧物得不到足够的氧气而熄灭的灭火方法。具体方法是：用沙土、水泥、湿麻袋、湿棉被等不燃或难燃物质覆盖燃烧物；喷洒雾状水、干粉、泡沫等灭火剂覆盖燃烧物；用水蒸气或氮气、二氧化碳等惰性气体灌注发生火灾的容器、设备；密闭起火建筑、设备和孔洞；把不燃气体或不燃液体（如二氧化碳、氮气、四氯化碳等）喷洒到燃烧物区域内或燃烧物上。

（3）隔离法　隔离法是将正在燃烧的物质和周围未燃烧的可燃物质隔离或移开，中断可燃物质的供给，使燃烧因缺少可燃物而停止。具体方法有：把火源附近的可燃、易燃、易爆和助燃物品搬走；关闭可燃气体、液体管道的阀门，减少和阻止可燃物质进入燃烧区；设

法阻拦流散的易燃、可燃液体；拆除与火源相毗连的易燃建筑物，形成防止火势蔓延的空旷地带。

（4）化学抑制法　采用冷却法、窒息法、隔离法灭火时，灭火剂不参与燃烧反应，属于物理灭火方法。而化学抑制法则是使灭火剂参与到燃烧反应中去，降低燃烧反应中自由基的生成，从而使燃烧的链锁反应中断而不能持续进行。常用的干粉灭火剂、卤代烷灭火剂的主要灭火机理就是化学抑制作用。

2. 常用的灭火器材

化工企业常用的灭火器有二氧化碳灭火器、干粉灭火器、泡沫灭火器、卤代烷灭火器等，由于卤代烷灭火器对大气中臭氧层的破坏较严重，国际上先进国家已开始对其进行淘汰。所以本书主要介绍二氧化碳灭火器、干粉灭火器和泡沫灭火器。

（1）二氧化碳灭火器　二氧化碳灭火器主要灭火原理：二氧化碳是一种惰性气体，比空气重，当空气中二氧化碳含量达到30%~35%时燃烧即可中止。利用这一原理，将易压缩的二氧化碳压缩成液态灌入钢瓶中，使用时将其释放出来，一方面它可以升华带走大量的热，使温度急骤下降至-78℃，有冷却的作用；另一方面大量的二氧化碳会使空气中的氧气含量降低而使燃烧中止。

二氧化碳灭火器适用范围：由于二氧化碳是一种无色气体，灭火不留痕迹，并有一定的电绝缘性，所以适宜扑救600V以下的带电火灾，以及重要文档、珍贵设备、精密仪器和油类火灾。

二氧化碳灭火器使用方法：距离燃烧物5m左右，拔出保险，抽出插销，一手握住喷筒，一手压下手柄（或逆时针方向旋转开启手轮），对准燃烧物由近及远从侧上方向下喷射（如是液体物质，注意不能直射，以防液体溅起扩大燃烧范围；在空间较小的地方使用应注意及时离开，以防窒息；在有风的地方使用应注意风向）。

二氧化碳灭火器维护方法：存放于阴凉干燥通风的地方，不能接近高温和火源；半年进行一次称重，检测压力；每五年进行一次专业试压检测。

（2）干粉灭火器　干粉灭火器主要灭火原理：通过在加压气体作用下喷出的粉雾与火焰接触、混合时发生的物理、化学作用而实现灭火。一是靠干粉中的无机盐的挥发性分解物，与燃烧过程中燃料所产生的自由基或活性基团发生化学抑制和副催化作用，使燃烧的链反应中断而灭火；二是靠干粉的粉末落在可燃物表面上发生化学反应，并在高温作用下形成一层玻璃状覆盖层，从而隔绝氧气，进而实现窒息灭火。另外，还有部分稀释氧气和冷却作用。

干粉灭火器适用范围：石油、有机溶剂等易燃液体以及可燃气体和电气设备的初起火灾；ABC型干粉灭火器还可扑救固体物质火灾。

干粉灭火器使用方法：距燃烧物5m左右，选择上风方向，拔掉保险，抽出插销，一手握喷管，一手压下手柄，对准火焰根部左右扫射，向前平推（注意：如可燃物是液体，不能直接冲击液面，以防溅起，扩大燃烧范围）。

干粉灭火器维护方法：存放于通风干燥处，避免高温、潮湿和腐蚀，防止干粉结块或分解；每半年检测一次干粉是否结块，驱动气体是否泄漏（压力指针是否指示绿色区域）；开启使用后必须重新充装，且保证为同一种类；每三年进行一次压力测试，保证钢瓶的安全。

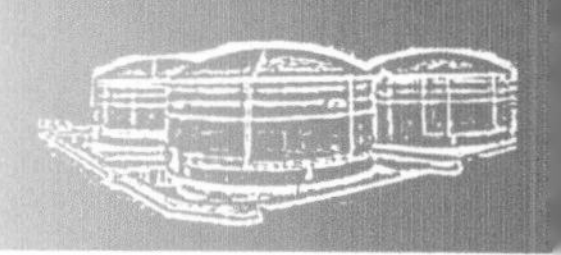

(3) 泡沫灭火器 泡沫灭火器灭火原理：灭火时，它能喷射出大量二氧化碳及泡沫，喷射物能黏附在可燃物上，使可燃物与空气隔绝，从而达到灭火的目的。泡沫灭火器内有两个容器，分别盛放硫酸铝和碳酸氢钠两种溶液，两种溶液互不接触，不发生任何化学反应（平时千万不能碰倒泡沫灭火器）。当需要泡沫灭火器时，把灭火器倒立，两种溶液混合在一起，就会产生大量的二氧化碳气体：

$$Al_2(SO_4)_3+6NaHCO_3 \longrightarrow 3Na_2SO_4+2Al(OH)_3\downarrow +6CO_2\uparrow$$

除了两种反应物外，灭火器中还加入了一些发泡剂。打开开关，泡沫从灭火器中喷出，覆盖在燃烧物品上，使燃烧的物质与空气隔离并降低温度，达到灭火的目的。

泡沫灭火器适用范围：可用来扑灭木材、棉布等燃烧引起的失火。它除了用于扑救一般固体物质火灾外，还能扑救油类等可燃液体火灾，但不能扑救带电设备和醇、酮、酯、醚等有机溶剂的火灾。由于泡沫灭火器喷出的泡沫中含有大量水分，故不能像二氧化碳液体灭火器那样，灭火后不污染物质，不留痕迹。

泡沫灭火器使用方法：使用灭火器时，应一手握提环，一手抓底部，把灭火器颠倒过来，轻轻抖动几下，喷出泡沫，进行灭火。

3. 扑救化工火灾的基本对策

扑救化学品火灾时，应注意以下事项：灭火人员不应单独灭火；出口应始终保持清洁和畅通；要选择正确的灭火剂；灭火时还应考虑人员的安全。

扑救初期火灾时应注意：迅速关闭火灾部位的上下游阀门，切断进入火灾事故地点的一切物料；在火灾尚未扩大到不可控制之前，应使用移动式灭火器，或现场其他各种消防设备、器材扑灭初期火灾和控制火源。

为防止火灾危及相邻设施，可采取以下保护措施：对周围设施及时采取冷却保护措施；迅速转移受火势威胁的物资；有的火灾可能造成易燃液体外流，这时可用沙袋或其他材料筑堤拦截流淌的液体或挖沟导流将物料导向安全地点；用毛毡、草帘堵住下水井口、阴井口等处，防止火焰蔓延。

扑救危险化学品火灾决不可盲目行动，应针对每一类化学品，选择正确的灭火剂和灭火方法来安全地控制火灾。化学品火灾的扑救应由专业消防队来进行，其他人员不可盲目行动，应待消防队到达后，介绍物料介质特性，配合扑救。

内容小结

1）燃烧三要素包括有可燃物存在、有助燃物存在、有导致着火的能源。

2）燃烧四面体学说：除燃烧三要素外，还应使链锁反应不受抑制。

3）按照燃烧起因，燃烧可分为闪燃、点燃和自燃三种。其特征参数分别为闪点、着火点和自燃点。

4）燃烧三大理论：活化能理论、过氧化物理论、链锁反应理论。

5）根据爆炸性质不同，爆炸可分为物理爆炸和化学爆炸两类。

6）爆炸极限受初始温度、初始压力、介质、容器、点火能源、点火位置、含氧量等因素的影响。

7）复杂组分的可燃气体混合物的爆炸极限可用 Le Chatelier 公式计算；而含有惰性气体

的可燃气体混合物的爆炸极限，在计算惰性气体含量时需去除空气中所含的惰性气体。

8）计算爆炸温度的理论依据是反应后物质的热力学能和=反应前物质的热力学能和+物质燃烧产生的热量；计算爆炸压力时需根据气体状态方程进行计算。

9）防火防爆的三个基本措施：控制可燃可爆物质；尽可能消除或隔离所有着火源；采取工程设防措施减轻火灾爆炸事故的危害。

学习自测

3-1　何谓燃烧？燃烧具有哪些特点？

3-2　燃烧“三要素”是什么？何谓燃烧“四面体”？

3-3　什么叫闪点？哪些因素可影响闪点值？

3-4　什么叫自燃点？自燃点的影响因素有哪些？

3-5　什么叫氧指数？

3-6　什么叫最小点火能量？

3-7　引起自热自燃的热源有哪些？试举例说明。

3-8　燃气燃烧速度的主要影响因素有哪些？

3-9　燃烧形式有哪几种？

3-10　物理爆炸和化学爆炸的特征各是什么？

3-11　什么叫爆炸极限？为什么可燃气与空气（或氧气）的混合气在爆炸上限以上或下限以下时不会爆炸？

3-12　影响爆炸极限的因素有哪些？如何影响？

3-13　如何判断物理爆炸是在正常操作压力还是在超压情况下发生的？

3-14　已知在1atm（1atm=101.325kPa）下，乙醇在闪点时的蒸气分压为25.08mmHg（1mmHg=133.322Pa），求乙醇的L_x。

3-15　有一混合物各组分的体积分数φ(%)见表3-19：

表3-19　题3-15混合气组分体积分数

物料	φ（%）	物料	φ（%）
乙烷	0.50	乙烯	0.50
甲烷	1.00	空气	98.00

试计算在常温和1atm（101.325kPa）时的爆炸上、下限。

3-16　试计算CO-空气混合物爆炸时的最高温度和压力。已知Q_{CO}=280.3kJ/mol，初温为300K，初始压力为0.1MPa。

3-17　试计算CO-空气混合物在CO的体积分数为20%时爆炸的理论最高温度与压力。已知初始温度T_c=300K，初始压力p_c=0.1MPa。

3-18　按可燃气体完全燃烧时，化学理论浓度法分别计算甲醇、甲烷的L_x。

3-19　已知某装置尾气的混合组分和爆炸极限如下：

组分	φ（%）	爆炸极限 φ（%）
甲烷	1.75	5~15
乙烷	1.30	3~15.5
丙烷	0.95	2.1~9.5
氮气	75.84	
氧气	20.16	

问：此混合气体在系统内有无爆炸危险？

3-20　为何要控制可燃可爆物质？控制可燃可爆物质的方法有哪些？

3-21　防爆泄压装置对压力容器安全运行起什么作用？安全阀和爆破片各有哪些优缺点？分别适合在何种场合使用？

第4章 泄漏扩散分析与控制

学 习 目 标

1）掌握压力容器的常见泄漏源及泄漏量计算方法。
2）掌握泄漏物质扩散方式及影响因素。
3）熟悉泄漏物质扩散分析方法。
4）掌握泄漏控制方法及预防措施。

过程工业中的火灾爆炸、人员中毒事故很多是由于物料的泄漏引起的。充分准确地判断泄漏量的大小，掌握泄漏后有毒有害、易燃易爆物料的扩散范围，对确定现场救援与实施现场控制处理的措施非常重要。因泄漏而导致事故危害在很大程度上取决于有毒有害、易燃易爆物料的泄漏速度和泄漏量。泄漏速度的快慢，决定了单位时间内泄漏量的大小；物料的物理状态在泄漏至空气后发生变化，则对危害范围的影响非常明显。例如，常压下为液态的物料泄漏后四处流淌，并在某温度下蒸发为气体，发生扩散；此外，经加压压缩、液化在常温下储存的物料，一旦泄漏至空气中将迅速膨胀、汽化为常压下的气体，这些气体在短时间内就会迅速扩散至大范围空间，其危害范围明显扩大，如液化石油气、液氨、液氯的泄漏就是明显的事例。此外，泄漏物质的扩散不仅根据物态、性质的不同而变化，还受当时气象条件、泄漏处的地表情况所影响。为了对可能发生的重大事故进行充分的预测预警，本章基于与影响泄漏严重程度有关的传质学、流体力学、大气扩散学等学科的基本原理来描述可能发生的泄漏形式、扩散过程，从而为评价待建和在建项目、在役装置的危险程度，建立针对性的应急事故救援预案，为实施有效的现场控制与处理提供科学依据和参考。

4.1 常见泄漏源及泄漏量计算

4.1.1 常见泄漏源

一般情况下，可以根据泄漏面积的大小和泄漏持续时间的长短，将泄漏源分为两类：一是小孔泄漏，此种情况通常为物料经较小的孔洞长时间持续泄漏，如反应器、储罐、管道上出现小孔，或者是阀门、法兰、机泵、转动设备等处密封失效引起的泄漏；二是指经较大孔洞在很短时间内的大面积泄漏，如大管径管线断裂、爆破片爆裂、反应器因超压爆炸等瞬间

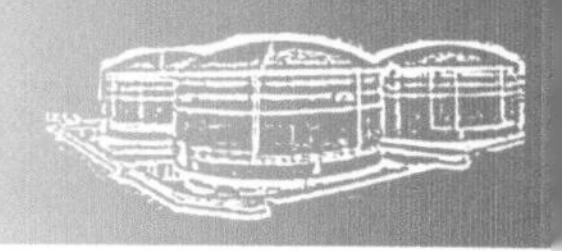

泄漏出大量物料。图 4-1 和图 4-2 简单示意了各种类型的有限孔泄漏的情况。

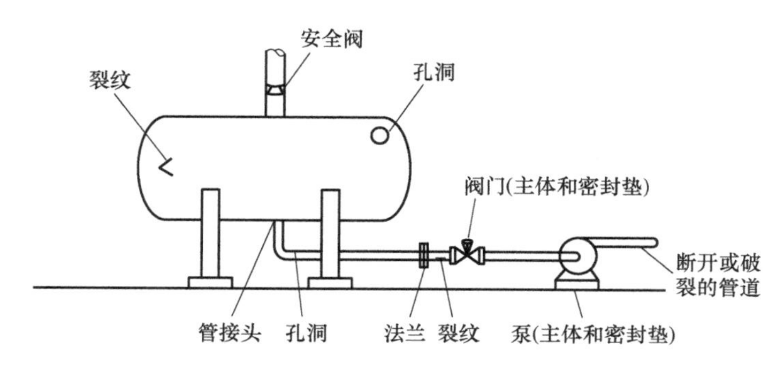

图 4-1　化工厂中常见的泄漏

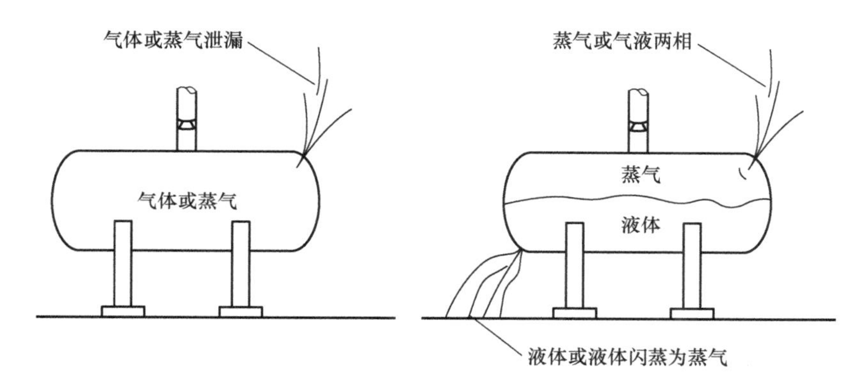

图 4-2　蒸气和液体的泄漏

图 4-1 所示为化工厂中常见的泄漏情况，物料从储罐和管道上的孔洞和裂纹，法兰、阀门和泵体的裂缝以及严重破坏或断裂的管道中泄漏出来。

图 4-2 所示为蒸气和液体以单相或两相状态从容器中泄漏出来的过程，体现了物料的物理状态对泄漏过程的影响。对于存储于罐内的液体，储罐内液面以下的裂缝会导致液体泄漏出来。如果液体的存储压力大于其在大气环境下的沸点所对应的压力，那么液面以下的裂缝将导致泄漏的液体一部分闪蒸为蒸气。由于液体的闪蒸，可能会形成小液滴或雾滴，随风扩散开来。而液面以上的蒸气空间的裂缝能够导致蒸气流或气液两相流的泄漏。

4.1.2　泄漏量计算

泄漏量计算是泄漏分析与控制的重要内容，根据泄漏量可以进一步研究泄漏物质的情况。当发生泄漏的设备的裂口规则、裂口尺寸已知，泄漏物的热力学、物理化学性质及参数可查到时，可以根据流体力学中的有关方程计算泄漏量；当裂口不规则时，采用等效尺寸代替进行简化；当考虑泄漏过程中的压力变化等情况时，往往采用经验公式来进行计算。

为了能够预测和估算发生泄漏时的泄漏速度、泄漏量、泄漏时间等，可以建立如下泄漏源模型来描述物质的泄漏过程：

1）工艺单元中液体经小孔泄漏的源模式。

2）储罐中液体经小孔泄漏的源模式。

3）液体经管道泄漏的源模式。

4）气体或蒸气经小孔泄漏的源模式。

5）闪蒸液体的泄漏源模式。

6）易挥发液体蒸发泄漏的源模式。

针对不同的工况条件和泄漏源情况，应选用相应的泄漏源模式进行泄漏速度、泄漏量、泄漏时间的分析与计算，预测或确定其影响程度。值得注意的是，由于对当时情况下的物料性质和泄漏过程的精确判断存在一定的难度，因此应用泄漏源模式预测的结果与实际情况可能存在偏差。

1. 工艺单元中液体经小孔泄漏

液体经小孔泄漏时，假设系统与外界无热交换，此时不同液体流动的能量形式应该遵守如下的机械能守恒方程，即

$$\int \frac{\mathrm{d}p}{\rho} + \Delta \frac{\alpha u^2}{2} + \Delta gz + F = \frac{W_s}{m} \tag{4-1}$$

式中 p——压力（Pa）；

ρ——流体密度（kg/m^3）；

α——动能校正因子；

u——流体平均速度（m/s），简称流速；

g——重力加速度（m/s^2）；

z——高度（m），以基准面为起始计量高度；

F——阻力损失（J/kg）；

W_s——轴功（J）；

m——质量（kg）。

其中动能校正因子 α 值与速度分布有关，因此需应用速度分布曲线进行计算。为简化分析与计算，工程上通常假设出现泄漏时速度分布比较均匀，据此从工程计算角度出发，将 α 值近似取为1。对于不可压缩的流体，密度恒为常数，可得

$$\int \frac{\mathrm{d}p}{\rho} = \frac{\Delta p}{\rho} \tag{4-2}$$

在泄漏过程中暂不考虑轴功，$W_s=0$，则式（4-1）可简化为

$$\frac{\Delta p}{\rho}+\frac{\Delta u^2}{2}+\Delta gz+F=0 \tag{4-3}$$

设工艺单元中的液体在稳定的压力作用下，经薄壁小孔泄漏（图4-3），此时容器内的压力为 p_1，小孔直径为 d，孔面积为 A，容器外为大气压力，忽略容器内液体流速的变化，同时不考虑摩擦损失和液位变化，利用式（4-3），可得

$$\frac{\Delta p}{\rho}+\frac{\Delta u^2}{2}=0 \tag{4-4}$$

$$u=\sqrt{\frac{2p_1}{\rho}} \tag{4-5}$$

$$q_m=\rho uA=A\sqrt{2p_1\rho} \tag{4-6}$$

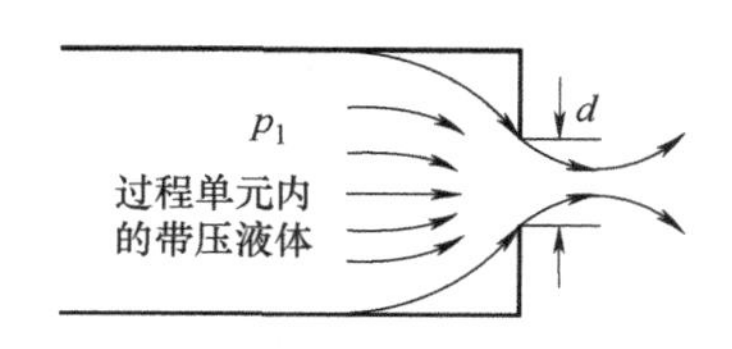

图 4-3　液体在稳定压力作用下经薄壁小孔泄漏

式中　q_m——单位时间内流体流过任一截面的质量，称为质量流量（kg/s）。

考虑到因惯性引起的截面收缩以及摩擦引起的速度变化（降低），引入孔流系数 C_0，孔流系数 C_0 表示的是实际流量与理想流量的比值。则经小孔泄漏的实际质量流量为

$$q_m = \rho u A C_0 = A C_0 \sqrt{2 p_1 \rho} \tag{4-7}$$

研究表明，对于不同形状的小孔，如修圆小孔（图 4-4），孔流系数 C_0 值约为 1；当雷诺数 $Re>10^5$ 时的薄壁小孔（壁厚≤$d/2$），C_0 值约为 0.61；厚壁小孔（$d/2$<壁厚≤$4d$），或在容器孔处外伸有一段短管（图 4-5），则 C_0 值约为 0.81。由此可见，在相同的截面积和压力差条件下，厚壁小孔和短管泄漏的孔流系数比薄壁小孔的孔流系数要大，前者的实际泄漏量是后者的 1.33 倍。在很多实际情况下，往往难以确定泄漏孔的孔流系数，此时，为了保持足够的安全裕度，确保估算出最大的泄漏量和泄漏速度，C_0 值一般都近似取为 1。

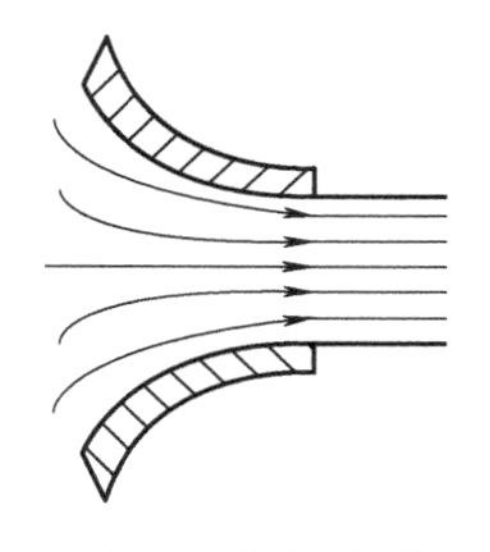

图 4-4　修圆小孔

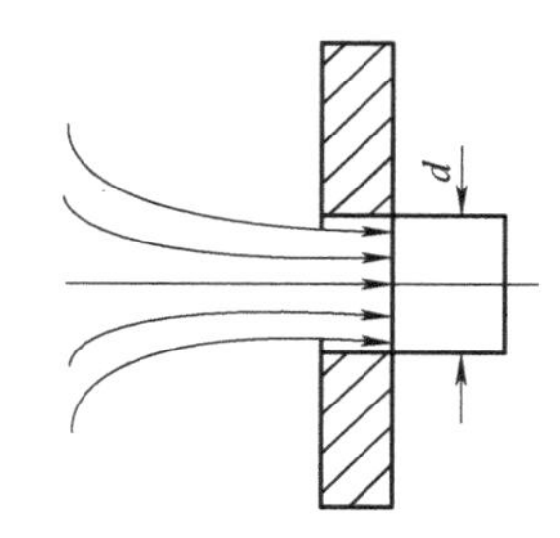

图 4-5　厚壁小孔或器壁连有短管

2. 储罐中液体经小孔泄漏

如图 4-6 所示的液体储罐，距其液位高度 z_0 处有一小孔，在静压能和势能的作用下，储罐中的液体经小孔向外泄漏。

泄漏过程可由式（4-1）机械能守恒方程描述，储罐内的液体流速可以忽略。储罐内的液体压力为 p_g，外部为大气压力（表压 $p=0$）。如前定义孔流系数，有

图 4-6　储罐中的液体泄漏

$$\frac{\Delta p}{\rho} + \Delta g z + F = C_0^2 \left(\frac{\Delta p}{\rho} + \Delta g z \right) \tag{4-8}$$

将式（4-8）代入式（4-3）中，求出泄漏速度

$$u = C_0 \sqrt{\frac{2 p_g}{\rho} + 2 g z} \tag{4-9}$$

若小孔截面面积为 A，则质量流量 q_m 为

$$q_m = \rho u A = \rho A C_0 \sqrt{\frac{2 p_g}{\rho} + 2 g z} \tag{4-10}$$

由式（4-9）和式（4-10）可见，随着泄漏过程的延续，储罐内液位高度不断下降，泄漏速度和质量流量均随之降低。若储罐通过呼吸阀或弯管与大气连通，则内外压力差 Δp 为0，式（4-10）可简化为

$$q_m=\rho uA=\rho AC_0\sqrt{2gz} \tag{4-11}$$

若储罐的横截面面积为 A_0，则可经小孔泄漏的最大液体总量为

$$m=\rho A_0z_0 \tag{4-12}$$

取一微元时间内液体的泄漏量

$$\mathrm{d}m=\rho A_0\mathrm{d}z \tag{4-13}$$

考虑到储罐内液体质量的变化速率即为泄漏的质量流量，有

$$\frac{\mathrm{d}m}{\mathrm{d}t}=-q_m \tag{4-14}$$

将式（4-11）、式（4-13）代入式（4-14），得到

$$\frac{\mathrm{d}z}{\mathrm{d}t}=-\frac{C_0A}{A_0}\sqrt{2gz} \tag{4-15}$$

根据边界条件：$t=0$，$z=z_0$；$t=t$，$z=z$，对上式进行分离变量积分，有

$$\sqrt{2gz}-\sqrt{2gz_0}=\frac{-gC_0A}{A_0}t \tag{4-16}$$

当液体泄漏至泄漏点液位后，泄漏停止，$z=0$，根据上式可得到总的泄漏时间为

$$t=\frac{A_0}{C_0gA}\sqrt{2gz_0} \tag{4-17}$$

将式（4-16）代入到式（4-11），可以得到随时间变化的质量流量为

$$q_m=\rho C_0A\sqrt{2gz_0}-\frac{\rho gC_0^2A^2}{A_0}t \tag{4-18}$$

如果储罐内盛装的是易燃液体，为防止可燃蒸气大量泄漏至空气中，或空气大量进入储罐内的气相空间形成爆炸性混合物，通常情况下会采取通氮气保护的措施。液体表压为 p_g，内外压差即为 p_g。根据式（4-10）、式（4-12）、式（4-13）和式（4-14），同理得到

$$\frac{\mathrm{d}z}{\mathrm{d}t}=-\frac{C_0A}{A_0}\sqrt{\frac{2p_g}{\rho}+2gz} \tag{4-19}$$

$$z=z_0-\frac{C_0A}{A_0}\sqrt{\frac{2p_g}{\rho}+2gz_0}+\frac{g}{2}\left(\frac{C_0A}{A_0}\right)^2t^2 \tag{4-20}$$

将式（4-20）代入式（4-10）得到任意时刻的质量流量 q_m 为

$$q_m=\rho C_0A\sqrt{\frac{2p_g}{\rho}+2gz_0}-\frac{\rho gC_0^2A^2}{A_0}t \tag{4-21}$$

根据上式可求出不同时间泄漏的质量流量。

例 4-1 如图 4-7 所示某一盛装丙酮液体的储罐，上部装设有呼吸阀与大气连通，在其下部有一泄漏孔，直径为 4cm。已知丙酮的密度为 $800\mathrm{kg}\cdot\mathrm{m}^{-3}$，求：

1）最大泄漏质量。

2）泄漏质量流量随时间变化的表达式。

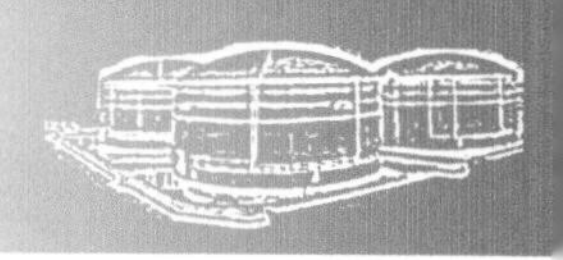

3）最大泄漏时间。

4）泄漏量随时间变化的表达式。

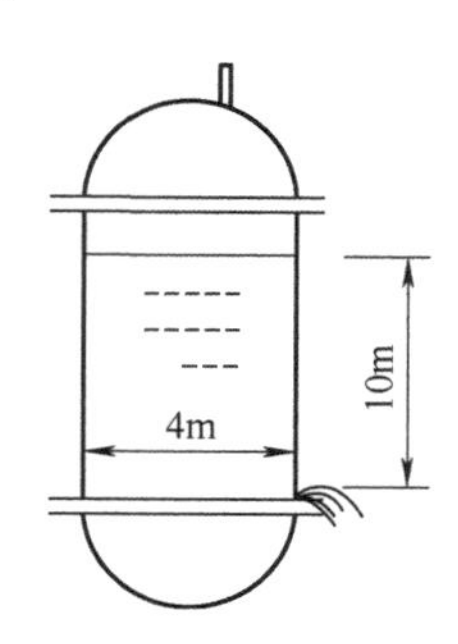

图 4-7　储罐中的液体泄漏

解：1）最大泄漏质量即为泄漏点液位以上的液体质量

$$m=\rho A_0 z_0=800\times\frac{\pi}{4}\times4^2\times10\text{kg}=100480\text{kg}$$

2）泄漏质量流量（单位为 kg/s）随时间变化的表达式，C_0 取值为 1，则

$$q_m=\rho C_0 A\sqrt{2gz_0}-\frac{\rho g C_0^2 A^2}{A_0}t$$

$$=800\times1\times\frac{\pi}{4}\times0.04^2\times\sqrt{2\times9.8\times10}-\frac{800\times9.8\times1^2\times\left(\frac{\pi}{4}\times0.04^2\right)^2}{\frac{\pi}{4}\times4^2}t$$

$$=14.07-0.000985t$$

3）令泄漏质量流量时间表达式的左侧为 0，即得最大泄漏时间

$$t=14285\text{s}=3.97\text{h}$$

4）考虑任一时间内总的泄漏量为泄漏质量流量对时间的积分，可得泄漏量（单位为 kg）为

$$m=\int_0^t q_m\text{d}t=14.07t-0.0004925t^2$$

给定任意泄漏时间，即可得到已经泄漏的液体总量。

3. 液体经管道泄漏

在化工生产中，通常采用圆形管道输送流体，如图 4-8 所示。如果管道发生爆裂、折断或因误拆盲板等，均可造成液体经管口泄漏，泄漏过程可用式（4-3）描述，其中阻力损失 F 的计算是估算泄漏速度和泄漏量的关键。考虑到液体在管道中流动的实际情况，可将管道中的流动阻力分为直管阻力和局部阻力两部分。直管阻力是流体与管壁间的摩擦而产生的阻力；局部阻力则是流体流经管路中的阀门、弯头等时，由于速度或方向发生改变而产生的阻力。分析中略去了公式的推导过程，直接引用阻力计算的有关公式进行。

（1）直管阻力计算　可利用范宁（Fanning）公式计算直管阻力，该公式如下：

$$F=\eta\frac{l}{d}\frac{u^2}{2} \tag{4-22}$$

式中 η——摩擦系数；

l——管长（m）；

d——管径（m）。

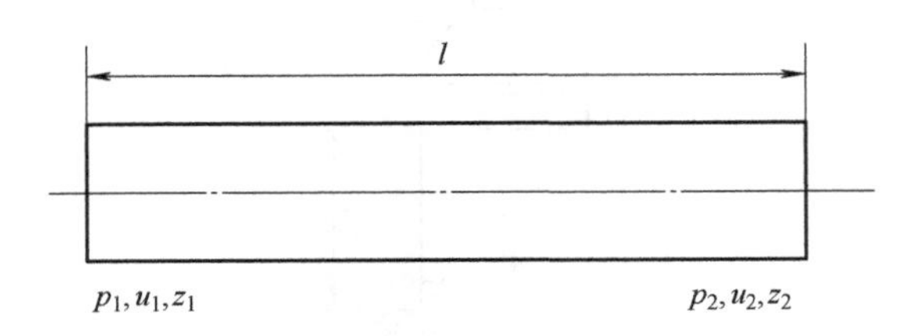

图 4-8 圆管内的液体流动

其余符号和意义同前，摩擦系数 η 的计算与表征流体流动类型的参数——雷诺数有关。雷诺数与管径、流速、流体密度和黏度有关，是量纲为一的参数，以 Re 表示，$Re=du\rho/\mu$。根据雷诺数的大小可以判断流体流动类型为层流、湍流还是过渡流。

由流体力学理论可知，当雷诺数 $Re\leqslant2000$ 时为层流，有

$$\eta=\frac{64}{Re}$$

当雷诺数 $2000<Re\leqslant4000$ 时，属于由层流向湍流过渡，此时层流或湍流的 η 计算式均可应用。为安全起见，工程上常将过渡流视为湍流处理。对于过渡流，可用扎依钦科的经验公式作为判断的参考，有

$$\eta=0.0025Re^{1/3}$$

当雷诺数 $Re>4000$ 时为湍流，此时的 η 不仅与 Re 有关，还与相对粗糙度 ε/d 有关。ε 为管壁粗糙度，是指管壁上突出物的平均高度，如果没有实测 ε 值，则可查表 4-1；d 为圆管内径。

对于光滑管：

1）$4000<Re<10^5$ 时，有 Blasius 纯经验公式为

$$\eta=\frac{0.3164}{Re^{0.25}}$$

表 4-1 工业管材的粗糙度

管材	ε/mm	管材	ε/mm
铜、铝管	0.0015	新铸铁管	0.25
玻璃、塑料管	0.001	普通铸铁管	0.5
橡胶软管	0.01~0.03	旧铸铁管	1~3
无缝钢管	0.04~0.17	沥青铁管	0.12
新钢管	0.12	镀锌铁管	0.15
普通钢管	0.2	混凝土管	0.33
旧钢管	0.5~1	木材管	0.25~1.25

2）$2500<Re<10^7$ 时，有半经验公式为

$$\frac{1}{\sqrt{\eta}}=2\lg(Re\sqrt{\eta}-0.8)$$

对于粗糙管

1）$Re>2000$ 时，有 Colebrook 公式，即

$$\frac{1}{\sqrt{\eta}}=-2\lg\left(\frac{\varepsilon}{3.7d}+\frac{2.51}{Re\sqrt{\eta}}\right)$$

该公式的简化形式为阿里特苏里公式，即

$$\eta=0.11\left(\frac{\varepsilon}{d}+\frac{68}{Re}\right)^{0.25}$$

2）$Re>10000$ 时，有

$$\eta=\frac{1}{\left[2\lg\left(3.7\frac{d}{\varepsilon}\right)\right]^2}$$

此公式的简化形式为希夫林松公式，即

$$\eta=0.11\left(\frac{\varepsilon}{d}\right)^{0.25}$$

以上是采用一些公式对 η 值进行计算，也可以根据雷诺数 Re 和相对粗糙度 ε/d，用简便的办法由莫迪图（图 4-9）直接查得 η 值。

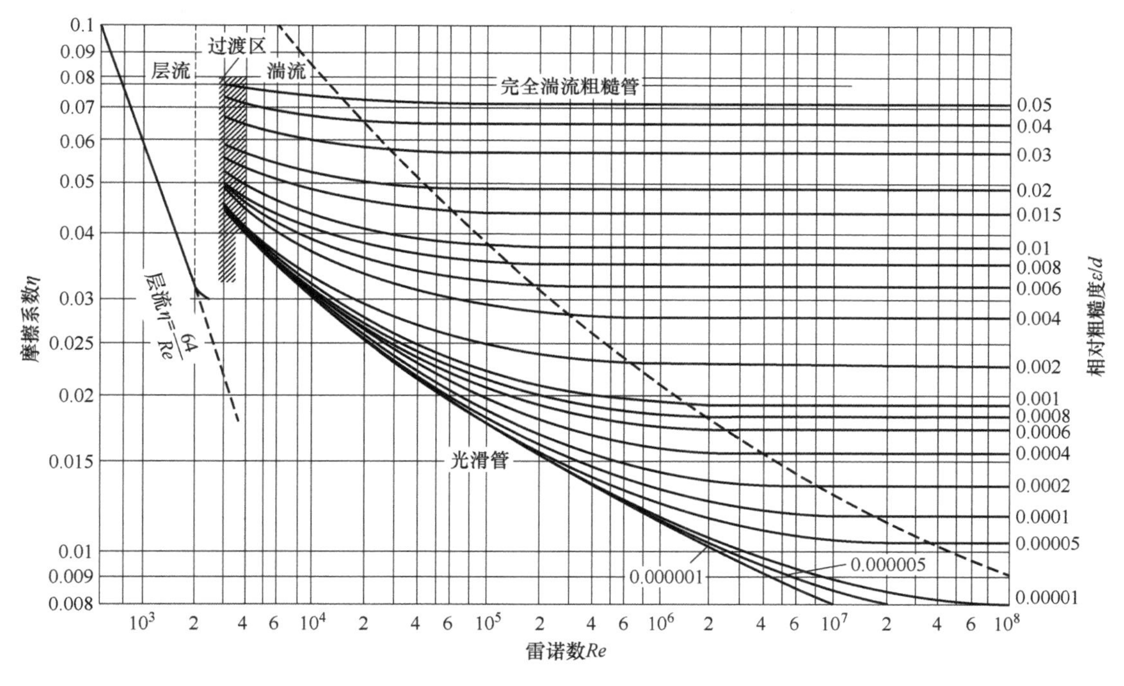

图 4-9　莫迪图

（2）局部阻力　当流体在圆管内流动时，由于管件、阀门、流通截面的扩大或缩小而

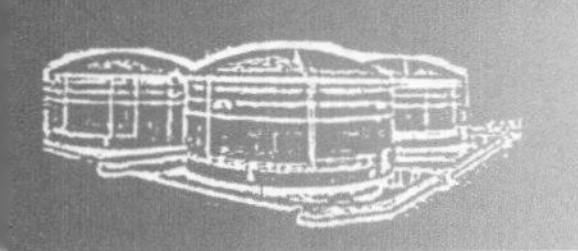

产生的流动阻力，称为局部阻力。局部阻力可按式（4-23）、式（4-24）计算，即

$$F=\eta\frac{l_e}{d}\frac{u^2}{2} \tag{4-23}$$

$$或\ F=\zeta\frac{u^2}{2} \tag{4-24}$$

在式（4-23）中，l_e称为当量长度，即将局部阻力折合成当量长度的直管来计算。在式（4-24）中，ζ为局部阻力系数，即将局部阻力折合成动能来计算。

ζ值可由表4-2、表4-3查得。ζ和l_e数据在手册或资料上也可以查到，可结合具体情况选用。

表4-2 闸阀、旋塞、蝶形阀等的局部阻力系数ζ

闸阀	开度	全开	3/4			1/2		1/4		
	ζ	0.17	0.9			4.5		24		
旋塞	开度 $\alpha/(°)$	5°	10°	15°	20°	25°	30°	40°	50°	60°
	ζ	0.05	0.29	0.75	1.56	3.10	5.47	17.3	52.6	206
蝶形阀	开度 $\alpha/(°)$	5°	10°	15°	20°	25°	30°	40°	50°	60°
	ζ	0.24	0.52	0.90	1.54	2.51	3.91	10.8	32.6	118
标准螺旋阀	当阀门全开时，$\zeta=2.90$									

表4-3 管件的局部阻力系数ζ

管件名称	ζ	
标准弯头	45°，$\zeta=0.35$	90°，$\zeta=0.75$
90°方形弯头	1.3	
180°回弯头	1.5	
活管接	0.4	

弯管	φ		30°	45°	60°	75°	90°	105°	120°
	R/d	1.5	0.08	0.11	0.14	0.16	0.175	0.19	0.20
		2.0	0.07	0.10	0.12	0.14	0.15	0.16	0.17

突然扩大	$\zeta=(1-A_1/A_2)^2$										
	A_1/A_2	0	0.1	0.2	0.3	0.4	0.5	0.6	0.7	0.8	0.9	1.0
	ζ	1	0.81	0.64	0.49	0.36	0.25	0.16	0.09	0.04	0.01	0

突然缩小	$\zeta=0.5(1-A_1/A_2)^2$										
	A_1/A_2	0	0.1	0.2	0.3	0.4	0.5	0.6	0.7	0.8	0.9	1.0
	ζ	0.5	0.45	0.40	0.35	0.30	0.25	0.20	0.15	0.10	0.05	0

（续）

管件名称	ζ			
流入大容器的出口	$\zeta=1$（用管中流速）			
入管口（容器→管）	$\zeta=0.5$	$\zeta=0.04$	$\zeta=3\sim1.3$	$\zeta=0.5+0.5\cos\theta+0.2\cos^2\theta$

（3）总的阻力损失计算　总的阻力损失为直管阻力和局部阻力损失之和。

$$F=\eta\frac{l+\sum l_e}{d}\frac{u^2}{2}\text{或}$$

$$F=\eta\frac{l}{d}\frac{u^2}{2}+\sum\zeta\frac{u^2}{2} \tag{4-25}$$

例 4-2　如图 4-10 所示有一含苯污水储罐，气相空间表压为 0，在下部有一直径 100mm 的输送管线通过一闸阀与储罐相连。在苯输送过程中闸阀全开，在距储罐 20m 处，管线突然断裂。已知水的密度为 $1000\text{kg}\cdot\text{m}^{-3}$，黏度 $\mu=1.0\times10^{-3}\text{kg}\cdot\text{m}^{-1}\cdot\text{s}^{-1}$，试计算含苯污水泄漏的最大质量流量。

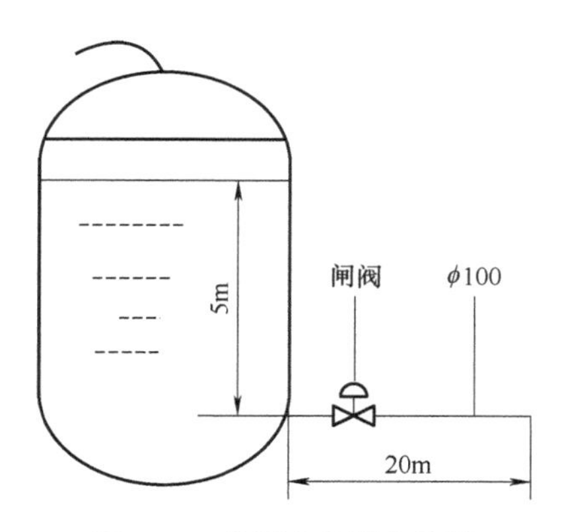

图 4-10　常压含苯污水储罐

解： 考虑液面与管线断裂处为计算截面。忽略储罐内苯的流速，应用式（4-3）有

$$\Delta\frac{u^2}{2}+\Delta gz+F=0$$

总的阻力损失根据下式计算

$$F=\eta\frac{l}{d}\frac{u^2}{2}+\zeta\frac{u^2}{2}$$

查表4-2，闸阀全开，局部阻力系数为0.17。

$$\frac{l}{d}=\frac{20}{0.1}=200$$

所以，雷诺数 $$Re=\frac{du\rho}{\mu}=\frac{0.1\times u\times 1000}{1.0\times 10^{-3}}=10^5u$$

设管道为光滑管，选用Blasius公式计算 η，即

$$\eta=\frac{0.3164}{Re^{0.25}}$$

则总的阻力损失为

$$F=\frac{0.314}{(10^5u)^{0.25}}\times 200\times\frac{u^2}{2}+0.17\times\frac{u^2}{2}=1.78u^{1.75}+0.085u^2$$

将已知数据代入式（4-3）整理，有 $1.17u^2+3.4u^{1.75}=98$，假设流速 u 的数值，代入上式，直至两端相等。

$u=5.6\text{m/s}$，左端=106.0；

$u=5.4\text{m/s}$，左端=99.2；

$u=5.3\text{m/s}$，左端=95.8。

由误差计算可得（99.2−98）/98=1.2%，据此可认为误差足够小。

验证雷诺数

$$Re=\frac{du\rho}{\mu}=\frac{0.1\times 5.4\times 1000}{1.0\times 10^{-3}}=5.4\times 10^5$$

符合Blasius公式的应用条件，说明得到的流速结果正确，则泄漏的最大质量流量为

$$q_m=\rho uA=1000\times 5.4\times\frac{\pi}{4}\times 0.1^2\text{kg/s}=42.39\text{kg/s}$$

4. 气体或蒸气经小孔泄漏

前面讨论了用机械能守恒方程描述液体的泄漏过程，其中有很重要的一条假设，即液体为不可压缩流体，密度恒定不变。而对于气体或蒸气，这条假设只有在初态和终态压力变化较小，即 $(p_0-p)/p_0<20\%$，和较低的气体流速（<0.3倍声速）的情况下，才可应用。当气体或蒸气的泄漏速度接近于该气体的声速或超过声速时，将会造成很大的压力、温度、密度变化。因此根据不可压缩流体假设得到的结论不再适用。下面讨论可压缩气体或蒸气以自由膨胀的形式经小孔泄漏的情况。

在工程上，通常将气体或蒸气近似为理想气体，其压力、密度、温度等参数遵循理想气体状态方程

$$p=\frac{R}{M}\rho T \tag{4-26}$$

式中 p——绝对压力（Pa）；

R——理想气体常数，取8.314J/(mol·K)；

M——气体摩尔质量（kg/mol）；

ρ——密度（$\mathrm{kg/m^3}$）；

T——热力学温度（K）。

气体或蒸气在小孔内绝热流动，其压力密度关系可用绝热方程或称等熵方程描述，即

$$\frac{p}{\rho^{\kappa}}=\text{常数} \tag{4-27}$$

式中　κ——等熵指数，是定压比热容与定容比热容的比值，$\kappa=c_p/c_V$。几种类型气体的等熵指数见表 4-4。

此外也可按表 4-5 近似选取气体等熵指数。

表 4-4　几种气体的等熵指数

气体	空气、氢气、氧气、氮气	水蒸气、油燃气	甲烷、过热蒸汽
κ	1.40	1.33	1.30

表 4-5　等熵指数

气体	单原子分子	双原子分子	三原子分子
κ	1.67	1.40	1.32

如图 4-11 所示的气体或蒸气经小孔泄漏的过程。轴功为 0，忽略势能变化，则机械能守恒方程式（4-1）简化为

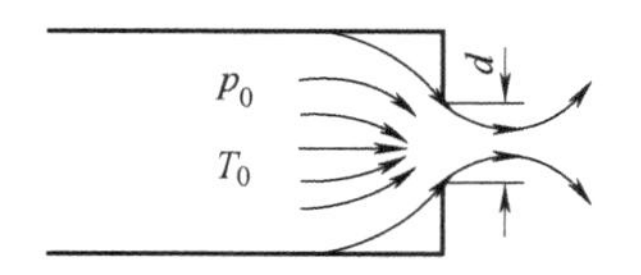

图 4-11　气体或蒸气经小孔泄漏

$$\int\frac{\mathrm{d}p}{\rho}+\frac{\Delta u^2}{2}+F=0 \tag{4-28}$$

如式（4-28）定义孔流系数为

$$\int\frac{\mathrm{d}p}{\rho}+F=C_0^2\int\frac{\mathrm{d}p}{\rho} \tag{4-29}$$

将式（4-29）代入式（4-28），忽略气体或蒸气的初始动能，得到

$$C_0^2\int_{p_0}^{p}\frac{\mathrm{d}p}{\rho}+\frac{u^2}{2}=0 \tag{4-30}$$

由式（4-27）得到

$$\rho=\rho_0\left(\frac{p}{p_0}\right)^{1/\kappa} \tag{4-31}$$

将式（4-31）代入式（4-30），积分得

$$u=C_0\sqrt{\frac{2\kappa}{\kappa-1}\frac{RT_0}{M}\left[1-\left(\frac{p}{p_0}\right)^{(\kappa-1)/\kappa}\right]} \tag{4-32}$$

由式（4-31）、式（4-32）得到泄漏质量流量为

$$q_m=\rho uA=C_0\rho_0A\sqrt{\frac{2\kappa}{\kappa-1}\frac{RT_0}{M}\left[\left(\frac{p}{p_0}\right)^{2/\kappa}-\left(\frac{p}{p_0}\right)^{(\kappa+1)/\kappa}\right]} \tag{4-33}$$

根据理想气体状态方程，有

$$\rho_0=\frac{p_0 M}{RT_0} \tag{4-34}$$

将式（4-34）代入式（4-33），有

$$q_m=C_0 p_0 A\sqrt{\frac{2\kappa}{\kappa-1}\frac{M}{RT_0}\left[\left(\frac{p}{p_0}\right)^{2/\kappa}-\left(\frac{p}{p_0}\right)^{(\kappa+1)/\kappa}\right]} \tag{4-35}$$

从安全工作的角度考虑，我们关注的是经小孔泄漏的气体或蒸气的最大流量。通过对式（4-35）分析，可以发现泄漏质量流量是由前后压力的比值所决定的。若以压力比 p/p_0 为横坐标，以流量 q_m 为纵坐标，根据式（4-35）可得到图 4-12 中的 abc 曲线，在该流量曲线中存在最大值。当 $p/p_0=1$ 时，小孔前后的压力相等，$q_m=0$；当 $p/p_0=0$ 时，气体或蒸气流向绝对真空，$\rho=0$，故 $q_m=0$。令 $\mathrm{d}q_m/\mathrm{d}(p/p_0)=0$，可求得极值条件。

$$\frac{p_c}{p_0}=\left(\frac{2}{\kappa+1}\right)^{\kappa/\kappa-1} \tag{4-36}$$

其中，p_c称为临界压力。

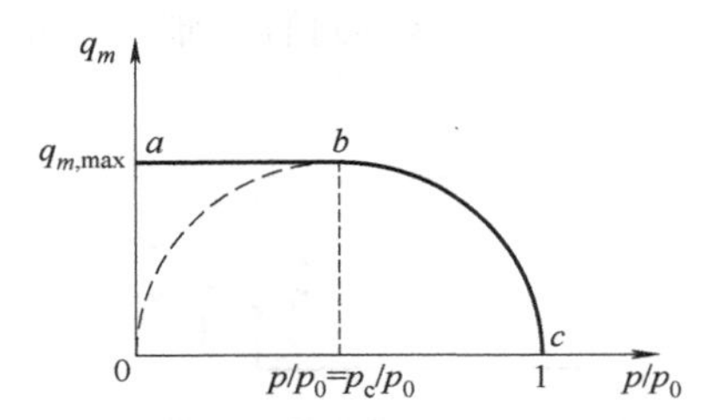

图 4-12 流量曲线

将式（4-36）代入式（4-32）和式（4-35）可得到最大流速和最大流量，即

$$u=C_0\sqrt{\frac{2\kappa}{\kappa+1}\frac{RT_0}{M}} \tag{4-37}$$

$$q_m=C_0 p_0 A\sqrt{\frac{\kappa M}{RT_0}\left(\frac{2}{\kappa+1}\right)^{(\kappa+1)/(\kappa-1)}} \tag{4-38}$$

由图（4-12）可以发现，当 $p>p_c$ 时，气体或蒸气流速低于声速，如图 4-12 中 bc 段曲线所示；当 $p=p_c$ 时，气体或蒸气的泄漏速度刚好可能达到如式（4-37）所示的最大流速，实际上就是气体或蒸气中的声速；当 $p<p_c$ 时，理论上气体或蒸气似乎可以充分降压、膨胀、加速，但是根据气体流动力学的原理，气体的泄漏速度不可能超过声速，可以认为，这时其泄漏速度和质量流量与 $p=p_c$ 时相同，因此在图 4-12 中以 ab 线表示。在化工生产中发生的气体或蒸气泄漏，很多属于最后一种情况。

例 4-3 在某生产厂有一空气柜，因外力撞击，在空气柜一侧出现一小孔。小孔面积为 $19.6\mathrm{cm}^2$，空气柜中的空气经此小孔泄漏入大气。已知空气柜中的压力为 $2.5\times10^5\mathrm{Pa}$，温度 T_0 为 330K，大气压力为 $10^5\mathrm{Pa}$，等熵指数 $\kappa=1.40$。求空气泄漏的最大质量流量。

解：先根据式（4-36）判断空气泄漏的临界压力，有

$$p_c=p_0\left(\frac{2}{\kappa+1}\right)^{\kappa/(\kappa-1)}=2.5\times10^5\left(\frac{2}{1.4+1}\right)^{1.4/(1.4-1)}\mathrm{Pa}=1.35\times10^5\mathrm{Pa}$$

大气压力为 10^5Pa，小于临界压力，则空气泄漏的最大质量流量可按式（4-38）计算，即

$$q_m = C_0 p_0 A\sqrt{\frac{\kappa M}{RT_0}\left(\frac{2}{\kappa+1}\right)^{(\kappa+1)/(\kappa-1)}}$$

C_0 值取为 1，则

$$q_m = 1\times2.5\times10^5\times19.6\times10^{-4}\sqrt{\frac{1.4\times29\times10^{-3}}{8.314\times330}\times\left(\frac{2}{1.4+1}\right)^{(1.4+1)/(1.4-1)}}\ \text{kg/s} = 1.09\text{kg/s}$$

若 C_0 值取为 0.61，则空气泄漏的最大质量流量为

$$q_m = 0.61\times1.09\text{kg/s} = 0.665\text{kg/s}$$

5. 闪蒸液体的泄漏

为了储存和运输方便，通常采用加压液化的方法来储存某些气体，储存温度在其正常沸点之上，如液氯、液氨等。这类液化气体一旦泄漏入大气，因压力在瞬间大幅降低，液化气体将从高压下的气液平衡状态转变为常压下的气液平衡状态，其中一部分就会迅速汽化为气体，液相部分的温度则由储存时的温度降至常压下的沸点温度，这种现象称之为闪蒸。闪蒸发生后，液体继续吸收环境热量，进一步蒸发汽化。由于闪蒸过程是在瞬间内完成的，因此可以认为是绝热过程。有

$$m_q = \frac{m_Q(h_1 - h_2)}{r} \tag{4-39}$$

式中　m_q——蒸发气量（kg）；

m_Q——液体泄漏量（kg）；

h_1——液体储存温度 T_0 时的比焓（kJ/kg）；

h_2——常压下液体沸点 T 时的比焓（kJ/kg）；

r——液体温度 T 时的蒸发潜热（kJ/kg）。

蒸发气量 m_q 与液体泄漏量 m_Q 的比值 m_q/m_Q 称为闪蒸率。表 4-6 给出了部分液化气体泄漏至大气中的闪蒸率及有关参数。

表 4-6　部分液化气体的闪蒸率

气体名称	沸点/℃	汽化热/kJ · kg^{-1}	h_1/kJ · kg^{-1}	h_2/kJ · kg^{-1}	闪蒸率	气液体积比
氯	-34.05	68.84	71.6	57.2	0.209	445.3
氨	-33.4	327.42	66.9	7.1	0.183	799.9
丙烷	-42.1	101.1	35.7	-1.13	0.364	253.8
丙烯	-47.7	104.7	186.0	149.7	0.346	272.6
丁烷	-0.5	92.15	-419.3	-430.7	0.124	224.3

从表 4-6 可知，当液化气体发生泄漏时，将在瞬间蒸发形成大量气体。若此气体为可燃气体，与空气混合后一旦形成爆炸性混合气，遇点火源就可能发生火灾爆炸事故；若此气体为有毒气体，则因扩散作用而覆盖大范围面积，一旦人员吸入，就可能造成大面积中毒。

6. 易挥发液体蒸发泄漏

在化工生产中使用了大量的易挥发液体，如大多数的有机溶剂、油品等。如果易挥发液体从装置或储存容器中发生泄漏，将会逐渐向大气蒸发。根据传质过程的基本原理，该蒸发

过程的传质推动力为蒸发物质的气液界面与大气之间的浓度梯度。液体蒸发为气体的摩尔通量可用下式表示

$$N=k_c\Delta C \tag{4-40}$$

式中　N——摩尔通量（$mol \cdot m^{-2} \cdot s^{-1}$）；

k_c——传质系数（$m \cdot s^{-1}$）；

ΔC——浓度梯度（$mol \cdot m^{-3}$）。

若液体在某一温度 T 下的饱和蒸气压为 p_{sat}，则在气液界面处，其浓度 C_1 可由理想气体状态方程得到

$$C_1=\frac{p_{sat}}{RT} \tag{4-41}$$

同理可以得到蒸发物质在大气中分压为 p 时的摩尔浓度，则 ΔC 可由下式表达

$$\Delta C=\frac{p_{sat}-p}{RT} \tag{4-42}$$

一般情况下，$p_{sat} \gg p$，则上式简化为

$$\Delta C=\frac{p_{sat}}{RT} \tag{4-43}$$

液体的蒸发质量流量为其摩尔通量与蒸发面积 A、蒸发物质摩尔质量 M 的乘积，即

$$q_m=NAM=\frac{k_c MAp_{sat}}{RT} \tag{4-44}$$

研究表明，在传质过程中，对流传质系数比分子扩散系数要高 1~2 个数量级。当液体向静止大气蒸发时，其传质过程为分子扩散；当液体向流动大气蒸发时，其传质过程为对流传质过程。有关传质系数的计算可参阅有关质量传递方面的书籍。

例 4-4　有一露天桶装乙醇翻倒后，致使 $2m^2$ 内均为乙醇液体。当时大气温度为 16℃，乙醇的饱和蒸气压为 4kPa，乙醇的传质系数 k_c 为 $1.2\times10^{-3}m/s$。求乙醇蒸气的质量流量。

解：先查出或计算出乙醇的摩尔质量　$M=46.07g/mol$。

根据式（4-44）计算乙醇蒸发的质量流量

$$q_m=\frac{k_c MAp_{sat}}{RT}=\frac{1.2\times10^{-3}\times46.07\times2\times4000}{8.314\times289}g/s$$
$$=0.184g/s$$

4.2　泄漏物质扩散方式及扩散模型

4.2.1　扩散方式及影响因素

化工生产中的有毒有害物质一旦由于某种原因发生泄漏，泄漏出来的物质会在浓度梯度和风力的作用下在大气中扩散，下面介绍泄漏物质扩散方式及影响因素，为泄漏危险程度的判别、事故发生控制及人员疏散区域的判定提供参考。

1. 泄漏物质扩散方式

无风条件下，泄漏物质以泄漏源为中心向四周扩散。如图 4-13 所示，可以根据泄漏物的浓度将其划分为不同的区域。

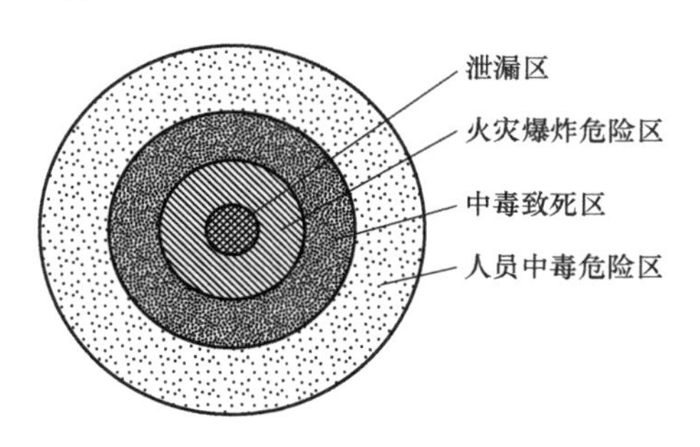

图 4-13 无风扩散模式

有风条件下，物质泄漏后，会以烟羽、烟团两种方式在空气中传播、扩散。利用扩散模式可描述泄漏物质在事故发生地的扩散过程。图 4-14 所示的烟羽扩散模式描述的是连续泄漏源泄漏物质的扩散过程。连续泄漏源通常泄漏时间较长，如连接在大型储罐上的管道穿孔、挠性连接器处出现的小孔或缝隙、烟囱的连续排放等。图 4-15 所示的烟团扩散模式描述的是瞬时泄漏源泄漏物质的扩散过程。瞬时泄漏的特点是泄漏在瞬间完成，如液化气体钢瓶破裂、瞬时冲料形成的事故排放、压力容器的安全阀异常启动、放空阀门瞬间错误开启等。泄漏物质的最大浓度是在释放发生处（可能不在地面上）。由于有毒物质与空气的湍流混合和扩散，在下风向浓度较低。

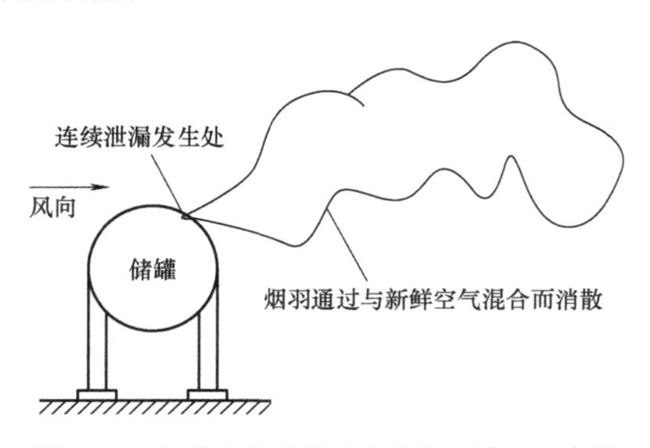

图 4-14 物质连续泄漏形成的烟羽模型示意图

2. 泄漏物质影响因素

众多因素影响着泄漏物质在大气中的扩散，如风速、大气稳定度、地面条件（建筑物、水、树）、泄漏处离地面的高度、物质释放的初始动量和浮力等。

风对泄漏出的物质有输送和稀释作用，随着风速的增大，图 4-14 中的烟羽变得又长又宽，物质向下风向输送的速度变快了，被大量空气稀释的速度也加快了。

大气稳定度表征空气是否易于发生垂直运动，即对流。假如有一团空气在外力作用下产生了向上或向下的运动，那可能出现三种情况：空气团受力移动后，逐渐减速，并有返回原来高度的趋势，这时的气层对该空气团是稳定的；空气团受力的作用，离开原位逐渐加速运

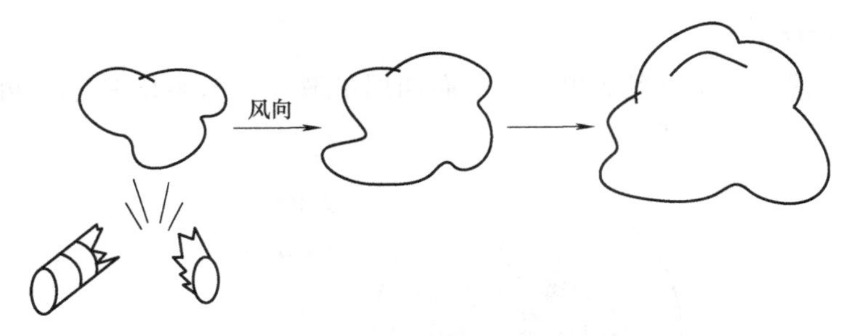

图 4-15 物质瞬时泄漏形成的烟团模型示意图

动，并有远离原来高度的趋势，这时的气层对该空气团是不稳定的；空气团被推至某一高度后，既不加速，也不减速，保持不动，这时的气层对该空气团是中性的。有毒有害、易燃易爆物质在大气中的扩散与大气稳定度密切相关。大气越不稳定，其扩散越快；大气越稳定，其扩散越慢。

地面条件影响地表的机械混合作用和随高度而变化的风速。树木和建筑物的存在会加强这种混合，而湖泊和敞开的区域则会减弱这种混合。

泄漏高度对地面浓度的影响很大。在同等源强和气象条件下，地面同等高度的物质浓度随着释放高度的增加而降低。

泄漏物质的浮力和初始动量会改变泄漏的有效高度。高速喷射所具有的动量将气体带到高于泄漏处，导致了更高的有效泄漏高度。如果气体的密度比空气小，那么泄漏的气体一开始具有浮力，向上升高；如果气体的密度比空气大，那么泄漏的气体一开始具有沉降力，向地面下沉。对于所有气体，随着气体向下风向传播和同新鲜空气混合，最终将被充分稀释，故认为其具有中性浮力。此时，扩散由周围环境的湍流所支配。

4.2.2 扩散模型

1. 湍流扩散微分方程

湍流运动是大气基本运动形式之一。由于大气是半无限介质，特征尺度很大，只要极小的风速就会有很大的雷诺数，从而达到湍流状态。因此通常认为低层大气的流动都是处于湍流状态。

对于流动的大气，根据质量守恒定律可导出泄漏物质浓度变化的湍流扩散微分方程，经简化后得

$$\frac{\partial c}{\partial t}+u\frac{\partial c}{\partial x}=K_x\frac{\partial^2 c}{\partial x^2}+K_y\frac{\partial^2 c}{\partial y^2}+K_z\frac{\partial^2 c}{\partial z^2} \tag{4-45}$$

式中 c——泄漏物质的瞬时浓度；

t——时间；

u——瞬时风速；

x、y、z——直角坐标系中各坐标轴方向；

K_x、K_y、K_z——各坐标轴方向上的扩散系数。

2. 无边界点源扩散模型

（1）瞬时泄漏点源的扩散模型

1）无风瞬时泄漏点源的烟团扩散模型。因为在无风条件下（$u=0$），瞬时泄漏点源产

生的烟团仅在泄漏点处膨胀扩散，则式（4-45）可简化为

$$\frac{\partial c}{\partial t}=K_x\frac{\partial^2 c}{\partial x^2}+K_y\frac{\partial^2 c}{\partial y^2}+K_z\frac{\partial^2 c}{\partial z^2} \tag{4-46}$$

初始条件：$t=0$ 时，$x=y=z=0$ 处，$c\to\infty$；$x\neq 0$ 处，$c\to 0$。

边界条件：$t\to\infty$ 时，$c\to 0$。

源强为 Q 的无风瞬时泄漏点源的浓度分布方程为

$$c(x,y,z,t)=\frac{Q}{8(\pi^3 t^3 K_x K_y K_z)^{1/2}}\exp\left[-\frac{1}{4t}\left(\frac{x^2}{K_x}+\frac{y^2}{K_y}+\frac{z^2}{K_z}\right)\right] \tag{4-47}$$

2）有风瞬时泄漏点源的烟团扩散模型。由于在有风条件下，烟团随风移动，并因空气的稀释作用不断膨胀，设 t 时刻烟团中心点坐标为（ut，0，0），则式（4-47）经坐标变换即得源强为 Q 的有风瞬时泄漏点源的浓度分布方程为

$$c(x,y,z,t)=\frac{Q}{8(\pi^3 t^3 K_x K_y K_z)^{1/2}}\exp\left[-\frac{1}{4t}\left(\frac{(x-ut)^2}{K_x}+\frac{y^2}{K_y}+\frac{z^2}{K_z}\right)\right] \tag{4-48}$$

（2）连续泄漏点源的扩散模型

1）无风连续泄漏点源的扩散模型。当连续泄漏点源的源强 Q 为常量时，则任意一点的浓度仅是其位置的函数，而与时间无关，可得 $\partial c/\partial t=0$；当在无风条件下时，$u=0$，则式（4-45）可简化为

$$K_x\frac{\partial^2 c}{\partial x^2}+K_y\frac{\partial^2 c}{\partial y^2}+K_z\frac{\partial^2 c}{\partial z^2}=0 \tag{4-49}$$

初始条件：$x=y=z=0$ 时，$c\to\infty$。

边界条件：x，y，$z\to\infty$ 时，$c\to 0$。

则源强为 Q 的无风连续泄漏点源的浓度分布 $c(x,y,z)$ 方程为

$$c(x,y,z)=\frac{Q}{4\pi(K_x K_y K_z)^{1/3}(x^2+y^2+z^2)^{1/2}} \tag{4-50}$$

2）有风连续泄漏点源的扩散模型。如前所述，在有风条件下，连续泄漏点源的扩散模型为烟羽形状，沿风向方向，任一 y-z 平面的泄漏物质总量等于源强 Q，即

$$Q=\int_{-\infty}^{\infty}\int_{0}^{\infty}cu\mathrm{d}y\mathrm{d}z \tag{4-51}$$

若流场稳定，则空间某一位置的泄漏物质浓度恒定，不随时间改变，可得 $\partial c/\partial t=0$。在有风条件下（$u>1\mathrm{m\cdot s^{-1}}$），因为风力产生的平流输送作用要远远大于水平方向上的分子扩散作用，有

$$u\frac{\partial c}{\partial x}\gg K_x\frac{\partial c^2}{\partial x^2} \tag{4-52}$$

此时，式（4-45）可简化为

$$u\frac{\partial c}{\partial x}=K_y\frac{\partial^2 c}{\partial y^2}+K_z\frac{\partial^2 c}{\partial z^2} \tag{4-53}$$

初始条件和边界条件与式（4-45）相同。

则源强为 Q 有风连续泄漏点源的浓度分布 $c(x,y,z)$ 方程为

$$c(x,y,z)=\frac{Q}{4\pi x(K_y K_z)^{1/2}}\exp\left[-\frac{u}{4x}\left(\frac{y^2}{K_y}+\frac{z^2}{K_z}\right)\right] \tag{4-54}$$

上述模型均考虑泄漏物质在无边界的大气中扩散，而实际上物质泄漏往往发生在地面或近地表处，所以对泄漏物质的扩散过程进行模拟时，必须考虑地面的影响。

3. 有界点源扩散模型

在考虑地面对扩散的影响时，通常按照全反射的原理，采用“像源法”来进行处理，即认为地面如同一面“镜子”，对泄漏物质既不吸收也不吸附，只起着全反射的作用。因此认为地面上任意一点的浓度是两部分的作用之和，一部分是不存在地面时的此点应具有的浓度；另一部分是由于地面全反射而增加的浓度。对于地面源，任意一点浓度 $c(x, y, z)$ 为无界条件下的2倍。对于地面上高为 H 的泄漏源，任意一点的浓度应是高为 H 的实源和高为 $-H$ 的虚源在此点的浓度之和。由此可以得到表示不同条件下的扩散模型的函数方程：

（1）无风瞬时地面点源的烟团扩散模型

$$c(x,y,z,t)=\frac{Q}{4(\pi^3t^3K_xK_yK_z)^{1/2}}\exp\left[-\frac{1}{4t}\left(\frac{x^2}{K_x}+\frac{y^2}{K_y}+\frac{z^2}{K_z}\right)\right] \tag{4-55}$$

（2）有风连续地面点源的烟羽扩散模型

$$c(x,y,z,t)=\frac{Q}{2\pi x(K_yK_z)^{1/2}}\exp\left[-\frac{u}{4x}\left(\frac{y^2}{K_y}+\frac{z^2}{K_z}\right)\right] \tag{4-56}$$

（3）有风源高为 H 连续点源的烟羽扩散模型

$$c(x,y,z)=\frac{Q}{4\pi x(K_yK_z)^{1/2}}\exp\left(-\frac{uy^2}{4K_yx}\right)\left\{\exp\left[-\frac{u(z-H)^2}{4K_zx}\right]+\exp\left[-\frac{u(z+H)^2}{4K_zx}\right]\right\} \tag{4-57}$$

式（4-57）即为高斯扩散模型。若源高 $H=0$ 时，即变为地面源扩散模型。

4. 帕斯奎尔-吉福德（Pasquill-Gifford，P-G）模型

（1）大气稳定度与扩散参数的确定　上述所建立的扩散模型均假定湍流扩散系数 K_x、K_y、K_z 为恒定值。但实际上这些参数都将随位置、时间、风速、主导气象条件的变化而发生相应的改变。为了便于应用，定义扩散参数 σ_x、σ_y、σ_z 分别为

$$\begin{cases}\sigma_x^2=2K_xt=2K_x\dfrac{x}{u}\\[2ex]\sigma_y^2=2K_yt=2K_y\dfrac{x}{u}\\[2ex]\sigma_z^2=2K_zt=2K_z\dfrac{x}{u}\end{cases} \tag{4-58}$$

扩散参数可以由现场测定，也可以在风洞中进行模拟试验来确定，还可以根据经验公式或图算法来估算。目前应用较多的估算法是P-G扩散曲线法。该方法根据常规所能观测到的气象资料划分大气稳定度级别，再利用P-G扩散曲线图直接查出下风向一定距离上的扩散参数 σ_y、σ_z 值。该方法提供了无法进行现场测定或模拟试验情况下，估算扩散参数的有效方法。

根据云量、云状、太阳辐射情况和地面风速（自地面10m高处的风速），可将大气的扩散能力从强不稳定到稳定划分为A～F六个稳定度等级。具体的分类方法见表4-7。

表 4-7　大气扩散能力的稳定度级别划分表

地面风速（距地面10m 高处）/m · s^{-1}	白天太阳辐射			阴天的白天或夜晚	有云的夜晚	
	强	中	弱		薄云遮天或低云≥5/10	云量<4/10
<2	A	A~B	B	D		
2~3	A~B	B	C	D	E	F
3~5	B	B~C	C	D	D	E
5~6	C	C~D	D	D	D	D
>6	C	D	D	D	D	D

注：1. A—极不稳定；B—不稳定；C—弱不稳定；D—中性；E—弱稳定；F—稳定。
2. A~B 按 A、B 数据内插。
3. 夜晚定义为日落前 1h 至日出后 1h。
4. 无论何种天气状况，夜晚前后各 1h 算作中性。
5. 在中纬度地区，仲夏晴天的中午为强太阳辐射，寒冬晴天中午为弱太阳辐射。云量将减少太阳辐射。例如，在晴天下应为强太阳辐射，但若有碎中云（云量 6/10~9/10），则要减至中等太阳辐射，碎低云则减至弱太阳辐射。

确定了大气稳定度级别后，就可以按照 P-G 扩散曲线查出下风向距离 x 处的扩散参数 σ_y、σ_z 值。图 4-16、图 4-17 是根据平坦草地上的实验数据绘制的，适用于烟羽模式；图 4-18、图 4-19 的数据点为实测值，适用于烟团模式，其余曲线则为外推值。

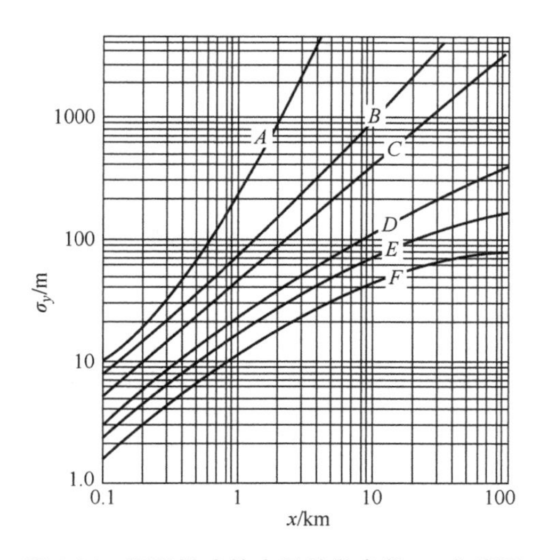

图 4-16　烟羽模式的水平扩散参数 σ_y 曲线图

（2）P-G 扩散模型

1）烟团模型。

① 瞬时地面点源烟团模型。以风速方向为 x 轴，坐标原点取在泄漏点处，风速恒为 u，则源强为 Q 的浓度分布方程为

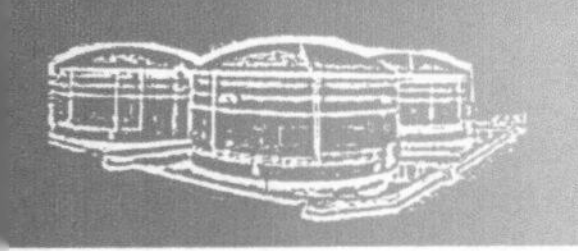

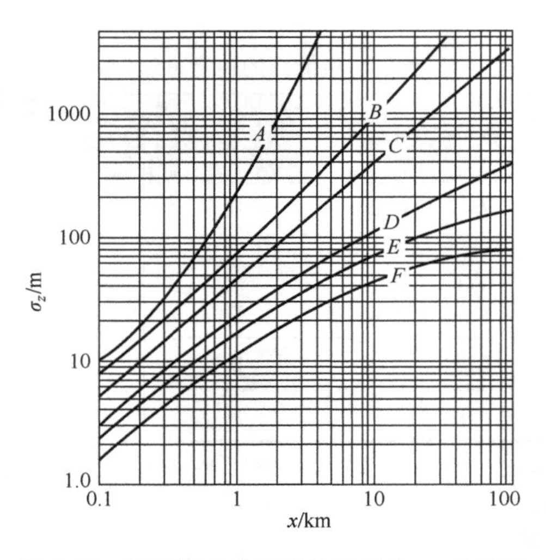

图 4-17　烟羽模式的竖直扩散参数 σ_z 曲线图

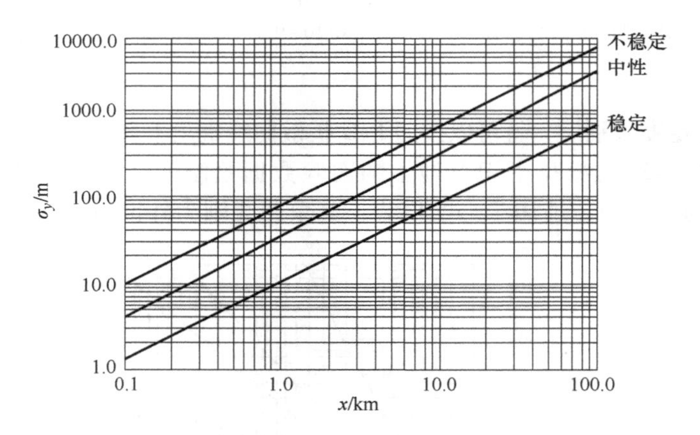

图 4-18　烟团模式的水平扩散参数 σ_y 曲线图

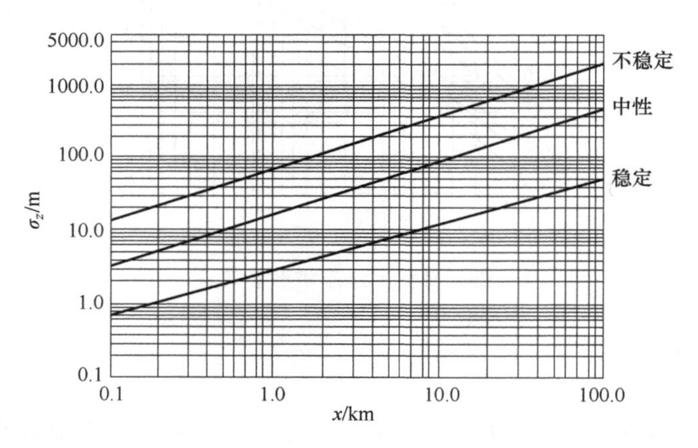

图 4-19　烟团模式的竖直扩散参数 σ_z 曲线图

$$c(x,y,z,t)=\frac{Q}{\sqrt{2}\pi^{3/2}\sigma_x\sigma_y\sigma_z}\exp\left[-\frac{(x-ut)^2}{2\sigma_x^2}-\frac{y^2}{2\sigma_y^2}-\frac{z^2}{2\sigma_z^2}\right] \tag{4-59}$$

令 $z=0$，得到地面浓度分布方程为

$$c(x,y,0,t)=\frac{Q}{\sqrt{2}\pi^{3/2}\sigma_x\sigma_y\sigma_z}\exp\left[-\frac{(x-ut)^2}{2\sigma_x^2}-\frac{y^2}{2\sigma_y^2}\right] \tag{4-60}$$

令 $y=0$，$z=0$ 则得到地面轴线浓度分布方程为

$$c(x,0,0,t)=\frac{Q}{\sqrt{2}\pi^{3/2}\sigma_x\sigma_y\sigma_z}\exp\left[-\frac{(x-ut)^2}{2\sigma_x^2}\right] \tag{4-61}$$

② 有效源高为 H 的瞬时点源烟团模型。以风速（$u\neq0$）方向为 x 轴方向，选取移动坐标系，任一时刻烟团中心的 x 轴坐标为 ut，则其浓度分布方程为

$$c(x,y,z)=\frac{Q}{(2\pi)^{3/2}\sigma_x\sigma_y\sigma_z}\exp\left(-\frac{y^2}{2\sigma_y^2}\right)\left\{\exp\left[-\frac{(z-H)^2}{2\sigma_z^2}\right]+\exp\left[-\frac{(z+H)^2}{2\sigma_z^2}\right]\right\} \tag{4-62}$$

令 $z=0$，得到地面浓度分布方程为

$$c(x,y,0)=\frac{Q}{\sqrt{2}\pi^{3/2}\sigma_x\sigma_y\sigma_z}\exp\left(-\frac{y^2}{2\sigma_y^2}-\frac{H^2}{2\sigma_z^2}\right) \tag{4-63}$$

令 $y=0$，$z=0$ 则得到地面轴线浓度分布方程为

$$c(x,0,0)=\frac{Q}{\sqrt{2}\pi^{3/2}\sigma_x\sigma_y\sigma_z}\exp\left(-\frac{H^2}{2\sigma_z^2}\right) \tag{4-64}$$

若以风速方向为 x 轴，泄漏源中心对地面的投影为坐标点，则浓度分布方程为

$$c(x,y,z,)=\frac{Q}{(2\pi)^{3/2}\sigma_x\sigma_y\sigma_z}\exp\left(-\frac{y^2}{2\sigma_y^2}\right)\left\{\exp\left[-\frac{(z-H)^2}{2\sigma_z^2}\right]+\exp\left[-\frac{(z+H)^2}{2\sigma_z^2}\right]\right\}\exp\left[-\frac{(x-ut)^2}{2\sigma_x^2}\right] \tag{4-65}$$

地面浓度与地面轴线浓度分别将式（4-63）、式（4-64）右侧乘以 $\exp\left[-\frac{(x-ut)^2}{2\sigma_x^2}\right]$ 项即可。

2）烟羽模型。

① 连续地面点源。以风速（$u\neq0$）方向为 x 轴，假定流场稳定，坐标点为泄漏源中心处，则浓度分布方程为

$$c(x,y,z)=\frac{Q}{\pi\sigma_y\sigma_z u}\exp\left(-\frac{y^2}{2\sigma_y^2}-\frac{z^2}{2\sigma_z^2}\right) \tag{4-66}$$

令 $z=0$，得到地面浓度分布方程为

$$c(x,y,0)=\frac{Q}{\pi\sigma_y\sigma_z u}\exp\left(-\frac{y^2}{2\sigma_y^2}\right) \tag{4-67}$$

令 $y=0$，$z=0$ 得到地面轴线浓度分布方程为

$$c(x,0,0)=\frac{Q}{\pi\sigma_y\sigma_z u} \tag{4-68}$$

② 有效源高为 H 的连续点源。以风速（$u\neq0$）方向为 x 轴方向，泄漏源中心对地面的投影为坐标点，假定流场稳定，则浓度分布方程为

$$c(x,y,z)=\frac{Q}{2\pi u\sigma_y\sigma_z}\exp\left(-\frac{y^2}{2\sigma_y^2}\right)\left\{\exp\left[-\frac{(z-H)^2}{2\sigma_z^2}\right]+\exp\left[-\frac{(z+H)^2}{2\sigma_z^2}\right]\right\} \tag{4-69}$$

令 $z=0$，得到地面浓度分布方程为

$$c(x,y,0)=\frac{Q}{\pi u\sigma_y\sigma_z}\exp\left(-\frac{y^2}{2\sigma_y^2}-\frac{H^2}{2\sigma_z^2}\right) \tag{4-70}$$

令 $y=0$，$z=0$ 则得到地面轴线浓度分布方程为

$$c(x,0,0)=\frac{Q}{\pi u\sigma_y\sigma_z}\exp\left(-\frac{H^2}{2\sigma_z^2}\right) \tag{4-71}$$

因 σ_y、σ_z是距离 x 的函数，随 x 增加而增加，则 $Q/(\pi\sigma_y\sigma_z u)$ 项随 x 增加而减小；而指数项 $\exp[-H^2/(2\sigma_z^2)]$ 却随 x 增加而增大，两项共同作用的结果，必然在地面轴线的某一距离 x 处，有其地面轴线浓度最大值，即当

$$\sigma_z\mid_{x=x_{\max}}=\frac{H}{\sqrt{2}}$$

出现地面轴线最大浓度

$$c(x,0,0)_{\max}=\frac{2Q}{e\pi uH^2}\frac{\sigma_z}{\sigma_y}=\frac{0.234Q}{uH^2}\frac{\sigma_z}{\sigma_y} \tag{4-72}$$

例 4-5　在氯乙烯生产过程中，大量使用氯气作为原料。某生产厂在生产过程中突然发生氯气泄漏，根据源模式估算约有 1.0kg 氯气在瞬间泄漏。泄漏时为有云的夜间，初步观测发现云量<4/10，测得风速为 2m/s。由于泄漏源高度很低，可近似为地面源处理。居民区距泄漏源处为 400m。试分析如下问题：

1）泄漏发生后，大约经过多长时间烟团中心将到达居民区？

2）烟团到达居民区后，地面轴线的氯气浓度为多少？是否超过国家卫生标准？

3）试判断经多远距离后，氯气的地面浓度才被大气稀释至可接受的水平。

4）试估算当烟团扩散至下风向 5km 处时，其覆盖的范围。

解：1）计算烟团中心扩散至居民区所需时间，即

$$t=x/u=400/2\text{s}=200\text{s}=3.33\text{min}$$

烟团中心扩散至居民区仅需 3.33min，可见泄漏发生后，用以发出警告或提醒通知居民的时间很短，必须在第一时间发出警告。

2）烟团到居民区时地面轴线氯气浓度分析，应用式（4-61）有

$$c(x,0,0,t)=\frac{Q}{\sqrt{2}\pi^{3/2}\sigma_x\sigma_y\sigma_z}\exp\left[-\frac{(x-ut)^2}{2\sigma_x^2}\right]$$

根据题中所述情况，查表 4-7 知大气稳定度为 F 级。$x=400$m，查图 4-18、图 4-19，得到 $\sigma_y=4.5$m，$\sigma_z=1.8$m。

令 $\sigma_x=\sigma_y$，又 $t=200$s，代入上式进行计算

$$c(400,0,0,200)=\frac{1.0}{\sqrt{2}\times3.14^{1.5}\times4.5^2\times1.8}=3.49\times10^{-3}\text{kg}\cdot\text{m}^{-3}=3490\text{mg}\cdot\text{m}^{-3}$$

根据我国车间空气中氯气的最高容许质量浓度标准 MAC 为 $1\text{mg}\cdot\text{m}^{-3}$，可知扩散至居民区后，其地面轴线质量浓度远远超过了国家卫生标准。说明烟团到达居民区后，暴露于大气

中的人员都有发生中毒的危险。

3）地面氯气浓度被稀释至可接受水平的距离。可接受的地面氯气浓度水平以其最高容许浓度 $1\text{mg}\cdot\text{m}^{-3}$ 作为分析依据，可知，扩散至距离 x 处，其最高容许浓度为 $c(x, 0, 0)=1\text{mg}\cdot\text{m}^{-3}$。

将有关数据代入式（4-59）简化后得到

$$c(x,0,0,t)=\frac{1.0}{\sqrt{2}\times 3.14^{1.5}\sigma_y^2\sigma_z}$$

即

$$\sigma_y^2\sigma_z=1.27\times 10^5\text{m}^3$$

利用试差法求解，即先假定 x 值，查出相应的 σ_y、σ_z 值，代入上式计算，直至满足上式，试算过程见表 4-8。

表 4-8　试算过程

x/km	σ_y/m	σ_z/m	$\sigma_y^2\sigma_z$/m^3	x/km	σ_y/m	σ_z/m	$\sigma_y^2\sigma_z$/m^3
9	73	12	6.39×10^4	12	90	14	1.13×10^5
10	80	13	8.07×10^4	13	97	15	1.4×10^5

可见 x 为 12~13km 之间，再利用内插法求解 x

$$1.27\times 10^5=1.13\times 10^5+\frac{(1.4-1.13)\times 10^5\times(x-12)}{13-12}$$

$$x=12.52\text{km}$$

上述计算说明，当发生泄漏 1kg 的氯气时，就必须考虑下风向 12.52km 范围内的安全问题。

4）估算烟团扩散至 5km 处时所覆盖的范围。烟团扩散至 5km 处，所需时间为 5000/2s = 2500s。

查图 4-18、图 4-19，得到 $\sigma_y=44\text{m}$，$\sigma_z=8\text{m}$，令 $\sigma_x=\sigma_y$，烟团所覆盖的范围以外边界浓度为国家卫生标准考虑，代入地面轴线浓度计算式，有

$$c(5000,0,0,2500)=1.0\times 10^{-6}=\frac{1.0}{\sqrt{2}\times 3.14^{3/2}\times 44^2\times 8}\exp\left[-\frac{1}{2}\frac{(x-5000)^2}{44^2}\right]$$

解得 $x=(5000\pm 90.25)$ m，说明覆盖了沿风向距离 180.5m 的范围。

若以扩散为地表面的 x-y 范围考虑时，代入地面浓度扩散模型有

$$c(x,y,0,2500)=1.0\times 10^{-6}=\frac{1.0}{\sqrt{2}\times 3.14^{3/2}\times 44^2\times 8}\exp\left[-\frac{1}{2}\frac{(x-5000)^2}{44^2}-\frac{1}{2}\frac{y^2}{44^2}\right]$$

$$1.22\times 10^{-1}=\exp\left[-\frac{1}{2}\frac{(x-5000)^2}{44^2}-\frac{1}{2}\frac{y^2}{44^2}\right]$$

$$(x-5000)^2+y^2=8150.6$$

计算说明在其下风向5km处，地面氯气浓度高于其最高容许浓度的覆盖范围为以 $x=5000\text{m}$，$y=0$ 为圆心，直径为180.5m的圆。

4.3 泄漏原因分析及控制

根据工业化国家数据资料统计，发生在过程工业的着火和人员中毒事故，有56%是由物料泄漏发现不及时或处理不当引起的。泄漏事故具有突发性强、危害性大、应急处理难度大的特点。如何防范泄漏，这是有效控制事故发生的重点之一。下面就泄漏发生的原因和应采取的控制措施及泄漏事故救援等进行介绍。

4.3.1 泄漏原因分析

泄漏事故的原因可以从以下三方面来分析。

1. 人为因素

（1）麻痹疏忽　主要包括：擅自离岗；思想不集中；发现异常情况不知道如何处理。

（2）管理不善　主要包括：没有制订完善的安全操作规程；对安全漠不关心，已发现的问题不及时解决，没有严格执行监督检查制度；指挥错误，甚至违章指挥；让未经培训的工人上岗，知识不足不能判断错误；检修制度不严，没有及时检修已出现故障的设备，使设备带“病”运转。

（3）违章操作　主要包括：操作不平稳，压力和温度调节忽高忽低；气孔、油孔堵塞，未及时疏通；不按时添加润滑剂，导致设备磨损；不按时巡回检查、发现和处理问题，如溢流冒罐等；误关阀门和忘记操作等。

2. 材料失效

构成设施材料的失效是产生泄漏的最主要的直接原因。因此，研究材料失效机理是防止泄漏的有效手段。

（1）材料本身质量问题　例如：钢管焊缝有气孔、夹渣或没焊透，铸铁管有裂纹、砂眼，水泥管破裂等。

（2）材料破坏而发生的泄漏　例如：输送腐蚀性强的流体，一般钢管在较短时间内就会被腐蚀穿孔；输送高速的粉料，钢管会被磨蚀损坏；材料因疲劳、老化、应力集中等造成强度下降等。

（3）因外力破坏导致泄漏　例如：野蛮施工的大型机动设备的碾压、铲挖等人为破坏；地震、滑坡、洪水、泥石流等造成管道断裂，车辆碰撞造成管道破裂，施工造成破坏。

（4）因内压上升造成破坏引起泄漏　例如：水管因严寒冻裂、误操作（管道系统中多台泵同时投入运行，或关闭阀门过急）引发水击造成管道破裂。

3. 密封失效

密封是预防泄漏的元件，也是容易出现泄漏的薄弱环节。密封失效的原因主要包括：密封的设计不合理、制造质量差、安装不正确等，如设计人员不熟悉材料和密封装置的性能，产品不能满足工况条件造成超压破裂；密封结构形式不能满足要求，密封件老化、被腐蚀、磨损等。

4.3.2　泄漏危险控制

1. 泄漏控制的原则

1）无论气体泄漏还是液体泄漏，泄漏量的多少都是决定泄漏后果严重程度的主要因素，而泄漏量又与泄漏时间有关。因此，应该尽早地发现泄漏并且尽快阻止。

2）通过人员巡回检查可以发现较严重的泄漏，利用泄漏检测仪器、气体泄漏检测系统可以及时发现各种早期泄漏。

3）利用停车或关闭截断阀，停止向泄漏处供料，可以控制泄漏。一般来说，与监控系统联锁的自动停车速度快，仪器报警后由人工停车速度较慢，需要 3~15min。

2. 泄漏检测技术

在生产过程中对泄漏进行有效的治理，需要及时发现泄漏，准确地判断和确定产生泄漏的位置，找到泄漏点。特别是对于容易发生泄漏的部位和场所，通过检测及早发现泄漏的蛛丝马迹，这样就可以采取控制措施，把泄漏消灭在萌芽状态。

（1）视觉检漏方法　通过视觉来检测泄漏，常用的光学仪器主要有内窥镜、井中电视和红外线检测仪器。对于能见度较低的环境，可用激光发射器——激光笔在照射物上形成光点，易于确定泄漏点的位置。

1）内窥镜。在检查深孔、锅炉炉膛、换热器管束、塔器设备内部和焊缝根部的内表面等人进不去、看不见的狭窄位置用内窥镜检测，无需拆卸、破坏和组装，非常方便。

2）摄像观察。利用伸入管道、设备内部的摄像头及配套电视，就能直观地探测到内部缺陷。

3）红外线检漏技术。利用红外线探测技术对运行中的设备进行测温、泄漏检测、探伤等，特别是热成像技术，即使在夜间无光的情况下，也能得到设备的热分布图像。根据被测物体各部位的温度差异以及同一部位在不同时期所检测的温度差异，结合设备结构等状况，可以诊断设备的运行状况、有无故障、故障发生部位、损伤程度及引起故障的原因。在化工等连续性生产作业中，对那些始终处于高电压、大电流、高速运转的生产设备，能够进行在线检测，不用中断生产。

（2）声音检漏方法　采用高灵敏的声波换能器能够捕捉到泄漏声，并将接收到的信号转换成电信号，经放大、滤波处理后，转换成人耳能够听到的声音，同时在仪表上显示，就可发现泄漏点。

1）超声波检漏。超声波方向性很强，从而使泄漏位置的判断相对简单。超声波检漏灵敏度高，定位准确，操作和携带方便。

2）无压力系统的泄漏检测。在停产时系统内外没有压差的情况下，可在系统内部放置一个超声波源，使之充满强烈的超声。超声波可从缝隙处泄漏出来，用超声检漏仪探头对设备扫描，寻找漏孔处逸出的超声波，从而找到穿孔点。这一装置还能用在检测冷库、冰箱和集装箱门的密封性能，秦山核电站就用它成功地检测了密封门。

3）声脉冲快速检漏。在管内介质中传播的声波，遇到管壁畸变（如漏洞、裂缝或异物堵塞等）会产生反射回波，回波的存在是声脉冲检测的依据。因此，在管道的一端置一个声脉冲发送、接收装置，根据接收到回波的时间差，就可计算出管道缺陷的位置。

4）声发射。所谓“声发射”检测技术，就是利用容器在高压作用下缺陷扩展时所产生的声音信号来评价材料的性能。

（3）嗅觉检漏方法　由于不同的介质气味各异，嗅觉能够感知、判断泄漏的存在。很多动物的嗅觉比人灵敏得多，比如狗的嗅觉灵敏度是人的近百万倍，是气相色谱仪的10亿倍，常被用来检漏。近年来，以电子技术为基础的气体传感器得到了迅猛的发展和普及。可燃气体检测报警器俗称“电子鼻”，可以测量空气中各种可燃性气体的含量。当含量达到或超过规定浓度时，报警器发出声光报警信号，提醒人们尽快采取补救措施，是安全生产的重要保证。

（4）示踪剂检漏方法　为了更加方便快捷地发现泄漏，人们在介质中加入一种易于检测的化学物质，称为示踪剂。由于使用场合的不同，人们创造了很多种方法，其中使用最早的就是在天然气中加臭。

（5）试压过程中的泄漏检测　试压过程中的泄漏检测方法有：水泡法、化学指示剂检漏、着色渗透检漏等。

3. 泄漏的预防

泄漏治理的关键是要坚持预防为主，采取积极的预防措施，有计划地对装置进行防护、检修、改造和更新，变事后堵漏为事前预防，可以有效地减少泄漏的发生，减轻其危害。

（1）提高认识、加强管理

1）从思想上树立“预防泄漏就等于提高经济效益”的认识。

2）完善管理，按章行事，这是防止泄漏的重要措施。

3）加强立法，提高管理者的责任。

（2）可靠性设计

1）紧缩工艺过程。尽量缩小工艺设备，采用危害性小的原材料和工艺步骤，简化工艺和装置，减小危险物存储量。

2）生产系统密闭化。生产工艺中的各种物料流动和加工处理过程应该全部密闭在管道、容器内部。

3）正确选择材料和材料保护措施。材质要与使用的温度、压力、腐蚀性等条件相适应，能够满足耐高温、耐腐蚀等条件。不能适应的要采取防腐蚀、防磨损等保护措施。

4）冗余设计。为了提高可靠性，应提高设防标准，要提倡合理的多用钢材。比如在强腐蚀环境中，壁厚一般都设计有一定的腐蚀裕量，重要的场合可使用双层壁。

5）降额使用。对生产设施最大额定值的降额使用是提高可靠性的重要措施。设施的各项技术指标（特别是工作压力）是指最大额定值，在任何情况下都不能超过，即使是瞬时超过也不允许。

6）合理的结构形式。结构形式是设计的核心，是由多种因素决定的。

7）正确地选择密封装置。

8）设计应方便使用维修。设计时应考虑装配、操作、维修、检查的方便，同时也有利于处理应急事故和及时堵漏。

9）新管线、新设备投用前要严格按照规程做好耐压试验、气压试验和探伤，严防有隐患的设施投入生产。

（3）日常维护措施　生产装置状况不良常常是引发泄漏事故的直接原因，因此及时检修是非常重要的。生产装置在新建和检修投产前，必须进行气密性检测，确保系统无泄漏。

设备交付投用后，必须正确使用与维护。生产装置要经常进行检查保养、维修、更换，及时发现并整改隐患，以保证系统处于良好的工作状态。

（4）把好设备检测关，实现泄漏的超前预防　利用有关仪器对生产装置进行定期检测和在线检测，分析并预测发展趋势，提前预测和发现问题，在泄漏发生之前对设备、管线进行维修，及时消除事故隐患，使检修有的放矢，避免失修或过剩维修，减少突发性泄漏事故的发生，提高经济效益。

（5）规范操作　控制正常生产的操作条件，如压力、温度、流量、液位等。防止出现操作失误和违章操作，减少人为操作所致的泄漏事故。

（6）控制泄漏发生后损失的措施

1）装设泄漏报警仪表，如可燃气体报警器、火灾报警器等。

2）将泄漏事故与安全装置联锁，应采用自动停车、自动排放、自动切断电源等安全联锁自控技术。

3）采用工艺控制装置，如安装紧急截止阀（断流阀）、单向阀等。

4）设立泄漏物收集装置，如安装安全防护罩、防火堤等。

5）采用泄漏防火、防爆装置。

4.3.3　泄漏应急处理

采取迅速、有效的泄漏应急处理方法，可以把事故消灭在萌芽状态。应对泄漏的处理方法包括 3 个环节：

1）及时找出泄漏点，控制危险源。危险源控制可从两方面进行，即工艺应急控制和工程应急控制。工艺应急主要措施有切断相关设备（设施）或装置进料，公用工程系统的调度，撤压、物料转移，喷淋降温，紧急停工，惰性气体保护，泄漏危险物的中和、稀释等。工程应急主要措施有设备设施的抢修，带压堵漏，泄漏危险物的引流、堵截等。

2）抢救中毒、受伤和解救受困人员。这一环节是应急救援过程的重要任务。主要任务是将中毒、受伤和受困人员从危险区域转移至安全地带，进行现场急救或转送到医院进行救治。

3）泄漏物的处置。现场物料泄漏时，要及时进行覆盖、收容、稀释处理，防止二次事故的发生。从许多起事故处理经验来看，这一环节如不能有效地进行，将会使事故影响大大增加。对泄漏控制或处理不当，可能会失去处理事故的最佳时机，使泄漏转化为火灾、爆炸、中毒等更大的恶性事故。

具有危险工艺流程操作的企业要制订有效的应急预案，泄漏发生后，根据具体情况，进行有效的救援，控制泄漏，努力避免处理过程中发生伤亡、中毒事故，把损失降到最低。

内容小结

1）泄漏源分为小孔泄漏和大面积泄漏。

2）针对不同的工况条件和泄漏源情况，应选用相应的泄漏源模式进行泄漏速度、泄漏量、泄漏时间的分析与计算，预测或确定其影响程度。

3）泄漏物质的扩散方式包括：无风条件下以泄漏源为中心向四周扩散方式，有风条件下的烟羽和烟团扩散方式。

4）泄漏物质扩散的影响因素包括：风速、大气稳定度、地面条件（建筑物、水、树）、泄漏处离地面的高度、物质释放的初始动量和浮力等。

5）泄漏原因包括：人为因素、材料失效和密封失效。

6）应对泄漏的处理方法包括：及时找出泄漏点，控制危险源；抢救中毒、受伤和解救受困人员；泄漏物的处置，防止二次事故。

学习自测

4-1 化工生产中易于发生泄漏的部位有哪些？这些常见的泄漏源可分为几类？

4-2 什么是闪蒸现象？液体发生闪蒸的原因是什么？

4-3 泄漏物质在大气的扩散过程中，风主要起什么作用？

4-4 有风和无风条件下，泄漏物质的扩散有何不同？

4-5 泄漏物质的密度对其在大气中的扩散有何影响？为什么？

4-6 什么是大气稳定度？什么是扩散参数？它们之间有何联系？

4-7 本章的扩散模型可分为几类？分别适用于何种泄漏源？

4-8 估算泄漏源源强和进行泄漏物质的扩散模拟，可以解决什么样的安全问题？

4-9 某一内径为3m的常压甲苯储罐，在其下部因腐蚀产生一截面面积为12.6cm^2的小孔，小孔上方甲苯液位初始高度为4m。巡检人员于上午8：00发现泄漏，立即进行堵漏处理，堵漏完成后，小孔上方液位高度为2m。请计算甲苯的泄漏量和泄漏开始时间。

4-10 可以采取哪些措施以尽可能避免泄漏的发生？

4-11 某化工厂以氯乙烯为原料进行聚合反应，由于工艺参数在瞬间发生突然变化，然后恢复正常，致使聚合反应釜上的安全阀动作，造成0.5kg氯乙烯瞬间泄漏。已知安全阀的排放高度为16m，当时为白天，受到强太阳的辐射，实测风速为3.2$m \cdot s^{-1}$。试估算下风向500m处地面轴线氯乙烯浓度为多少？是否会造成危险？

第5章 压力容器安全评价

学习目标

1）掌握压力容器的失效形式及预防措施。
2）掌握压力容器的爆炸能量估算。
3）掌握压力容器事故破坏能量的估算。
4）掌握压力容器事故常规分析方法和系统工程分析方法。
5）了解压力容器的安全状况等级评定。

5.1 压力容器的失效形式及预防

压力容器在规定的使用期限内，由于设计结构不合理、制造质量不良、使用维护不当或其他原因，其尺寸、形状或材料性能发生改变而完全失去或不能良好地实现原定的功能，或在继续使用中失去可靠性和安全性，需要立即停用进行修理或更换，这就称为压力容器的失效。压力容器失效可分为强度失效、刚度失效、失稳失效和泄漏失效四大类。

（1）强度失效　压力容器在使用过程中因为强度不足而突然发生破裂。

（2）刚度失效　压力容器或容器上的零部件由于过大的弹性变形而失去了正常的工作能力，称为刚度失效。这种失效形式通常出现在密封结构、换热设备等地方。

（3）失稳失效　压力容器在外压或其他外部载荷的作用下，由稳定的平衡状态变至一种不稳定的状态，突然失去其原有的几何形状而丧失正常的工作能力，称为失稳失效。容器弹性失稳时的临界压力与材料的强度无关，主要取决于容器的尺寸和材料的弹性性质。但当容器中的应力水平超过材料的屈服强度而发生非弹性失稳时，失稳临界压力与材料的强度有关。

（4）泄漏失效　压力容器由于泄漏而引起的失效，称为泄漏失效。泄漏不仅有可能引起中毒、燃烧和爆炸等事故，而且会造成环境污染。

由于压力容器受力和盛装介质的特殊性，一旦发生失效，不仅会使设备无法使用，而且可能会发生快速破裂，引起爆炸或导致有毒物质、易燃物质泄漏，进而引起中毒、燃烧或爆燃，往往会危及人身和财产安全，甚至引发灾难性事故。所以，从压力容器危及安全的角度来考虑，最主要的是预防它在运行过程中突然破裂。因此，强度失效是我们研究的主要失效形式。结合压力容器的强度失效特点，可将其分为韧性破裂、脆性破裂、疲劳破裂、腐蚀破

裂和蠕变破裂五种形式。只有掌握了这些发生破裂的机理，才能采取比较正确的防止破坏的措施和避免发生事故的办法。

5.1.1 韧性破裂

韧性破裂是指容器在压力作用下，器壁上产生的应力达到了材料的强度极限而导致材料发生破裂或断裂的一种破坏形式。即当压力容器在生产过程中受到超过正常工作内压的作用时，在其器壁截面上产生的总体薄膜拉伸应力使材料发生明显塑性变形，随着压力的继续升高，一旦应力超过材料的抗拉强度时，容器就会发生破裂。

1. 韧性破裂机理

压力容器的韧性破裂机理是：压力容器通常采用碳钢或低合金钢制造，材料中一般含有脆性夹杂物，容器内的压力使器壁受到拉伸。在拉应力的作用下，器壁产生较大的塑性变形，塑性变形严重的地方，特别是在材料中的夹杂物处首先破裂；或使夹杂物与基体界面分离而形成显微空洞（又称微孔），随着容器内压力的升高，空洞逐渐长大和聚集，其结果便形成裂纹，最后导致韧性破裂。

因此说，压力容器的韧性破裂实际上是材料中显微空洞形成和长大的过程，而且一般是在器壁上发生较大塑性变形之后发生的。其原因在于，在拉应力的作用下，器壁上的平均应力达到材料的屈服强度时，容器将产生明显的塑性变形。如果压力继续升高，致使器壁上的平均应力超过材料的强度极限时，容器即发生韧性破裂。

2. 韧性破裂发生原因

导致压力容器发生韧性破裂的主要原因是：

（1）超压

1）安全阀失灵、操作失误（如错开阀门）、检修前后忘记抽堵盲板、不凝性气体未排出、违章超负荷运行、容器内可燃性气体混入空气或高温引起物料分解发生化学燃烧爆炸、液化气体充装过量或储存温度过高、温度升高时压力剧升等，均会引起容器超压而破裂。

2）操作人员违反操作规程，操作失误，又未设置超压泄放装置或泄放装置选用不当或失灵，造成容器或系统超压。

（2）器壁厚度不够或使用中减薄

1）设计制造不合理或误用设备，造成器壁厚度不够；介质的腐蚀冲刷或长期闲置不用又没有采取有效的防腐措施和妥善保养，导致器壁大面积腐蚀，壁厚严重减薄。

2）容器未正常维护等。

3. 韧性破裂的特征

（1）外形特征　韧性破裂时，容器具有明显的形状改变和较大的塑性变形，即容器的直径增大和器壁减薄，中间部分有鼓胀和壁厚的明显减薄，其最大圆周伸长率常达10%以上，容器（体积）增大率也往往超过10%，有的甚至达20%。

（2）断口特征　断口宏观上呈暗灰色纤维状，没有闪烁的金属光泽，断口不齐平，而且与主应力方向成45°角，即与轴向平行，与半径方向成一夹角。韧性破裂断口通常可分为纤维区、放射纹和人字纹区、剪切层区三部分。其显微特征是韧窝花样——圆形或椭圆形窝坑。

（3）其他特征　破裂容器一般不产生碎片，只是裂开一个口或偶然发现有少许碎片；

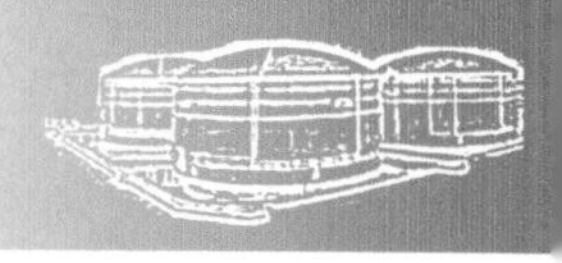

容器发生韧性破裂时，其实际爆破压力与计算的爆破压力接近。

4. 预防措施

正确设计和规范操作压力容器，设置超压泄放装置，正确选用和维护，以及保护设备完好状态是预防压力容器发生韧性破裂的重要措施。此外，经常对正在使用压力容器进行检查维护工作，及时发现容器可能表现出来的破裂预兆，如宏观变形等，则常常可以预先避免事故的发生。

5.1.2 脆性破裂

脆性破裂是指容器在不发生或未发生充分的宏观塑性变形下，器壁平均应力远没有达到材料的强度极限，有时甚至低于屈服强度就发生破坏的破裂类型。这是与上述韧性破裂的根本区别。其破裂现象和脆性材料的破坏很相似。又因它是在较低的应力状态下发生的，故又称低应力破坏或低应力脆性断裂。

1. 脆性破裂机理

发生低应力脆性断裂的必需条件有三个：一是容器结构本身存在缺陷或几何形状发生突变，二是存在一定的水平应力，三是材料的韧性很差。

大部分化肥、化工、炼油用的低温压力容器所受的载荷基本是属于静载荷范围，而制造这些容器所选用的钢材为具有体心立方晶格的铁素体钢。其断裂的机理有剪切断裂和解理断裂两种。随温度的降低，在水平应力的作用下，由剪切断裂逐步转变到解理断裂，材料韧性也随之降低。

脆性破裂包括开裂和裂纹扩展两个阶段。

1）开裂是指从已经存在的缺陷处开始发生不稳定的裂纹，一般缺陷处的韧性较差，在开裂时，缺陷尖端处的一小块材料所产生的应变速度与容器的工作载荷速度相同，通常由于石油化学工业所用的低温压力容器所受的是静载荷，则缺陷尖端处的一小块材料的应变速度也是静载速度。

2）裂纹扩展是指容器开裂后形成的裂纹不断扩大。由于脆性破裂的扩展速度非常快（接近于声速340m/s），因此，在裂纹扩展过程中，裂纹尖端处材料的应变速度相当于动载的极高速度。当裂纹尖端处材料的应变超过材料的负荷极限时，裂纹便开始迅速扩展，以至造成材料或容器在低应力状态下发生脆性破裂。

2. 脆性破裂发生的原因

压力容器脆性破裂的发生既有外部原因又有内部因素，包括容器制造或使用中的问题，即容器结构和材料内存在的超标缺陷和容器材料的问题（材料本身的脆性）。外部因素包括应力状态、加载速率、环境条件等，内部因素则为材料自身的韧性（与显微组织、晶粒度、夹杂物及有害元素等影响有关）等。

（1）材料脆性　通常选用制造容器的材料要有较好的塑性和韧性，但是容器在制造过程中由于工艺条件的不良改变引起材料韧性降低，对缺口敏感性增大。此外，很多材料在低温下工作时，韧性降低，抗冲击能力下降，此时，材料由塑性变为脆性，也易产生脆性破裂。

（2）容器材料或其结构部件存在严重缺陷　通常指裂纹夹渣、微裂纹。其原因有的是选材问题，有的是在热处理过程中由于消除应力的热处理温度太低，未能很好地改善材料韧

性并消除残余应力，而升温速度控制不好，致使产生消除应力退火裂纹，裂纹处会引起高度应力集中，在容器水压试验和在正常压力下运行时发生突然破坏；也可能是容器材料存在原始缺陷，如钢材中气孔、白点、非金属夹杂物等；容器壳体或其他承压部件在制造过程中，都有可能在部件的表面或内部产生各种类似裂纹的缺陷，它们都是容器发生脆性破裂的根源。

（3）焊接区和焊缝处有缺陷　在设备制造中，一般焊接区存在的缺陷较多，因焊接金属、熔合线和热影响区的韧性常较母材要低，又有残余应力存在，所以裂纹往往沿着焊接区而扩展。焊缝处的缺陷通常是指夹渣、未焊透、过热、咬边和热应力区焊缝裂纹等，或焊后未进行消除应力退火处理就进行水压试验，或焊接过程中曾中断预热，残余氢在高残余拉应力区聚集而产生裂纹扩展等，这些都是导致材料塑性降低而产生破裂的原因。

（4）料中的杂质含量过高及应力腐蚀　材料中的磷、硫杂质含量过高及应力腐蚀都将会恶化材料的力学性能，从而引起脆性破裂。

（5）容器存在较高的附加应力　由于容器结构设计不合理或安装质量不良，在容器局部结构处存在很高的附加应力或残余拉应力。

由此可见，脆性破裂不仅与材料的韧性有关，而且和存在的缺陷大小及外加的水平应力有关。

化肥、化工、炼油厂用的低温压力容器可能发生的破坏主要是低应力脆性破裂。

3. 脆性破裂的特征

脆性破裂的主要特征是：

1）容器破裂时外观没有明显的预兆和塑性变形，破裂之前没有或者只有局部极小的塑性变形。

2）断口宏观分析呈金属晶粒状并附有光泽，断口平直且与主应力方向垂直。

3）破裂通常为瞬间发生，常有许多碎片飞出。破坏一旦发生，裂纹便以极高的速度扩展。

4）破坏时的名义工作应力较低，通常低于或接近于材料的屈服强度。

5）破坏一般在较低温度下发生，且在此温度下材料的韧性很差。

6）破裂总是在缺陷处或几何形状突变处首先发生。

4. 预防脆性破裂的措施

如上所述，容器发生脆性破裂的原因是同时具备了以下三个条件：高应力场、受外界环境影响而具有脆性倾向的材料、存在脆裂的引发源。因此，防止上述三个条件同时存在，即采取低应力场设计方法，或采用综合考虑材料性能、缺陷的几何尺寸和应力场影响的断裂力学设计方法，是设计抗脆性破裂容器的有效方法。

此外，在工程上合理选材，在役期间实施定期的检查，是避免容器发生脆性破裂的有效措施。

5.1.3　疲劳破裂

疲劳破裂是指容器在反复加压、卸压过程中，壳体材料长期受到交变载荷作用，由于疲劳而在低应力状态下突然发生的破坏形式。

1. 疲劳破裂机理

疲劳破裂按机理分为：高应力低循环疲劳（低周疲劳）破裂和低应力高循环疲劳（高周疲劳）破裂。

金属材料的疲劳破裂过程基本上分疲劳裂纹的萌生和疲劳裂纹的扩展两个阶段。

1）疲劳裂纹的萌生是由于金属材料在交变载荷作用下，在其表面、晶界及非金属夹杂物等处产生均匀晶粒滑移而引起的，即在交变应力作用下，在金属表面产生持久滑移带，由于交叉滑移的产生、滑移带穿过或终止在晶界处，便会形成局部高应力区（如接管区等），最后在滑移带两个平移面之间所形成的空洞棱角处和晶界处萌生疲劳微裂纹。

2）疲劳裂纹的扩展是由于交变应力的持续作用，以及晶粒的位向不同与晶界的阻碍作用，微裂纹由沿最大切应力方向逐渐转向与沿主应力垂直方向逐步扩展，直至最后发生疲劳破裂。压力容器承受交变循环载荷而引起的疲劳破坏和静载荷条件下的破坏的本质区别是，它不是由于产生过大的塑性变形或过大的应力而引起的显著的塑性变形导致破坏，而是由于交变循环载荷的作用，逐渐形成微裂纹，并逐步扩展，最终产生疲劳破裂，且没有明显的塑性变形。

2. 产生原因

导致疲劳破裂的主要原因是：

1）容器承受交变循环载荷，如设备的频繁启动和停车，反复的加压和卸载，压力、温度周期性波动且波动幅度较大。

2）过高的局部应力。由结构、安装的需要或材料的缺陷使个别部位产生高度的应力集中（如容器和接管的焊接接头、容器焊缝处等），或由于振动而产生的较大的局部应力。

3）高强度低合金钢的广泛应用和特厚材料的应用增加，在材料本身和焊缝处往往较容易形成各种缺陷。

3. 疲劳破裂的主要特征

疲劳破裂的主要特征是：

1）容器破坏时无明显的塑性变形。

2）疲劳破裂的断口形貌与脆性断口不同。由断口宏观分析可见，疲劳裂纹产生、扩展和最后断裂区域各具特色，前二者比较光滑，后者比较粗糙。

3）从产生开裂的部位来看，一般都是在结构局部应力较高或存在材料缺陷处（包括焊缝及其热影响区）的区域，疲劳裂纹穿透器壁，也称为“未爆先漏”，尤其是在容器的接管处极为常见。

4）从裂纹的形成、扩展直到最后破裂，发展缓慢，不像脆性破裂那么迅速，而且破成许多碎片，疲劳破裂只是一般的开裂，出现一初始裂纹源，使容器泄漏而失效。

5）疲劳破裂通常是在操作温度、压力大幅度波动且频繁启动、停车的情况下发生的。

典型的疲劳破裂断口如图5-1所示。

图5-1　典型的疲劳破裂断口

4. 疲劳破裂的预防措施

针对上述疲劳破裂的发生原因，预防疲劳破裂的关键首先是应严格进行容器的制造和检验，减少附加的应力集中，避免焊接或安装过程中的先天或后天性裂纹或缺陷；其次，减少频繁开停车、压力或温度波动、外加强迫振动、周期性外载荷

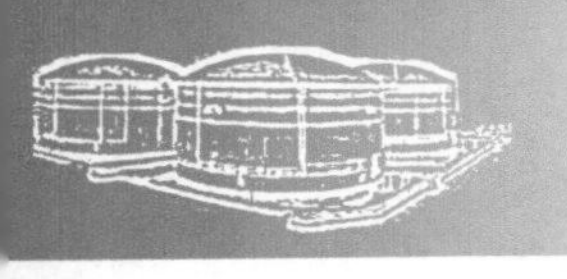

等，维持设备的稳定运行，以抑制或延缓裂纹扩展破裂。

对于新设计的容器，则通过选择塑性应变能力好的抗疲劳材料，设计时采用不会造成局部高应力集中等的抗疲劳结构，按照容器分析设计规范进行疲劳分析或采用基于断裂力学的抗疲劳破裂设计方法等。

5.1.4 腐蚀破裂

腐蚀破裂是指容器壳体由于受到腐蚀介质的作用而产生破裂的一种破坏形式。腐蚀破裂的形式大致可分成五类，即均匀腐蚀、点腐蚀、晶间腐蚀、应力腐蚀和疲劳腐蚀。

1. 腐蚀破裂的机理

（1）均匀腐蚀　均匀腐蚀是由于设备大面积出现腐蚀现象，从而使器壁减薄、强度不够导致的塑性破坏。

（2）点腐蚀　点腐蚀（又称点蚀或孔腐蚀）是由于潮湿介质或氯介质在金属表面形成腐蚀电池，发生电化学腐蚀，从而使其表面形成穿孔或局部腐蚀深坑，它将引起应力集中，在交变循环载荷作用下，有可能发生韧性破裂或脆性破裂。

（3）晶间腐蚀　晶间腐蚀是一种局部的、选择性的腐蚀破坏，包括穿晶腐蚀和沿晶腐蚀。这种腐蚀破坏通常沿着金属材料的晶界进行，腐蚀性介质渗入到金属材料深处，金属晶界之间的结合力因腐蚀而破坏，从而使材料的力学性能（强度和塑性）完全丧失，只要受到很小的外力，容器即可能被破坏。

（4）应力腐蚀　应力腐蚀是指金属材料在拉应力和特定的腐蚀环境共同作用下，经过一定时间后发生开裂和破断的现象。显然，应力腐蚀是应力与环境对一定材料综合作用的结果。应力腐蚀有三个要素：

1）应力。这里所指的是拉应力，它可以是焊接、热加工、热处理等引起的材料残余应力，也可能是由载荷、操作或振动等原因引起的外加应力或热应力。事故调查表明，因制造加工的残余应力引起的应力腐蚀可占80%左右。

2）腐蚀。这里指特定的容器材料与介质的腐蚀。应力腐蚀大多是晶间型的，由于电化学腐蚀在材料表面产生微裂纹，金属晶粒间的结合力随之降低，在拉应力的作用下则加速腐蚀，使表面的裂纹向材料内部扩展。化工设备的应力腐蚀仅发生在特定腐蚀介质——合金的组合环境中。化工设备通常采用碳钢、低合金钢和奥氏体不锈钢制造，常见的引起应力腐蚀的腐蚀介质见表5-1。

表5-1　特定腐蚀介质

材　　料	腐蚀介质	材　　料	腐蚀介质
碳钢 低合金钢	NaOH溶液 硝酸盐 酸性H_2S水溶液 海水 液氨 CO_2—CO—H_2O 碳酸盐	奥氏体不锈钢	热碱（NaOH、KOH、LiOH） 氯化物水溶液 聚连多硫酸 高温高压含氧纯水

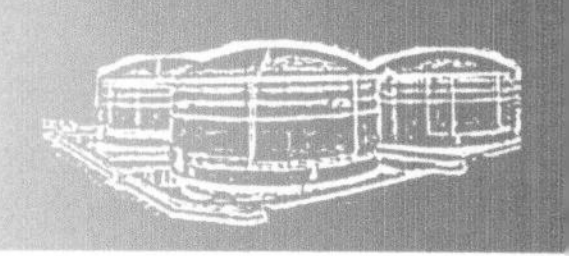

3）破裂。裂纹扩展的最后结果是破裂。由于应力腐蚀结果使裂纹根部产生应力集中，然后逐步扩展，直至发生脆性破裂。破裂有沿晶裂纹和穿晶裂纹两种，沿晶裂纹是指破裂沿晶间进行，而穿晶裂纹没有明显的晶界选择性。总之，破裂的外观是以裂纹形式表现的。

（5）疲劳腐蚀　疲劳腐蚀（又称腐蚀疲劳）是金属设备在腐蚀介质和交变应力共同作用下而发生腐蚀破坏的一种形式。腐蚀使金属表面局部损坏并促使疲劳裂纹的形成、扩展，而交变应力又破坏金属表面的保护膜，促进表面腐蚀的产生，因此，腐蚀与疲劳是互相促进的。

大量统计资料表明，石油化学工业所发生的化工设备事故中，最多的是疲劳破裂和应力腐蚀破裂事故。据日本 2017 年统计的石油化工厂化工设备的 563 起事故中，疲劳破裂占 30%左右，应力腐蚀破裂占 22.6%，其中所发生的 306 起设备腐蚀破裂事故中，应力腐蚀破裂占 42.2%，美国杜邦公司的调查也有类似的数据。英国调查了 132 起容器破坏事故（7 起是灾难性的)，其中因疲劳裂纹引起的事故占 36%，而因疲劳裂纹、腐蚀裂纹引起的破坏事故占裂纹扩展造成设备破坏总数的 60%以上。在腐蚀破裂事故中，应力腐蚀破裂也是最危险而且较为常见的一种破坏事故。在我国化肥、化工、炼油生产中，因疲劳破裂和应力腐蚀破裂引起的化工设备破坏事故所占的比例也很大。

2. 预防腐蚀破裂的措施

腐蚀破裂的类型很多，其原因和腐蚀形态也各不相同，因而预防其发生的措施也不同，但无论是哪种腐蚀破裂，都是受腐蚀介质、应力和材料的影响所致。因此，防止腐蚀的基本措施包括：

（1）选择合适的耐腐蚀材料　这是基于介质对材料的腐蚀作用。某些介质只对某些金属材料产生腐蚀作用，如高温高压的氢可以使碳钢发生严重的脱碳，造成高温氢蚀，而对铬钼钢则不产生这种腐蚀作用。因此，压力容器在设计时需根据工作介质的腐蚀特点选用合适的耐腐蚀材料。

（2）使容器与腐蚀介质隔离　为了避免介质对容器壳体产生腐蚀，可以采用耐腐蚀的材料把腐蚀介质与容器的壳体隔离开来。常用的方法是采用表面涂层和在容器内加衬里。表面涂层可以是金属的，如电镀层、喷镀层，也可以是非金属的，如油漆、搪瓷等。容器的衬里也有金属衬里和非金属衬里两种。

（3）消除能引起应力腐蚀的因素　应力腐蚀破裂是压力容器腐蚀裂纹的主因，也是最危险的一种腐蚀破坏形式，因此应该在设计、制造和使用过程中采用相应的措施来消除能引起应力腐蚀的因素。如设计时应从结构上尽可能减小过大的局部应力，在焊接时尽量减少焊接残余应力，适当降低粗糙度等。

5.1.5　蠕变破裂

蠕变破裂是指金属材料长期在高温条件下受热应力的作用而产生缓慢、连续的塑性变形，这种塑性变形经过长期的累积后，最终会导致材料破裂。

1. 蠕变破裂的机理

蠕变破裂的机理是：长期在高温条件下运行的设备，由于受到热应力的作用，器壁将产生缓慢、连续的塑性变形，使容器的体积逐渐增大，即产生蠕变变形，严重时在低应力状态下便会发生蠕变破裂。一般材料的蠕变破裂温度为其熔化温度的25%~35%，发生蠕变的温度为300~350℃，钛钢及合金钢的蠕变温度通常为400~450℃。

材料发生蠕变破裂的主要机理如图5-12所示。

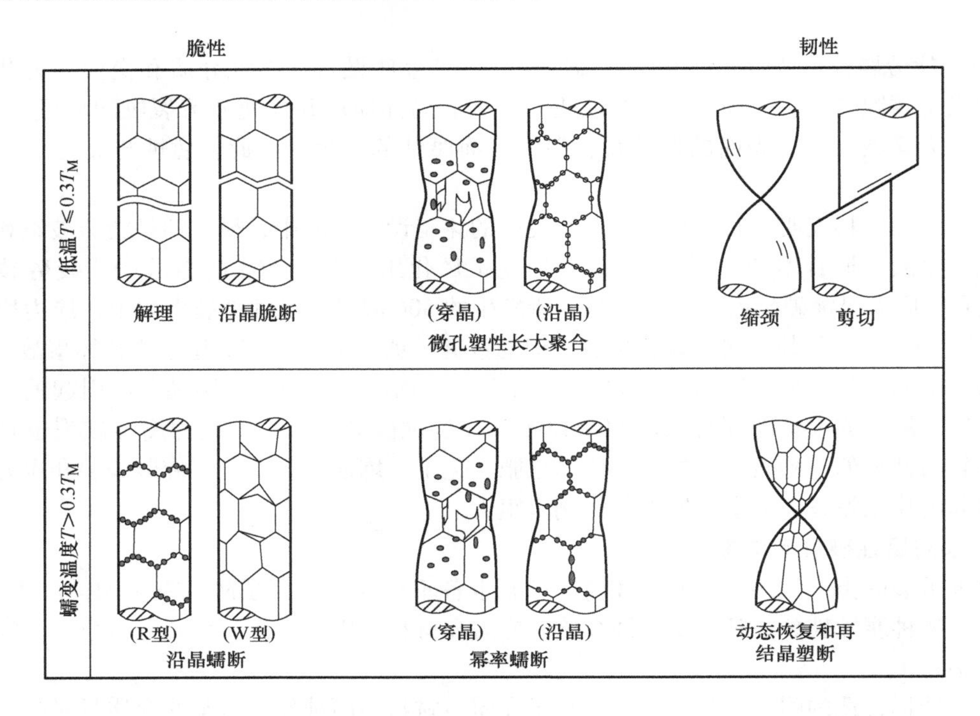

图5-2　蠕变破裂机理示意图

T_M—熔化温度

2. 产生蠕变破裂的主要原因

导致产生蠕变破裂的主要原因是：

1）蠕变破裂常见于设备的受热部件。当在不正常运行时，如器壁超温运行、炉管因结垢导致局部过热等，都是蠕变破裂的常见原因。

2）设计时选材不合理，如选用了常温时塑性良好而高温时变脆的材料，或采用一般碳钢代替蠕变性能良好的合金钢。

3）操作不当，维护不周，导致设备运行中出现局部过热。

3. 蠕变破裂的典型特征

1）蠕变破裂只发生在高温容器或装置中，破裂时有明显的塑性变形和蠕变小裂纹，其变形量与材料在高温下的塑性有关。

2）蠕变破裂断口无金属光泽，呈粗糙颗粒状，表面有高温氧化层或腐蚀物。高温作用发生金相组织变化，呈石墨化倾向时，破裂有明显的脆性断口特征。由断口的金相分析可以发现：微观金相组织有明显变化，如晶粒长大、再结晶与回火效应、碳化物分解、合金组织球化（或石墨化）等。

3）长期在高温和热应力作用下，破裂时的应力低于材料正常操作温度下的抗拉强度。

4）高温容器若再遇交变载荷，则会产生另一类容器破裂问题，即蠕变疲劳破裂。

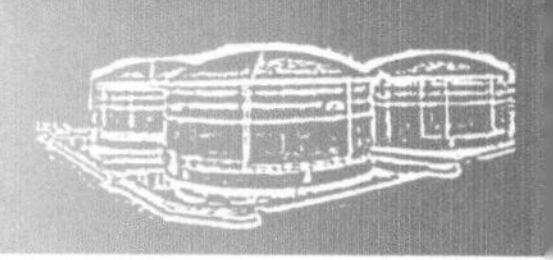

4. 防止蠕变破裂的措施

按规定要求设计压力容器，规范操作程序和保证稳定运行是避免发生容器蠕变破裂的重要措施。此外，限制容器器壁温度或选用满足高温力学性能要求的材料也可以避免或减少容器蠕变破裂的发生。

需要指出的是，在多种因素作用下，压力容器有可能同时发生多种形式的失效，即交互失效，如腐蚀介质和交变应力同时作用时引发的腐蚀疲劳、高温和交变应力同时作用时引发的蠕变疲劳等。

5.2　压力容器的爆炸危害及事故分析

压力容器因爆炸而破裂时，容器内高压气体解除了外壳的约束，迅速膨胀并以很高的速度释放出内在能量，这就是通常所说的物理爆炸现象。

压力容器破裂时，气体膨胀爆炸虽然不像一般炸药那样，能形成几千摄氏度的高温和几万兆帕的高压，但是，若容器的工作压力较高、容积较大，则爆炸能量也是不小的，而且产生的危害也是多方面的。

容器破裂时，气体膨胀所释放的能量，一方面使容器进一步开裂，并使容器或其所裂成的碎片以较高的速度向四周飞散，造成人身伤亡或撞坏周围的建筑物及设备等；另一方面，它的更大一部分对周围的空气做功，产生冲击波，冲击波除了直接伤人外，还可以摧毁厂房等建筑物，产生更大的破坏作用。

若容器的工作介质是有毒的气体，则随着容器的破裂，大量的毒气向周围扩散，产生大气污染，并可能造成大面积的中毒区。更严重的是容器内盛装的是可燃液化气体，在容器破裂后，它立即蒸发并与周围的空气相混合，形成可爆性混合气体，遇到容器碎片撞击设备产生的火花或高速气流所产生的静电作用，会立即产生化学爆炸，即通常所说的容器二次爆炸，它产生的高温燃气向四周扩散，并引起周围可燃物燃烧，会造成大面积的火灾区。

5.2.1　压力容器的爆炸能量估算

压力容器破裂时，气体膨胀所释放的能量（即爆炸能量）不但与气体的压力和容器的容积有关，而且与介质在容器内的物性状态有关。因为压力容器内的介质，有的是以气态存在的，如空气、氧、氢等，也有的是以液态存在的，如液氨、液氯等液化气体与高温饱和水等。容积与压力相同而相态不同的介质，在容器破裂时产生的爆炸能量也不相同，而且爆炸的过程也不完全一样。

1. 压缩气体与水蒸气的爆炸能量

对于储存压缩气体的压力容器，当容器由于爆炸发生破裂时，气体不发生状态变化，仅仅是气体压力由储存时的器内压力降低到大气压力，因此，可将其看作一个简单的气体膨胀过程。由于爆炸是瞬间进行的一个过程，因此可不考虑压缩气体与外界大气之间的热量交换，即认为压缩气体的膨胀过程是在绝热系统内进行的。

因此，压缩气体的爆炸能量就是气体绝热膨胀所做的功，即

$$E_g=\frac{pV}{\kappa-1}\left[1-\left(\frac{1}{10p}\right)^{\frac{\kappa-1}{\kappa}}\right]\times10^6 \tag{5-1}$$

式中　E_g——气体膨胀所做功，即爆炸能量（J）；

p——容器内气体的绝对压力（MPa）；

V——容器的容积（m^3）；

κ——气体的绝热指数，即气体的定压比热容与定容比热容之比，常用的气体多为双原子气体，$\kappa=1.4$；三、四原子气体的 $\kappa=1.2\sim1.3$。

压力容器中常用的压缩气体绝热指数可从表5-2查得。

表5-2　常用压缩气体的绝热指数

气体名称	空气	氮气	氧气	氢气	甲烷	乙烷	一氧化碳	二氧化碳
绝热指数 κ	1.4	1.4	1.397	1.412	1.315	1.18	1.395	1.295

令

$$C_g=\frac{p}{\kappa-1}\left[1-\left(\frac{1}{10p}\right)^{\frac{\kappa-1}{\kappa}}\right]\times10^6 \tag{5-2}$$

则它是 p 的函数，称为压缩气体爆炸能量系数，单位是 J/m^3（可查表5-3），则式（5-1）可简化为

$$E_g=C_gV \tag{5-3}$$

表5-3　常用压力下二原子压缩气体的爆炸能量系数（$\kappa=1.4$ 时）

绝对压力/MPa	0.3	0.5	0.7	0.9	1.1	1.7
爆炸能量系数 C_g/(J/m³)	2.02×10^5	4.61×10^5	7.46×10^5	1.05×10^6	1.36×10^6	2.36×10^6
绝对压力/MPa	2.6	4.1	5.1	6.5	15.1	32.1
爆炸能量系数 C_g/(J/m³)	3.94×10^6	6.70×10^6	8.60×10^6	1.13×10^7	2.88×10^7	6.48×10^7

例5-1　计算一个容积为50L，内部压力为15.1MPa的氧气瓶发生爆炸时的爆炸能量。

解： 查表5-3，当容器内部压力为15.1MPa时，其压缩气体爆炸能量系数 $C_g=2.88\times10^7 J/m^3$，根据式（5-3），爆炸能量为

$$E_g=C_gV=0.05\times2.88\times10^7 J=1.44\times10^6 J$$

1kg的TNT炸药爆炸能量约为 4.2×10^6J，因此该氧气瓶的爆炸能量相当于0.34kg的TNT炸药的爆炸能量。

计算压缩气体爆炸能量的式（5-2）、式（5-3）也可以用于水蒸气。但水蒸气的绝热指数 κ 与一般压缩气体的绝热指数差别较大，κ 值与饱和水蒸气的干度及是否过热有关：过热水蒸气，$\kappa=1.3$；干饱和水蒸气，$\kappa=1.135$；湿饱和水蒸气，$\kappa=1.035+0.1x$（x 为饱和水蒸气的干度）。

将 $\kappa=1.135$ 代入式（5-2）、式（5-3）可得常用压力下干饱和水蒸气的爆炸能量为

$$E_s=C_sV$$

式中 C_s——干饱和水蒸气的爆炸能量系数，单位为 J/m^3，见表 5-4。

表 5-4 常用压力（绝对压力）下干饱和水蒸气爆炸能量系数 C_s

绝对压力/MPa	0.4	0.6	0.9	1.4	2.6	3.1
爆炸能量系数/(J/m^3)	0.45×10^6	0.85×10^6	1.5×10^6	2.8×10^6	6.2×10^6	7.7×10^6

若容器内既有液体，又有气体，则应分别按照液体的体积和气体的体积及压力来计算爆炸能量，然后将两者相加。

2. 液化气体与高温饱和水的爆炸能量

液化气体与高温饱和水容器中，大多数介质是以气体、饱和液体两种状态同时存在的，如液化气罐、液氨罐等。在爆炸过程中，容器破裂，一方面，容器内的气体迅速膨胀，使器内压力迅速降低至大气压力，由于爆炸时间很短，此过程可近似看作是器内气体绝热膨胀的过程；另一方面，器内饱和液体的温度由于高于其在大气压下的沸点而处于过热状态，由于压力下降至大气压，使处于过热状态的饱和液体急剧蒸发，体积迅速膨胀，并很快充满整个容器空间，容器受到很高压力的冲击导致进一步破裂。

因此，液化气体与高温饱和水的爆炸过程，实际上是由器内气体绝热膨胀和器内过热状态下的饱和液体急剧蒸发两部分组成。由此可见，该类介质的实际爆炸能量等于容器内气体绝热膨胀产生的爆炸能量与饱和液体急剧蒸发产生的爆炸能量之和。但在大多数情况下，这类容器内的饱和液体在介质中所占比例比气体大得多，其产生的爆炸能量比气体膨胀产生的能量大得多，因此，可忽略气体膨胀所做的功。

综上所述，液化气体或高温饱和水的爆炸能量，近似等于器内过热状态下的饱和液体急剧蒸发所产生的爆炸能量，即饱和液体绝热膨胀至大气压气相所做的功，其计算公式为

$$E_l=[(i_1-i_2)-(s_1-s_2)T_1]m \tag{5-4}$$

式中 E_l——过热状态下饱和液体的爆炸能量（J）；

i_1，i_2——在容器破裂前后压力或温度下饱和液体的焓（J/kg）；

s_1，s_2——在容器破裂前后压力或温度下饱和液体的熵 [J/(kg·K)]；

m——饱和液体的质量（kg）；

T_1——介质在大气压力下的沸点（K）。

高温饱和水在大气压下的焓 $i_2=419060$J/kg，熵 $s_2=1306.9$ J/(kg·K)，$T_1=(100+273)$ K=373K。

各种压力下高温饱和水的爆炸能量为

$$E_w=[(i_1-419060)-373(s_1-1306.9)]m$$

为简化起见，可将各种饱和压力下的饱和水的焓 i_1 和熵 s_1 代入，并将饱和水质量换算为体积，则将上式改写为

$$E_w=C_wV \tag{5-5}$$

式中 V——容器内饱和水所占的容积（m^3）；

C_w——饱和水的爆炸能量系数（J/m^3）。

饱和水的爆炸能量系数由它的压力决定。各种常用压力（绝对压力）下高温饱和水的爆炸能量系数见表5-5。

表5-5 常用压力（绝对压力）下高温饱和水爆炸能量系数

p（绝对压力）/MPa	0.4	0.6	0.9	1.4	2.6	3.1
爆炸前饱和水的焓 $i_1/(\times10^3\text{J/kg})$	604.87	670.67	742.90	830.24	971.67	1017.00
爆炸前饱和水的熵 $s_1/[\times10^3\text{J}\ (\text{kg}\cdot\text{k})]$	1.777	1.9315	2.095	2.284	2.574	2.662
爆炸能量系数 $C_w/(\times10^6\text{J/m}^3)$	10.462	18.634	29.878	46.727	79.982	92.448

比较表5-4和表5-5可以看出，饱和水的爆炸能量约为同体积、同压力的饱和蒸气的数十倍。

3. 可燃气体容器的二次爆炸及其爆炸能量

容器破裂时，容器内的可燃气体会大量流出，并迅速与外面的空气混合，形成可爆性混合气体。由于气体高速流出产生的静电或容器碎片撞击产生的火花为这团可爆性混合气体提供了起爆条件，于是在容器破裂爆炸后，很快又会发生化学性爆炸，这就是通常所说的二次爆炸。这两次爆炸往往是相继发生的，中间的间隔时间很短，以致往往不能从声响上加以辨别，而且第二次化学性爆炸的能量常常要比第一次气体膨胀的能量大得多。

虽然容器可燃气体的量已知，而且在容器爆炸时又几乎全部流出，但由于这些气体一般以球状或其他形状在空间扩散，只有外围一部分可燃气体与大气中的氧混合形成爆炸性气体，所以并不是全部可燃气体都参与反应。参与反应的可燃气体量的多少与许多因素有关，如容器周围的气流情况、气体的爆炸极限范围、出现火源的时间等，因此一般只能是估算，即先假定参与爆炸反应的气体所占的百分比，然后按照这些可燃气体的燃烧热计算其爆炸能量，即

$$E_H = HV \tag{5-6}$$

式中 E_H——化学爆炸时的爆炸能量（J）；

V——参与反应的可燃气体体积（m^3）；

H——可燃气体的燃烧热值（J/m^3）。

5.2.2 压力容器的爆炸危害

压力容器爆炸具有很大的破坏作用，爆炸的破坏力主要有：爆炸发出的巨大声波对物体的振动损害及对人体器官的伤害、冲击波的危害、爆炸碎片的破坏、容器破裂后介质泄漏造成的人员中毒或二次燃烧爆炸等。

1. 冲击波的破坏作用

压力容器破裂时，容器内的高压气体大量冲出，使它周围的空气受到冲击而发生扰动，即使其压力、密度、温度等产生突跃变化，这种扰动在空气中传播就成为冲击波。其状态的

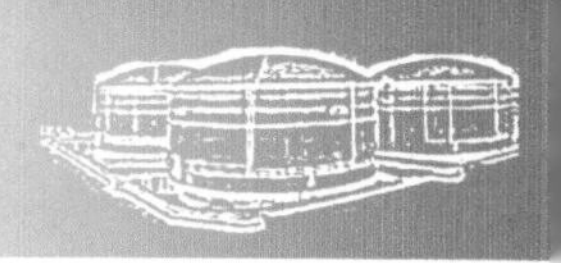

突跃变化最明显地表现在压力上。在离爆炸中心有一定距离的地方，空气压力会随着时间的推移而发生迅速而悬殊的变化。开始时，压力突然升高，产生一个很大的正压力，接着又迅速衰减，在很短的时间内，正压力降至零，即恢复至原来的大气压力，而且要继续下降至小于大气压力的负压，如此反复循环数次，但压力的变化一次比一次小得多。开始时产生的最大正压力与大气之间的压差就是冲击波波阵面的超压 Δp。

图 5-3 所示是 1kg TNT 炸药爆炸时，距爆炸中心一定距离处测定的压力-时间变化曲线。从图中可以看出，冲击波波阵面的负压阶段虽然时间较长，但最大负压值要比最大正压值小得多（仅为最大正压力的几分之一），所以在多数情况下，冲击波的破坏作用主要是由波阵面上的超压引起的。在爆炸中心附近，冲击波超压 Δp 甚至可达到兆帕级，而 5kPa 的超压就可以使门窗玻璃破碎。

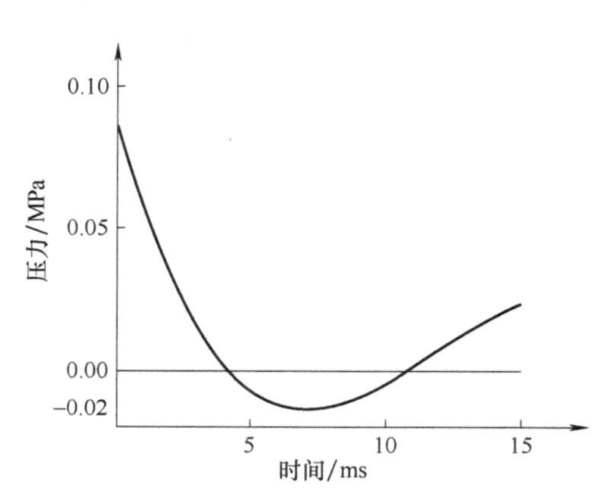

图 5-3　在距爆炸中心一定距离处测定的压力-时间曲线

表 5-6 中列出了各种冲击波波阵面超压对建筑物的破坏作用。实际上，有些建筑物的破坏程度主要取决于冲击波的冲量，即正压力持续期间的压力曲线所包含的面积，对于容易破裂或变形的物体（如玻璃、薄板），因为破裂时间比正压作用时间短得多，它在破裂前所受的冲量以最大正压力（超压）作为考虑的基准是合适的。但对于像砖墙倒塌这样一些破坏，它所经历的时间比冲击波正压持续的时间要长，应以冲量作为考虑破坏的基准，不过由于这方面所积累的经验数据不足，所以一般还是以超压的大小来衡量。

表 5-6　不同超压对建筑物的破坏作用

超压 Δp/MPa	破坏情况
0.005～0.006	门窗玻璃部分破碎
0.006～0.01	受压面的门窗玻璃大部分破碎
0.015～0.02	窗框损坏
0.02～0.03	墙裂缝
0.04～0.05	墙裂大缝，屋瓦掉下
0.05～0.06	木建筑厂房屋柱折断，房架松动
0.07～0.1	砖墙倒塌
0.1～0.2	防震钢筋混凝土破坏，小屋倒塌
0.2～0.3	大型钢架结构破坏
0.03～0.05	人的听觉器官损伤或骨折
0.05～0.1	严重损伤人的内脏

冲击波除了破坏建筑物以外，它的超压还会直接危害在它所波及范围内的人身安全。冲击波超压对人体的伤害作用见表 5-7，只有在 20kPa 以下的超压，人员才能保证安全。

空气冲击波对人体的伤害，除波阵面超压外，在它后面的高速气流也不容忽视，速度高达几十米每秒的气流夹杂着砂石碎片等杂物，往往会加重对人体的伤害。

表 5-7　冲击波超压对人体伤害作用

Δp/kPa	伤害作用	Δp/kPa	伤害作用
20~30	轻微损伤	50~100	内脏严重损伤或死亡
30~50	听觉器官损伤或骨折	>100	大部分人员死亡

2. 碎片的破坏作用

压力容器破裂时，气体高速喷出产生的推力可能使有些壳体裂成大小不等的碎块或碎片向四周飞散，这些具有较高速度或较大质量的碎片在飞出的过程中具有较大的动能，可能造成较大的危害。

碎片所具有的动能与它的质量及速度的二次方成正比，即

$$E_1=\frac{1}{2}mv_0^2 \tag{5-7}$$

式中　E_1——碎片动能（J）；

m——碎片质量（kg）；

v_0——碎片的初速度（m/s）。

当容器或其碎片的位置高于地面并沿水平方向抛出时，初速度为

$$v_0=\frac{R}{\sqrt{2H/g}}=2.21\frac{R}{\sqrt{H}} \tag{5-8}$$

式中　R——碎片抛出的距离（m）；

H——容器或碎片原来的位置离地面的高度（m）；

g——重力加速度，$g=9.8\text{m/s}^2$。

当容器位于地面上，容器或其碎片向上斜抛时，初速度为

$$v_0=\sqrt{\frac{Rg}{\sin(2\theta)}}=3.13\sqrt{\frac{R}{\sin(2\theta)}} \tag{5-9}$$

式中　θ——容器或碎片抛出方向与地面的夹角（°）。

容器或碎片抛出的方向以及与地面的角度，只能根据目击者所提供的情况或地面周围的阻挡情况等加以判断确定，或者按斜抛为45°方向飞出，求出最小初速度。若碎片较多，且飞出距离相差较大，则可按某些抛出时不受阻挡的碎片的抛出距离计算其平均初速度，作为全部抛出碎片的初速度。

考虑空气阻力的影响，式（5-8）、式（5-9）计算的 v_0 需乘以空气阻力系数（1.1~1.2）作为碎片的实际初速度。

压力容器碎片在离开壳体时常具有80~120m/s的初速度，在飞离容器较远的地方也常有20~30m/s的速度。根据罗勒的研究，碎片动能造成的人体伤害程度见表5-8。

表 5-8　碎片动能造成的人体伤害程度

碎片动能 E_1/J	>26	>60	>200	>300
损伤程度	致人外伤	骨轻伤	骨重伤	重伤或死亡

对于被击物为钢板、木材等一类塑性材料，碎片的穿透能力与它的动能成正比，穿透量可以按照下式计算，即

$$S=KE/A \tag{5-10}$$

式中　S——碎片对材料的穿透量（cm）；

E——击中时碎片所具有的动能（J）；

A——碎片穿透方向的截面面积（cm^2）；

K——材料穿透系数，钢板 $K=0.001$，木材 $K=0.04$，钢筋混凝土 $K=0.01$。

3. 现场破坏能量的估算

破坏能量可根据事故现场破坏情况进行估算。压力容器爆炸后，爆炸能量主要消耗于三个方面：一部分用于将压力容器壳体撕裂，一部分用于将容器或撕裂的碎片抛出去，还有一大部分能量形成冲击波对周围建筑物或设备造成破坏。

一般来说，在已产生裂口的情况下，进一步将容器撕裂所耗用的能量是很小的，可忽略不计。因此，破坏能量可根据抛出容器或碎片以及对周围建筑物的影响这两方面所显现的破坏现象及程度进行估算。

抛出容器或其碎片时所消耗的能量 E_1 由式（5-7）求得。

破坏周围建筑物消耗的能量 E_2 的计算，可按以下步骤进行：

1）根据现场附近建筑物破坏及对人员影响的情况，参照表5-6，推算爆炸能量所产生的冲击波超压 Δp（即冲击波波阵面上的最大正压力）。

2）确定模拟比 α。根据表5-9，以 Δp 查出1000kg TNT炸药爆炸时产生同样的超压 Δp 处与模拟爆炸中心的距离 R_0，按 $\alpha=R/R_0$ 求模拟比。其中 R 为碎片距实际爆炸中心的距离，单位为m。

表5-9　1000kg TNT爆炸时的冲击波超压

距离 R_0/m	超压 Δp_0/MPa	距离 R_0/m	超压 Δp_0/MPa	距离 R_0/m	超压 Δp_0/MPa	距离 R_0/m	超压 Δp_0/MPa
5	2.94	12	0.50	30	0.057	60	0.018
6	2.06	14	0.33	35	0.043	65	0.016
7	1.67	16	0.235	40	0.033	70	0.0143
8	1.27	18	0.17	45	0.027	75	0.013
9	0.95	20	0.126	50	0.024		
10	0.76	25	0.070	55	0.021		

3）计算产生冲击波能量的TNT当量（kg）：

$$q'=(10\alpha)^3 \tag{5-11}$$

4）计算破坏周围建筑物消耗的能量（kJ）：

$$E_2=4.23q'\times10^3 \tag{5-12}$$

总的破坏能量 E 约等于抛出碎片的能量与破坏周围建筑物的能量之和，即

$$E=E_1+E_2 \tag{5-13}$$

4. 有毒液化气体容器破裂时的毒害区估算

在压力容器所盛装的液化气体中，有很多是有毒的物质（如液氨、液氯、硫化氢、二氧化硫、二氧化氮、氢氰酸等），这些容器破裂时，会造成大面积的毒害区。这是因为液化气体容器破裂时的蒸气爆炸，使容器内的部分液体蒸发成气体，并迅速在空气中扩散，而空气中只要有少量的有毒气体，就会使人中毒，严重时会造成死亡。一般在常温下破裂的容器，大多数液化气体生成的蒸气体积约为液体的二三百倍，如液氨为240倍，液氯为150倍，氢氰酸为200~370倍，液化石油气为180~200倍。有毒气体可在大范围内导致生命体的死亡或严重中毒，如装有1t液氯的容器破裂时，可酿成$8.6\times10^4m^3$的致死范围和$5.5\times10^6m^3$的中毒范围。这些毒蒸气的体积可以根据热量平衡来进行估算。

设容器内液化气体的质量为m(kg)，破裂前容器内介质的温度为t(℃)，这种介质的液体定压比热容为c_p[kJ/(kg·℃)]，当容器破裂时，容器内压力降至大气压力。处于过热状态的液体温度迅速降至其标准沸点t_0(℃)，此时全部液体所放出的热量为

$$Q=mc_p(t-t_0) \tag{5-14}$$

设这些热量全部用于容器内液体的蒸发，如它的汽化热为q(kJ/kg)，则其蒸发量为

$$m'=\frac{Q}{q}=\frac{mc_p(t-t_0)}{q} \tag{5-15}$$

如介质分子量为M，在理想情况下，1mol气体的体积是22.4L，则在沸点下蒸发蒸气在的体积为

$$V_g=\frac{22.4m'}{M}\frac{273+t_0}{273}=\frac{22.4mc_p(t-t_0)}{Mq}\frac{273+t_0}{273} \tag{5-16}$$

为了便于计算，现将压力容器最常用的液氨和液氯的有关物理性能引入表5-10。

表5-10　液氨、液氯的有关物理性能

名称	分子量	沸点t_0/℃	液体平均比热容c/[kJ/(kg·℃)]	汽化热q/(kJ/kg)
氨	17	-33	4.6	1372
氯	71	-34.5	0.96	289

从式（5-16）可以看出，压力容器中质量一定的液化气体发生蒸气爆炸所生成的蒸气体积与它破裂时液体的温度t有关。这些蒸气生成以后，顺着气流方向向外扩散，于是在周围的大气中很快可以形成足以令人死亡或严重中毒的毒气浓度，表5-11列出了容器中经常盛装的有毒液化气体的危险浓度。

由于这些毒气在空气中的致死浓度（吸入5~10min）为0.027%~0.5%，则$1m^3$的毒气即可以使$200\sim3700m^3$的空间变成中毒死亡区。

需要指出的是，根据式（5-16）计算出的体积只是在爆炸瞬间，液化气体还没有来得及与周围空气、地面等进行热交换，汽化后的气体还处于很低的沸点温度（如液氨的沸点为-33℃）下的体积，实际上，容器爆炸后液体流出容器，从地面和空气中吸热，从而增加汽化量，直至完全汽化，汽化后的气体及其从空气中吸热而膨胀，都会使实际的毒气体积大大增加。这时的毒气体积可以参照式（5-16），按照液化气总质量m和现场实际温度估算。

表5-11　有毒液化气体的危险浓度

名称	吸入5~10min致死浓度（%）	吸入0.5~1h致死浓度（%）	吸入0.5~1h致重伤浓度（%）
氨	0.5	—	—
氯	0.09	0.0035~0.005	0.0014~0.0021
二氧化硫	0.05	0.053~0.065	0.015~0.019
硫化氢	0.08~0.1	0.042~0.06	0.036~0.05
二氧化氮	0.05	0.032~0.053	0.011~0.021
氢氰酸	0.027	0.011~0.014	0.01

若已知某种有毒物质的危险浓度，则可求出其危险浓度下的有毒空气体积。如氨在空气中的浓度达到0.5%时，人吸入5~10min即致死，则体积为V_g的二氧化硫可以产生令人致死的有毒空气体积为

$$V=V_g\times\frac{100}{0.5}=200V_g$$

假设这些有毒气体以半球形向地面扩散，则可求出该有毒气体扩散半径为

$$R=\sqrt[3]{\frac{V_g/C}{\frac{1}{2}\times\frac{4}{3}\pi}}=\sqrt[3]{\frac{V_g/C}{2.0944}} \tag{5-17}$$

式中　R——有毒气体的扩散半径（m）；

V_g——有毒介质的蒸气体积（m^3）；

C——有毒介质在空气中的危险浓度值（%）。

5. 可燃液化气体容器破裂时的燃烧

可燃液化气体储罐破裂时，一部分液体蒸发成气体，但由于这部分气体在空气中爆炸，会使得另一部分未被蒸发而以雾状的液滴散落在空气中的液体也会与周围的空气混合而着火燃烧。因此，这种容器一旦破裂，并在容器外空间发生二次爆炸时，其危害更为严重，容器内的可燃液化气体几乎是全部烧净的。这些可燃气体爆炸燃烧所放出的热把燃烧后生成的气体（水蒸气、二氧化碳）及空气中的氮气升温膨胀，因而形成体积巨大的高温燃气团，使周围很大一片地区变成火海。液态烃汽化后的混合气体爆炸燃烧区域可为原有体积的数万倍。例如，一个盛装1600m^3乙烯的球罐破裂后，燃烧区范围可达直径700m、高350m，其二次空间爆炸的冲击波可达十余千米。这种危害绝非蒸气锅炉物理爆炸所能比拟的。

可燃液化气体容器破裂时产生的高温燃气的体积及其燃烧范围可通过计算求得：

1）已知容器内所装液化气体的质量，若容器破裂后可燃液化气体完全燃烧，则可根据燃烧化学反应式计算出燃烧所需空气量和燃烧后生成燃气的质量。

2）由可燃液化气体的燃烧热值和燃气的比热容，可以计算出燃气温度的升高值。

3）根据燃气在标准状态下的密度，可计算出液化气体完全燃烧生成的燃气在高温下的体积。

4）假如这些燃气以半球状向地面扩散，则可由高温燃气的体积求出高温气体的扩散

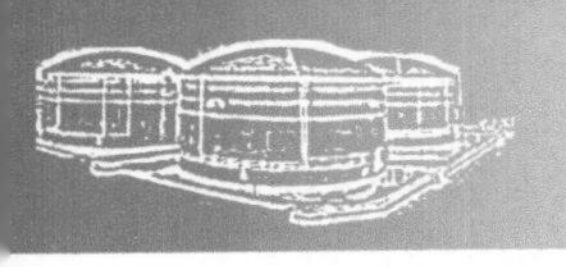

半径。

现以液化石油气体（按照丙烷计）储罐为例，计算这种容器破裂时所产生的高温燃气的体积及其燃烧范围。

设容器内所装液化丙烷为 $m_1$kg，容器破裂后，一部分被蒸发成气体，并产生燃烧爆炸；另一部分以雾状的液滴散落在空气中，因此也同时被燃烧。若燃烧完全，即按照下面的反应式进行：

$$C_3H_8+5O_2 \longrightarrow 3CO_2+4H_2O \tag{5-18}$$

每千克丙烷所需氧量为 160/44kg = 3.64kg，需空气量 3.64/0.21kg = 17.3kg。$m_1$kg 丙烷完全燃烧后生成燃气的质量便为（17.3+1）$m_1$kg。丙烷的燃烧热值为 46066kJ/kg，设燃气的比热容为 1.256kJ/kg，则燃气的温度可以升高 46066/(18.3×1.256)℃ ≈2000℃。燃气在标准状态下的密度约为 1.25kg/m^3，则 $m_1$kg 丙烷完全燃烧生成的燃气在 2000℃时的体积便为

$$\frac{18.3m_1}{1.25}\frac{273+2000}{273}\mathrm{m}^3 \approx 122m_1\mathrm{m}^3 \tag{5-19}$$

设这些燃气以半球形从地面向外扩散，则高温燃气的扩散半径为

$$R=\sqrt[3]{\frac{122m_1}{\frac{1}{2}\times\frac{4}{3}\pi}}\mathrm{m}=\sqrt[3]{0.477\times122m_1}\,\mathrm{m}=3.9\sqrt[3]{m_1}\,\mathrm{m} \tag{5-20}$$

从式（5-20）可以看出，以容器为中心，在直径约为 $7.8\sqrt[3]{m_1}$ m，高 $3.9\sqrt[3]{m_1}$ m 的范围内，所有可燃物都将着火燃烧，在此范围内的人员也会被烧伤。

从式（5-20）可以粗略地算出，一个民用液化石油气瓶（15kg）破裂爆炸时，其燃烧范围至少可达 20m。一个 10t 的液化石油气储罐破裂爆炸，燃烧范围至少可达 170m。

5.2.3 压力容器事故的常规分析

压力容器发生事故，原因往往是多方面的，常常是几种不安全因素汇集在一起，促使事故发生。在进行事故分析时，其基本步骤主要包括：对事故进行调查、分析和处理，查清事故经过、事故原因和事故损失，查明事故性质，认定事故责任，总结事故教训，提出整改措施，对事故责任者依法追究责任，以防止和减少类似事故的发生。

常规的容器事故分析方法中，通过事故现象来查找原因大致有两种思路，一种是从容器破裂形式入手，进行事故原因分析；另一种是从破裂时的载荷状态进行分析。

1. 基于破裂形式的分析

从容器的破裂形式入手分析事故原因，可以按下列步骤进行：

1）根据容器破裂后的整体形态、断口形貌等破裂特征，确定其属于哪一种类型的破裂。如容器破裂后在整体或较大的局部区域内有明显的塑性变形，即容器发生了周长增大和壁厚减薄等，则该容器属于韧性破裂。

2）分析研究发生这种破裂的基本条件是否存在。如容器产生韧性破裂的必要条件是它在载荷（压力等）作用下，器壁整体截面上产生的应力达到或超过材料的力学强度。

3）通过计算或试验，分析产生这些条件的直接原因或间接原因。

2. 基于破裂时载荷状态的分析

根据压力容器承载的特点，其可能在正常工作压力下破裂，也可能因为超载或异常载荷

而发生破裂。因此，可以从容器破裂时的载荷状态入手进行分析，即先判别它是在哪一种载荷状态下破裂，然后分析研究造成这种载荷状态的直接原因。

容器破裂时的载荷状态可以分为：工作压力状态、超压状态和容器内爆炸反应状态。容器在哪一种状态下发生破裂，通常可以从以下三个方面进行判别：一是对配有压力自动记录仪表的压力容器，可以直接从压力记录中查到容器破裂时的压力；二是从容器破裂后的形态和安全附件的状况来判别；三是根据现场的破坏情况估算造成这种破坏所需要的能量（即破坏能量），进一步推断出容器破裂时所释放的能量。

（1）工作压力下破裂　在工作压力下破裂的压力容器，可从下列运行与破坏状况进行判别：

1）容器无超压的可能性或可能性甚小。同一压力来源的其他容器一切正常，且操作及工艺条件又无任何异常现象等。

2）根据容器破裂后实测的器壁厚度和材料强度测试数据计算得到的容器爆破压力与容器最高工作压力大体相近，或者是容器存在低应力破坏的条件。

3）容器的安全附件状态正常。如安全装置测试符合要求，安全阀没有发现有开启排气的现象，或爆破片未发生动作，压力表没有指针回不到零单位或指针弯曲等破坏现象。

4）根据现场的破坏情况，估算其总的破坏能量小于容器工作压力下的爆炸能量。

容器在工作压力下破裂，常见的原因有：

1）由于设计差错或运行中的严重腐蚀，容器壁厚过薄。

2）制造过程中误用材料。

3）容器存在较严重的材料缺陷或制造缺陷，如白点、焊接裂纹、焊缝咬边或未焊透等，且材料在工作温度下的韧性较差。

4）容器经受过多次的反复载荷，包括压力的急剧波动、温度周期性变化或严重振动等，且容器存在较高的局部应力。

5）异常操作或环境恶化，如防腐措施失效、操作条件变更、溶液中的腐蚀性介质富集致使溶液的浓度增高等，构成金属与介质环境的特殊组合，产生应力腐蚀。

（2）超压破裂　超压是指容器内部的实际压力远高于它的最高工作压力和耐压试验压力。容器超压破裂时设备和附件的运行和破坏情况如下：

1）容器有超压的可能性。例如，容器的压力来源处气体的压力远大于容器的工作压力，或容器内介质有可能因异常条件的出现而使其压力增大。

2）破裂后的容器有明显的塑性变形，包括壳体周长增大和壁厚减薄。根据其实测的壁厚和材料强度试验数据计算得到的容器破裂压力远大于容器的最高工作压力。

3）没有按规定装设安全泄压装置或安全泄压装置严重失效。如容器无安全阀或爆破片；安全阀被粘住或堵塞；弹簧式安全阀的弹簧过分压紧，重锤杠杆式安全阀的杠杆增挂重物；爆破片膜片超厚使其动作压力显著偏高等。这些造成安全泄压装置不能在规定的动作压力下开启泄压，或者是安全泄压装置虽曾动作（安全阀开启、爆破片破裂等），但其排量远小于容器的安全泄放量。

4）根据现场的破坏情况，估算其总破坏能量大于容器工作压力下的爆破能量，而小于其在计算破裂压力下的爆炸能量。

容器超压破裂的原因有：

1）压缩气体储罐可能产生的超压原因是：附件损坏或操作失误（如储罐的出口管或阀件发生故障或误关闭）而导致正常的排气受阻塞；空气压缩机储罐可能因罐内润滑油积存过多或长期受高温作用而生成炭黑，结果在罐内（或管内）自燃，储罐在高温及超压下破裂。

2）液化气体容器（包括储罐、气瓶及罐车等）可能产生的超压原因较多。例如：因意外受热（低温储存容器的保温装置破损或失效，常温储存容器因温度自动调节装置失灵，器内高分子单体部分发生聚合放热或容器接近高温热源）而致使饱和蒸气压力显著提高；储罐、罐车及气瓶等因充装过量，在周围环境温度下满液（没有气体空间）膨胀而超压等。

3）分离、换热（蒸发）容器可能产生的超压原因是，高压气体进入低压容器内。如用减压阀降压进气的设备，因减压阀失效、换热管破裂、胀管失效泄漏等都可以使高压气体直接导入低压容器内而造成超压；蒸发换热容器也可因载热体过量或蒸发气体因出口阀体故障（损坏或误闭）受阻塞而使容器内压力升高。

4）放热或体积增大的化学反应容器，因原料计量失误、原料不纯、催化剂使用不当或附件损坏（如搅拌装置或冷却设备失效等）而使反应压力增大。

（3）容器内爆炸反应造成容器破裂　容器内爆炸反应是指容器内两种或两种以上的物料（介质或杂质）意外发生异常反应，压力瞬时急剧升高的过程。在这种情况下，设备和附件的运行和破坏情况如下：

1）容器有可能存在两种以上相互能发生激烈反应的物料。常见原因是原料中含有异常杂质；设备或管道的密封不良而造成泄漏；错误投料或气瓶混装等。

2）容器内爆炸反应引起的破裂，属于压力冲击破裂。容器一般呈粉碎性的破裂状态，常有大量碎片飞出，击伤周围的人员或毁坏设备。

3）安全泄压装置发生动作而未生效。如安全阀曾开启排气，但因动作滞后而不能及时泄放器内瞬时产生的高压力；爆破片已破裂，但因泄放面积过小未能阻止器内压力升高等。容器上装设的压力表常可以发现有指针在限止钉处被撞弯，或者指针已经不能退回零位；有压力自动记录仪的容器可以发现直线上升的压力线。

4）容器（或碎片）的内壁常可发现有被高温烘烤过的痕迹或黏附有反应残留物。

5）根据破坏现场的情况估算所得的破坏能量远大于容器在工作压力下的爆破能量，甚至超过容器在计算破裂压力下的爆破能量。

容器内的爆炸反应可以是化学性质的，也可以是物理性质的。一般，后者比前者稍为缓慢一些。器内爆炸反应常见的情况有：

1）可燃性气体和助燃性气体（氧气、空气）或其他两种能发生激烈反应的物料混进一个容器内。

2）器内反应失控。这主要是指器内进行放热反应（如聚合反应、氧化反应、硝化反应、氯化反应、磺化反应、酯化反应及中和反应等）的反应容器，因操作失误或设备附件失效等原因而致使冷却不足，器内积蓄了反应热，进而使器内的温度升高，压力急剧上升，呈爆炸状态。

3）两种标准沸点相差较大的液化气体被装入同一容器内，发生蒸气爆炸。如在一个装

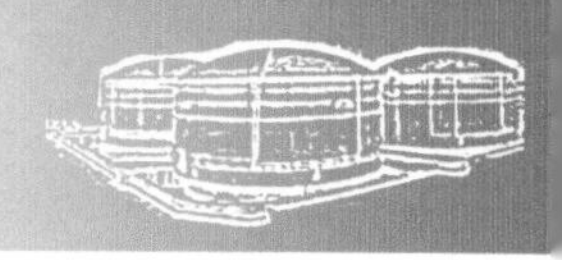

有较多液化丁烷（标准沸点为 272. 65K）的容器内，装入温度较低的液化乙烷（标准沸点为 184. 5K），就有可能发生激烈的蒸气爆炸。因为这两种液化气体同属烃类，能以各种比例混合。两者混装时，低沸点的液化乙烷溶入高沸点的液化丁烷内，立即变成沸点以上的过热状态。液化乙烷激烈沸腾，产生大量的蒸气，器内压力呈爆炸性状态急剧上升，这就是所谓蒸气爆炸。

5.2.4　压力容器事故的系统工程分析

对一般压力容器的事故分析，采用常规的由事故现象分析原因的分析方法是比较行之有效的，但对庞大和复杂系统的容器事故分析，近年来多采用系统安全分析方法。

1. 压力容器爆炸事故的事故树分析

将“压力容器爆炸”作为事故树顶上事件，在分析有关压力容器爆炸或爆炸事故案例的基础上做成事故树，如图 5-4 所示。

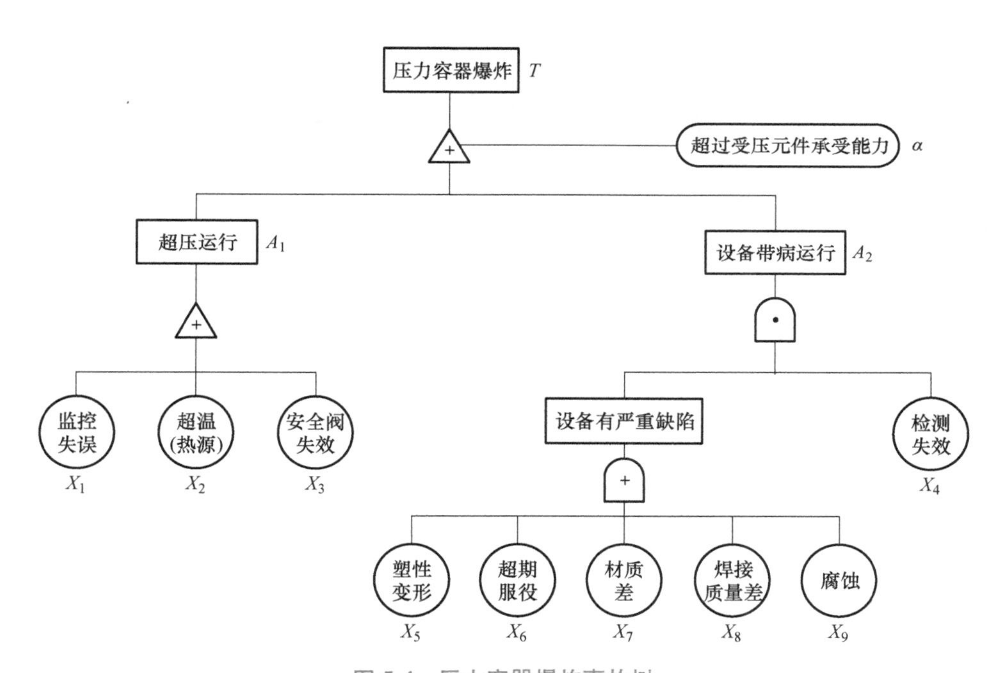

图 5-4　压力容器爆炸事故树

（1）最小割集的计算　该事故树的结构函数为

$$
\begin{aligned}
T &= (A_1+A_2)\alpha \\
&= \{(X_1+X_2+X_3)+(X_5+X_6+X_7+X_8+X_9)X_4\}\alpha \\
&= \{X_1+X_2+X_3+X_4X_5+X_4X_6+X_4X_7+X_4X_8+X_4X_9\}\alpha
\end{aligned} \tag{5-21}
$$

得到最小割集有 8 个，分别为

$$
\begin{aligned}
&T_1=\{X_1,\alpha\},T_2=\{X_2,\alpha\},T_3=\{X_3,\alpha\},T_4=\{X_4,X_5,\alpha\}, \\
&T_5=\{X_4,X_6,\alpha\},T_6=\{X_4,X_7,\alpha\},T_7=\{X_4,X_8,\alpha\},T_8=\{X_4,X_9,\alpha\}
\end{aligned} \tag{5-22}
$$

（2）最小径集的计算　该事故树对应的成功树的结构函数为

$$
\begin{aligned}
T'(A_1'A_2')\alpha' &= \{(X_1'X_2'X_3')((X_5'X_6'X_7'X_8'X_9')+X_4')\}\alpha' \\
&= X_1'X_2'X_3'X_5'X_6'X_7'X_8'X_9'\alpha'+X_1'X_2'X_3'X_4'\alpha' \\
(T')' &= (X_1'X_2'X_3'X_5'X_6'X_7'X_8'X_9'\alpha'+X_1'X_2'X_3'X_4'\alpha')' \\
&= (X_1'X_2'X_3'X_5'X_6'X_7'X_8'X_9'\alpha')'(X_1'X_2'X_3'X_4'\alpha')' \\
&= (X_1+X_2+X_3+X_5+X_6+X_7+X_8+X_9+\alpha)(X_1+X_2+X_3+X_4+\alpha)
\end{aligned}
\tag{5-23}
$$

得到最小径集有2个，分别为

$$P_1=\{X_1,X_2,X_3,X_5,X_6,X_7,X_8,X_9,\alpha\},P_2=\{X_1,X_2,X_3,X_4,\alpha\}$$

（3）结构重要度分析　依据结构重要度“四原则”进行分析：$I(\alpha)$ 最大，其次是$I(4)$，然后是 $I(1)=I(2)=I(3)$，最后是 $I(5)=I(6)=I(7)=I(8)=I(9)$。

基本事件结构重要度排序为：$I(\alpha)>I(4)>I(1)=I(2)=I(3)>I(5)=I(6)=I(7)=I(8)=I(9)$。

（4）分析评价结果　事故树分析评价结果汇总见表5-12。

表5-12　事故树分析评价结果汇总

项　目	最小割集	最小径集	重要基本事件
压力容器爆炸	8	2	2

（5）分析小结　根据压力容器爆炸事故树分析评价结果可以看出：

1）压力容器爆炸事故最小割集有8个，最小径集有2个。在爆炸事故中，“超过受压元件的承受能力”这一结构重要度最大，其次是检测失效。因此，为防止该事故发生，首先必须做到设备的压力安全系数符合要求，工作压力始终控制在受压元件能承受的压力之内；其次定期检验检测，确定压力容器始终处于完好状态。

2）最小割集数目表示了系统的危险性，8个最小割集表明了8个危险性存在；最小径集有2个，即预防事故有2条途径。

① 提高作业人员的安全素质和责任心，不断提高他们的专业水平，按照特种作业的规定和要求，进行安全培训、考核，并持证上岗，做到精心操作，严格控制操作压力。

② 压力容器长期使用后会出现一些缺陷，如裂缝、腐蚀、金属疲劳等。因此，必须定期检验、检测，及早发现缺陷并消除缺陷，确保安全运行。

3）为消除压力容器的事故隐患，必须加强安全管理，有针对性采取各种安全技术措施，因此压力容器的爆炸是可以预防的。

2. 压力容器事故分析的鱼刺图

采用鱼刺图对压力容器事故进行调查与分析，这个画图对象就是压力容器事故。其次，根据影响压力容器安全的各种因素，分别找出它的大原因、中原因、小原因，依次用大小箭头标出。影响压力容器安全的主要因素，可以把它归纳为六个方面，即设计方面、制造安装方面、使用管理方面、修理改造方面、检验检测方面和安全附件方面。大原因确定后，再找出影响大原因的中原因，依次找出影响中原因的小原因，按层次分解，使它们的相互关系和影响清晰表达，最终暴露的问题（小原因）要具体。图5-5所示是据此绘出的典型压力容器事故分析的鱼刺图。

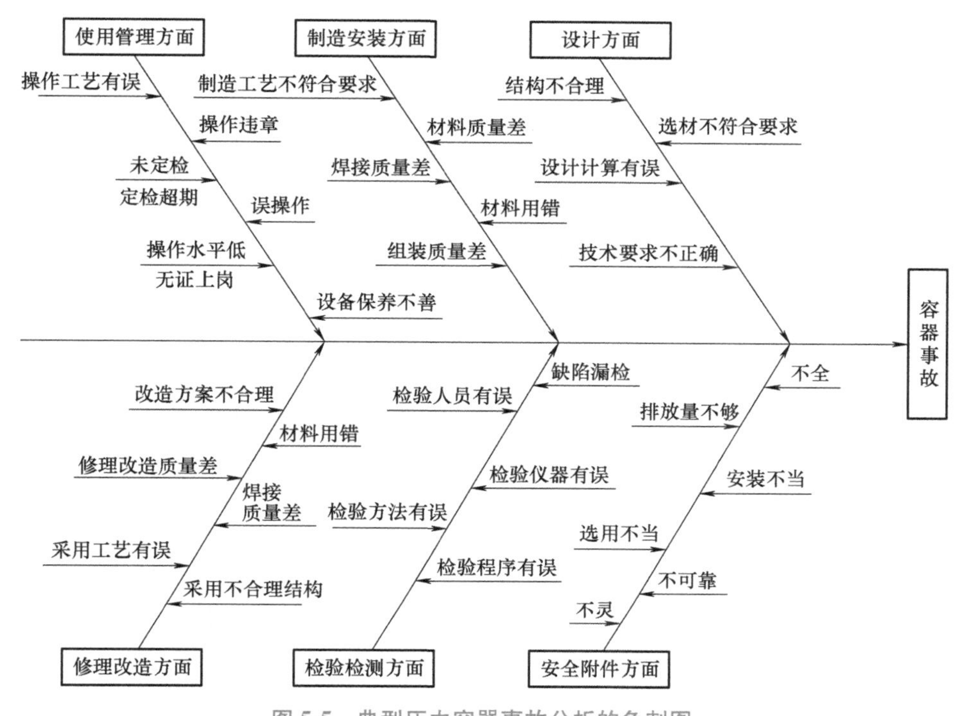

图 5-5　典型压力容器事故分析的鱼刺图

5.3　压力容器的安全状况评定

5.3.1　压力容器的安全状况等级

压力容器经定期检验后，应根据检验结果，对其安全状态进行评定，并以等级的形式反映出来，以其中评定项目等级最低者作为最终评定结果的级别。

1. 压力容器安全状况等级的划分

根据压力容器的安全状况，我国将其划分为五个等级。

1 级：压力容器出厂技术资料齐全；设计、制造质量符合有关法规和标准的要求；在法规规定的定期检验周期内，在设计条件下能安全使用。

2 级：出厂技术资料基本齐全；设计、制造质量基本符合有关法规和标准的要求；根据检验报告，存在某些不危及安全可不修复的一般性缺陷；在法规规定的定期检验周期内，在规定的操作条件下能安全使用。

3 级：出厂资料不够齐全；主体材质强度、结构基本符合有关法规和标准的要求；对于制造时存在的某些不符合法规或标准的问题或缺陷，根据检验报告，未发现由于使用而发展或扩大；对焊接质量存在超标的体积性缺陷，经检验确定不需要修复；在使用过程中造成的腐蚀、磨损、损伤、变形等缺陷，其检验报告确定为能在规定的操作条件下，按法规规定的检验周期安全使用；对经安全评定的，其评价报告确定为能在规定的操作条件下，按法规规

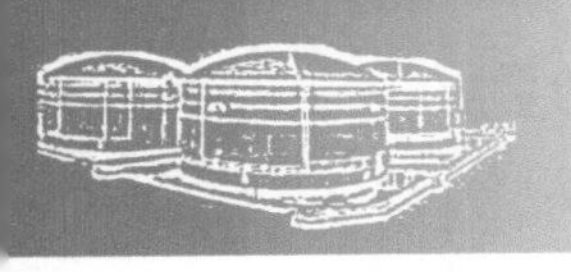

定的检验周期安全使用。

4级：出厂技术资料不全；主体材质不符合有关规定，或材质不明，或虽属选用正确，但已有老化倾向；强度经校核尚满足使用要求；主体结构有较严重的不符合有关法规和标准的缺陷，根据检验报告，未发现由于使用因素而发展或扩大；焊接质量存在线性缺陷；在使用过程中造成的磨损、腐蚀、损伤、变形等缺陷，其检验报告确定为不能在规定的操作条件下，按法规规定的检验周期安全使用；对经安全评定的，其评价报告确定为不能在规定的操作条件下，按法规规定的检验周期安全使用，必须根据具体情况，采取相应的有效措施，进行妥善处理，改善安全状况等级，否则只能在限定的条件下使用。

5级：缺陷严重，难于或无法修复，无修复价值或修复后仍难以保证安全使用的压力容器，应予判废。

需要指出的是，安全状况等级中所述缺陷，是压力容器最终存在的状态，如缺陷已消除，则以消除后的状态确定该压力容器的等级。压力容器只需具备安全状况等级中所述问题与缺陷其中之一，就可确定该容器的安全状况等级。

2. 安全状况等级评定

检验结果是作为划分安全状况等级的依据，主要包括材质检验、结构检验、缺陷检验三个检验项目的检验结果。定级时，先对各分项检验结果划分等级，最后以其中等级最低的一项作为该容器的最后等级。

（1）主要受压元件的材质检验　主要受压元件材质应符合设计和使用要求。尽管根据GB 150—2011《压力容器》的规定，不允许出现“用材与原设计不符”“材质不明”或“材质劣化”这三种情况，但考虑到实际情况，如果发现了上述三种材质情况时，必须将安全状况等级进行如下划分：

1）用材与原设计不符。其定级的主要依据是判断所用材质是否符合使用的要求。如果材质清楚，强度校核合格，经检验未查出新生缺陷，即材质符合使用要求，不影响定级。如使用中产生缺陷，并确认是用材不当所致，可定为4级或5级。若槽、罐车等特殊容器主要受压元件（工作压力不小于0.6MPa）没有按照国家用材的规定（GB 150—2011）而使用了沸腾钢，此时应该判废。

2）材质不明。材质不明指材质查不清楚。在用压力容器中，材料的代用、混用是经常遇到的，要彻底查清，需花费较大的代价。因而对于经检验未查出新的缺陷，并按钢号Q235的材料校核其强度合格，在常温下工作的一般压力容器，可定为2级或3级；如有缺陷，可根据相应的条款进行安全状况等级评定。有特殊要求的压力容器，可定为4级。槽、罐车和液化石油气储罐可定为4级或5级。

3）材质劣化。压力容器使用后，如果因工况条件而产生石墨化、应力腐蚀、晶间腐蚀、氢损伤、脱碳、渗碳等脆化缺陷，说明材质已不满足使用要求，可定为4级或5级。

（2）结构检验　存在不合理结构的压力容器，其安全状况等级划分如下：

1）封头主要参数不符合现行标准，但经检验未查出新生缺陷，可定为2级或3级；如有缺陷，可根据相应的条款进行安全状况等级评定。

2）封头与筒体的连接形式如采用单面焊对接结构的，且存在未焊透时，根据未焊透的程度，定为3级到5级。采用搭连结构的，可定为4级或5级。不等厚板对接，未做削薄处理的，经检查未查出新生缺陷，可定为3级，否则定为4级或5级。

3）焊缝布置不当（包括采用十字焊缝）或焊缝间距小于规定值，经检验未查出新生缺陷的，可定为 3 级；如查出新生缺陷，并确认是由于焊缝布置不当引起的，则定为 4 级或 5 级。

4）按规定应采用全焊透结构的角接焊缝或接管角焊缝，而没有采用全焊透结构的主要受压元件，如未查出新生缺陷，可定为 3 级，否则定为 4 级或 5 级。

5）开孔位置不当，经检查未查出新生缺陷，一般压力容器可定为 2 级或 3 级，有特殊要求的压力容器，定为 3 级或 4 级。若孔径超过规定，但补强满足要求，可不影响定级；补强不满足要求的，定为 4 级或 5 级。

（3）缺陷检查

1）内外表面裂纹的深度在壁厚余量范围内，打磨后不需要补焊的，不影响定级；其深度超过壁厚余量，打磨后进行补焊合格的，可定为 2 级或 3 级。

2）机械损伤、工卡具焊迹和电弧灼伤等，打磨后不需要补焊的，不影响定级；补焊合格的，定为 2 级或 3 级。

变形可不处理的，不影响定级；根据变形原因分析，继续使用不能满足强度和安全要求者，可定为 4 级或 5 级。

3）内、外表面焊缝咬边深度、连续长度和焊缝两侧咬边总长度不超过标准或规范所要求的规定值的，对一般压力容器不影响定级，超过时应予以修复；对有特殊要求的压力容器或槽、罐车，检查时如未查出新生缺陷（如焊趾裂纹），可定为 2 级或 3 级，查出新生缺陷或超过上述要求的，应予以修复；对低温压力容器的焊缝咬边，应打磨消除，不需补焊的，不影响定级，经补焊合格的，可定为 2 级或 3 级。

4）错边量和棱角度超标，属于一般超标的，可打磨或不做处理，可定为 2 级或 3 级。属于严重超标的，经该部位焊缝内、外部无损检测抽查，如无较严重的缺陷存在的，可定为 4 级；若伴有裂纹、未熔合、未焊透等严重缺陷，应通过应力分析，确定能否继续使用。在规定的操作条件下和检验周期内，能安全使用的定为 3 级，否则定为 4 级或 5 级。

5）焊缝有深埋缺陷的，若单个圆形缺陷的长径大于壁厚的 1/2 或大于 9mm 时，定为 4 级或 5 级；圆形缺陷的长径小于壁厚的 1/2 或 9mm 的，其相应的安全状况等级见表 5-13 和表 5-14。非圆形缺陷与相应的安全状况等级，见表 5-15。

6）有夹层的，若夹层与自由表面平行，不影响定级；夹层与自由表面夹角小于 10°，可定为 2 级或 3 级；夹层与自由表面夹角大于 10°，需计算在板厚方向投影的长度的，可定为 4 级或 5 级。

表 5-13 按规定只要求局部探伤的压力容器（不包括低温压力容器）圆形缺陷与相应的安全状况等级

评定区	10mm×10mm			10mm×20mm		10mm×30mm
实测厚度 t/mm	$t\leqslant10$	$10<t\leqslant15$	$15<t\leqslant25$	$25<t\leqslant50$	$50<t\leqslant100$	$t>100$
安全状况等级	缺陷点数					
2	6~9	12~15	18~21	24~27	30~33	36~39
3	10~12	16~18	22~24	28~30	34~36	40~42
4	13~15	19~21	25~27	31~33	37~39	43~45
5	>15	>21	>27	>33	>39	>45

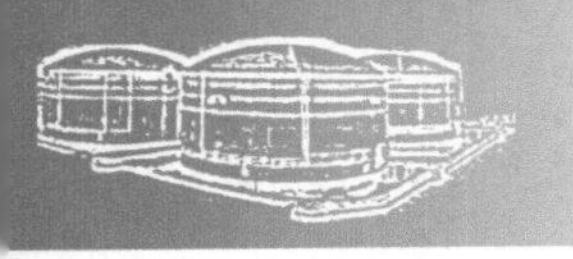

表 5-14 按规定要求全部探伤的压力容器、低温压力容器和槽、罐车圆形缺陷与相应的安全状况等级

评定区	10mm×10mm			10mm×20mm		10mm×30mm
实测厚度 t/mm	$t\leqslant10$	$10<t\leqslant15$	$15<t\leqslant25$	$25<t\leqslant50$	$50<t\leqslant100$	$t>100$
安全状况等级	缺陷点数					
2	3~6	6~9	9~12	12~15	15~18	18~21
3	7~9	10~12	13~15	16~18	19~21	22~24
4	10~12	13~15	16~18	19~21	22~24	25~27
5	>12	>15	>18	>21	>24	>27

表 5-15 非圆形缺陷与相应的安全状况等级

缺陷位置	缺陷尺寸			安全状况等级	
	未熔合	未焊透	条状夹渣	一般压力容器	有特殊要求的压力容器
壳体对接焊缝、圆筒体纵焊缝，以及与封头连接的环焊缝	$H\leqslant0.1t$ 且 $H\leqslant2$mm $L\leqslant t$	$H\leqslant0.15t$ 且 $H\leqslant3$mm $L\leqslant2t$	$H\leqslant0.2t$ 且 $H\leqslant4$mm $L\leqslant3t$	3	4
圆筒体环焊缝	$H\leqslant0.15t$ 且 $T\leqslant3$mm $L\leqslant2t$	$H\leqslant0.2t$ 且 $H\leqslant4$mm $L\leqslant4t$	$H\leqslant0.25t$ 且 $H\leqslant5$mm $L\leqslant6t$	3	4

注：表中 H 是指缺陷在板厚方向的尺寸，亦称缺陷高度；L 是指缺陷长度；t 是指实测厚度。

7）受腐蚀的，若是分散的点腐蚀，腐蚀深度不超过壁厚（扣除腐蚀裕量）的1/5，并且在直径200mm范围内，点腐蚀面积不超过40cm^2，或沿任一直径点腐蚀长度之和不超过40mm的，不影响定级。若是均匀腐蚀，如按剩余最小壁厚（扣除到下一次检验其腐蚀量的2倍），校核强度合格，不影响定级；经补焊合格的，可定为2级或3级。

8）使用过程中产生的鼓包，应查明原因，并判断其稳定情况，如果能查清鼓包的起因并且确定其不再扩展，而且不影响压力容器安全使用的，可以定为3级；无法查清起因时，或者虽查明原因但是仍然会继续扩展的，可定为4级或5级。

9）耐压试验不合格，属于本身原因的，可定为5级。

3. 压力容器定期检验

压力容器定期检验，是指特种设备检验机构按照一定的时间周期，在压力容器停机时，根据国家或行业标准（如TSG R7001—2013《压力容器定期检验规则》）的相关规定，对在用压力容器的安全状况所进行的符合性验证活动。

金属压力容器一般应在投用后3年内进行首次定期检验。下一次检验周期由检验机构根据压力容器的安全状况等级，按照以下要求确定：

1）安全状况等级为1、2级的，一般每6年检验一次。

2）安全状况等级为3级的，一般每3~6年检验一次。

3）安全状况等级为4级的，应当监控使用，其检验周期由检验机构确定，累计监控使用时间不得超过3年，在监控使用期间，使用单位应当采取有效的监控措施。

4）安全状况等级为5级的，应当对缺陷进行处理，否则不得继续使用。

有下列情况之一的压力容器，定期检验周期可以适当缩短：

1）介质对压力容器材料的腐蚀情况不明或者腐蚀情况异常的。

2）具有环境开裂倾向（包括应力腐蚀开裂、氢致开裂、晶间腐蚀开裂等）或者产生机械损伤现象（包括各种疲劳、高温蠕变等），并且已经发现开裂的。

3）改变使用介质并且可能造成腐蚀现象恶化的。

4）材料劣化比较明显的。

5）使用单位没有按照规定进行年度检查的。

6）检验中对其他影响安全的因素有怀疑的。

使用标准抗拉强度下限值不低于540MPa的低合金钢制造的球形储罐，投用一年后应当开罐检验。

安全状况等级为1、2级的压力容器，符合下列情况之一的，定期检验周期可以适当延长：

1）介质腐蚀速率低于每年0.1mm、有可靠的耐腐蚀合金衬里或者热喷涂金属涂层的压力容器，通过1次至2次定期检验，确认腐蚀轻微或者衬里完好的，其检验周期最常可以延长至12年。

2）装有催化剂的反应容器以及装有充填物的压力容器，其检验周期根据设计图样和实际使用情况，由使用单位和检验机构协商确定（必要时征求设计单位的意见），报办理“特种设备使用登记证”的质量技术监督部门备案。

5.3.2 压力容器安全评价实例分析

某石化公司106罐区始建于1959年，现有储罐六具，总库容为50000m³。2006年经改造，可进行石脑油、油田轻烃接卸、储存和输转。装置由罐区、1#和2#铁路栈桥、泵房组成，其中1#栈桥有38个货位，鹤管19套；2#栈桥有18个货位，鹤管18套。总设计卸车能力70万t/a。装置自建设开车以来经过几十年运行，存在诸多安全风险问题，如火灾爆炸、危险化学品泄漏、环境污染等。为此，装置需要进行全面检测，诊断装置运行的安全缺陷和安全风险，便于采取系统整改措施及管控措施。该罐区的工艺流程包括下面两部分：

1）卸油系统：盛装石脑油、2#轻烃的火车槽车进入罐区的卸油栈桥，静置30min后，打开槽车盖进行检尺和取样分析，并记录。上述工作结束后操作人员通过操纵多路控制阀控制鹤管升降，将卸油鹤管放入槽车内，启动装在鹤管头部的潜油泵和扫仓泵，将槽车内物料抽出送至集油总管，经卸油泵加压卸入石脑油罐内。当潜油泵抽不上油时，扫仓泵继续工作，将剩余残油卸出（有个别槽车无法卸尽的，使用气动隔膜泵抽尽）。当所有的槽车都卸尽，卸油过程结束。

2）送油系统：卸入石脑油罐的石脑油、2#轻烃经静置、沉降、切水后，经送油泵送至乙烯厂乙烯装置作为裂解原料。

对该罐区进行HAZOP分析，主要过程包括：

（1）组建分析小组　HAZOP分析的进行首先要组建HAZOP分析小组，并收集分析需

要的资料。HAZOP分析小组成员包括主持人、记录员以及工艺、设备、仪表、电气、HSE、操作等人员。

（2）准备资料 HAZOP分析需要的资料主要包括工艺流程图、管道及仪表流程图、设计基础、工艺过程控制说明、工艺联锁说明及因果图、物料安全数据表、总平面图、设备布置图、工艺流程说明、危险区域划分图、设备一览表、管道等级，以及必要的标准规范等。

（3）节点划分 HAZOP小组在HAZOP主席的引领下，按照工艺系统的不同功能，将106罐区工艺流程划分为5个节点，见表5-16。

表5-16 106罐区HAZOP分析所选节点

节点序号	节点名称及组成	节点描述	设计意图
1	栈桥卸油系统	盛装石脑油、2#轻烃的火车槽车进入罐区的1#和2#铁路栈桥，其中1#栈桥有38个货位，鹤管19套；2#栈桥有18个货位，鹤管18套，采用新型密闭卸车扫舱系统，流体装卸臂由液压系统驱动其垂管升降和密封帽的升降。用卸油鹤管将槽车内物料抽出送至集油总管。集油总管的石脑油经卸油泵（P-201，P-203A/B）加压卸入石脑油罐（V-401、V-405、V-406）内	用卸油鹤管将槽车内物料抽出送至集油总管后将石脑油卸入储罐
2	罐区储罐送油系统	将卸入的石脑油储存在石脑油罐（V-401、V-405、V-406）内，经静置、沉降、切水。经送油泵（P-205/206/207/208/209/210）将石脑油送至西罐区	将石脑油物料在储罐内储存，切水，经送油泵将石脑油送至西罐区
3	罐区污水排放、外送系统	石脑油罐（V-401、V-405、V-406）自动切水器排出的含油污水通过地沟排至1#集水池，通过管线流至3#隔油池，再经过11#污油井、12#污油井流至4#集水池。4#集水池中污水接近2.5m时便可开污水泵将污水外送至西罐区污水处理装置	罐区污水外送西罐区污水处理装置
4	消防泡沫系统	平时将消防水存储于2个800m³水泥消防水池中（水泥消防水池中的水自化肥厂来），泡沫管线处于倒空状态，当遇到紧急状况时，打开泡沫罐出口阀及泡沫混合器，启动泡沫泵（P-101A/B）并打开去相应储罐的分配阀，即可将泡沫液送至事故罐顶的泡沫发生器，产生泡沫进行灭火	利用泡沫灭火系统对储罐灭火
5	消防水系统	由消防水罐（V-403）罐中送出的消防水经稳压（WYB-1/WYB-2）加压送入稳高压消防水管网，使管网中平时保持1.0MPa的压力，在紧急状况下需要使用高压消防水时，开消防水（XFB-1/XFB-2），可为管网提供1.0MPa压力、380m³/h流量的消防水	为罐区周围消防栓、消防炮提供消防水

（4）分析结果举例 以节点2（罐区储罐送油系统）为例进行分析及论述，该工艺系

统的分析结果及改进建议见表5-17。该表仅是对1个节点的分析，给出了5条技术改进建议。通过对整个106罐区工艺系统5个节点的详细分析，发现并讨论了106罐区中可能存在的13个风险问题。在这些问题中，按照专业类别划分，安全环保类问题5个，设备类问题5个，工艺操作类问题3个。针对这些问题，共提出建议13项，采纳了10项措施，并制订了整改措施进行了整改。

表5-17 HAZOP分析结果及改进措施

序号	偏差		原因	后果	设计及生产中已采取的措施	建议措施
	参数	引导词				
1	液位	过高	雷达液位计失灵，液位超过工艺指标上限	储罐冒罐，石脑油外溢	1）控制室安装储罐高液位报警 2）加强现场液位计与雷达液位计核对	建议安装罐进油管线自动切断阀
2	液位	过低	雷达液位计失灵超过工艺指标下限	浮盘下部进入空气，造成可燃物混合蒸气达到爆炸极限	1）控制室安装储罐低液位报警 2）加强现场液位计与雷达液位计核对	建议安装罐出油管线自动切断阀
3	温度	过高	外界气温反常偏高超过40℃	石脑油挥发量大，油气从呼吸孔外溢	对储罐喷水降温	考虑安装罐顶喷淋装置
4	压力	过高	1）送油开多台送油泵 2）接油时关闭接油阀 3）管线老旧，经检测弯头处管线减薄，漏点打卡处不能承受管线要求的压力	送油管线压力高，超压泄漏	1）管线漏点带压堵漏，打卡子 2）四级管道监控运行 3）送油开一台送油泵，控制送油流量	建议石脑油管线更换
5	流速	过快	卸油流量过大，流速过快，储罐液位低于低低液位时，进罐流速高于1.0m/s；储罐液位高于低低液位时，进罐流速高于4.0m/s	进油流速过快，产生静电积聚	1）控制卸油流量，规定每次卸车不能超过17台槽车 2）液位低于低低液位时，液位上升V401≤0.42m/h；V405/406≤0.39m/h 3）液位高于低低液位时，液位上升V401≤1.27m/h；V405/406≤1.20m/h	建议在卸油总管上安装质量流量计

106罐区HAZOP分析识别出的危险及可操作性问题主要集中在以下几个方面：管壁腐蚀严重；管线老化，壁厚减薄；含有高浓度H_2S毒物及易燃易爆物料的检测和排放，缺少有效隔离；很多重要工艺控制设计不合理无法投用，联锁可靠性较低，多数使用手动控制，存在较大的风险；部分有可能超压的设备管线没有安全泄放设施；现场可燃气体报警器、有

毒气体报警器的布置不合理，报警器的报警作用不能完全发挥；罐顶无氮封设施；消防设备电动机需淘汰等。

从系统安全的角度对106罐区装置的危险与可操作性问题进行了归纳与梳理，识别出装置存在的工艺安全设备方面的问题，提出了相应的建议措施，对整个装置重大工艺生产安全事故的预防和装置的安全平稳运行将起到非常重要的作用。同时，通过HAZOP分析，能够使装置技术人员与一线操作人员从工艺本质上对生产装置进行系统理性的工艺危害分析，将装置中不同专业人员的安全生产经验充分汇总起来，使企业的工艺安全管理由原来基于经验的管理转变到了系统的工艺安全管理，对操作人员日常生产操作提供更有针对性的指导，可有效避免误操作引发的生产事故。总之，HAZOP分析方法可以系统地审查复杂炼化装置的工艺过程和操作，以确定和评估由于错误操作、错误执行或偏离设计目的而引起的潜在危险和后果，以便将这些危险排除或进行有效控制，减少事故发生的概率。

内容小结

1）从压力容器危及安全的角度来考虑，强度失效是我们研究的主要的失效形式。结合压力容器的强度失效特点，可将其分为韧性破裂、脆性破裂、疲劳破裂、腐蚀破裂和蠕变破裂五种形式。

2）压力容器破裂时，气体膨胀所释放的能量（即爆炸能量）不但与气体的压力和容器的容积有关，而且与介质在容器内的物性状态有关。

3）压力容器爆炸的破坏力主要包括：爆炸发出的巨大声响对物体的振动损害及人体器官的伤害、冲击波的危害、爆炸碎片的破坏、容器破裂后介质泄漏造成的人员中毒或二次燃烧爆炸等。

4）压力容器爆炸后，总的破坏能量等于抛出碎片的能量与破坏周围建筑物能量之和。

5）在进行事故分析时，其基本步骤主要包括：对事故进行调查、分析和处理，查清事故经过、事故原因和事故损失，查明事故性质，认定事故责任，总结事故教训，提出整改措施，对事故责任者依法追究责任，以防止和减少类似事故的发生。

6）常规的压力容器事故分析方法中，通过事故现象来查找原因大致有两种思路，一种是从容器破裂形式入手，进行事故原因分析；另一种是从破裂时的载荷状态进行分析。

7）常见的压力容器事故的系统工程分析法有事故树法和鱼刺法。

8）压力容器经定期检验后，应根据检验结果，对其安全状态进行评定，并以等级的形式反映出来，以其中评定项目等级最低者作为最终评定结果的级别。

9）检验结果是作为划分安全状况等级的依据，主要包括材质检验、结构检验、缺陷检验三个检验项目的检验结果。

学习自测

5-1　压力容器有哪些主要破坏形式？试举例说明。

5-2　压力容器发生韧性破裂与脆性破裂的原因是什么？破裂时它们的宏观形貌与显微断口各有什么特征？如何加以预防？

5-3 压力容器发生疲劳破坏和应力腐蚀破裂的基本条件和破裂特征上有什么异同?

5-4 压力容器爆炸后，如何根据事故现场破坏情况估算总的破坏能量?

5-5 压力容器常规事故分析的步骤有哪些?

5-6 如何判断容器破裂时的载荷状态?

5-7 为何要进行压力容器安全状况等级评定? 安全状况等级评定应根据哪几方面的检验结果? 最终的定级应符合什么原则?

第6章 压力管道安全评价

学习目标

1）掌握压力管道强度及应力分析的基本方法。
2）掌握压力管道事故分析的基本方法。
3）了解油气管道的失效事故树分析方法。
4）熟悉压力管道完整性管理的内容和流程。

压力管道的安全评价与压力容器相似，但由于压力管道的工作环境不同，其尺寸、形状、材料、连接关系与压力容器存在差异，因而对其进行安全评价具有一定的特殊性。

目前，压力管道在石油、化工、冶金、电力等行业以及城市燃气和供热系统中的应用越来越广泛，作为一种特殊的承压设备，确保压力管道的安全使用，对于保障生命和财产的安全具有重要的意义。

6.1 压力管道强度及应力分析

影响压力管道安全的因素很多，涉及的范围较广，分析和评价的方法也很多。本节从压力管道的强度方面来进行分析。

6.1.1 压力管道的载荷和应力分类

1. 载荷分类

由于不同特征的载荷产生的应力形态及其对破坏的影响不同，需要对压力管道的载荷进行分类。根据载荷作用时间的长短，可以分为静载荷和动载荷，如下所示：

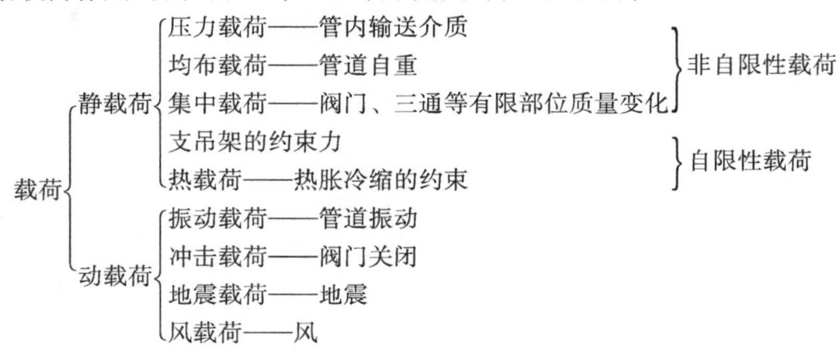

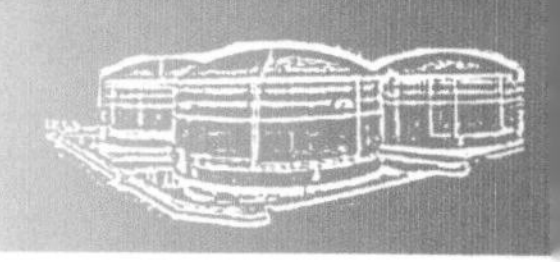

1）静载荷是指持续、缓慢地加到管道上的载荷，它的大小和位置与作用的时间无关，或者仅是产生极为缓慢的变化，因此在进行分析时可以略去惯性力的影响，这种载荷不会使管道产生显著运动。如管内输送介质产生的压力载荷；管子自身重力（包括管内介质、保温材料等）产生的均布载荷；由于阀门、三通、法兰等有限部位的管件质量发生变化而产生的集中载荷；管道支吊架产生的反力；因管内外温度变化引起的热胀冷缩受约束而产生的热载荷等。

根据静载荷的不同特性，又可将其分为自限性载荷和非自限性载荷。自限性载荷是指管道结构变形后所产生的载荷，如由管道温度变化而产生的热载荷。只要管材塑性良好，初次施加的自限性载荷不会导致管道的直接破坏。非自限性载荷则是指外加载荷，如介质内压、管道自重产生的载荷等。非自限性载荷与管道的变形约束无关，超过一定的限度，就会直接导致管道的破坏。

2）动载荷是指临时作用于管道的载荷，是指随时间迅速变化的载荷，这种载荷将使管道产生显著的运动，而且分析时必须考虑惯性力的影响，如因管道振动、阀门突然关闭时产生的压力冲击，由于风力和地震产生的载荷等。

2. 应力分类

管道在各种载荷的作用下，在整个管路或某些局部区域可能产生不同性质的应力。根据不同性质的应力对管道破坏所起的作用，给予不同的限定。通常将压力管道的应力分为一次应力、二次应力和峰值应力。

（1）一次应力　压力管道中的一次应力定义有别于压力容器设计中的一次应力，在压力管道中，一次应力是因外载荷作用而在管道内部产生的正应力或切应力，它必须满足力与力矩的平衡法则。一次应力的基本特征是随所加载荷的增加而增加，属于非自限性的载荷范畴，一旦超过材料的屈服强度或持久强度极限，管道就可能因产生了过度的变形而遭到破坏。一次应力又可进一步细分为：一次总体薄膜应力、一次弯曲应力和一次局部薄膜应力。

（2）二次应力　在压力容器设计中，二次应力定义为由相邻部件的约束或结构的自身约束所引起的正应力或切应力，其基本特征是具有自限性。在压力管道中，二次应力则主要考虑的是由于热胀冷缩以及其他位移受约束而产生的应力，通常称为热胀二次应力，该应力的引入主要是用于验算管道因位移受约束所产生应力的影响程度。

（3）峰值应力　峰值应力是因局部结构不连续和局部热应力的影响而叠加到一次应力和二次应力之上的应力增量。例如，由载荷和（或）结构形状产生的局部突变而引起的局部应力集中的应力叠加增量。峰值应力对管道的整体结构影响轻微，不会导致管道产生显著的变形，它可能是引起管道发生疲劳破坏和脆性断裂的根源。例如，在管道曲率半径发生变化的部位，在阀门、三通、法兰等的连接部位和焊缝的咬边处等的局部应力均属于峰值应力的范畴。

6.1.2 压力管道的强度设计

压力管道的强度设计，主要包括承受压力作用的管道和管道元件壁厚的设计计算、支管连接开孔补强设计计算等内容。

1. 承受内压的直管强度设计

在不同的标准中对压力管道强度设计的计算公式、设计参数的选择有所不同。本小节将根据管道类型的不同来分别介绍其强度设计方法。

（1）工业管道　根据 GB/T 20801—2020《压力管道规范 工业管道》，工业管道直管有

如下设计计算公式。

计算厚度：
$$\delta=\frac{pD_o}{2(\phi W[\sigma]^t+pY)} \tag{6-1}$$

设计厚度：
$$\delta_d=\delta+C_2+C_3 \tag{6-2}$$

名义厚度：
$$\delta_n=\delta_d+C_1+C_4 \tag{6-3}$$

式中 p——设计压力（MPa）；

D_o——直管外径（mm）；

$[\sigma]^t$——管子材料在设计温度下的许用应力（MPa）；

C_1——管子厚度负偏差（mm）；

C_2——腐蚀或磨蚀附加量（mm）；

C_3——机械加工深度（mm）；

C_4——厚度圆整值（mm）；

ϕ——纵向焊接接头系数；

W——焊接接头高温强度降低系数；

Y——计算系数。

1）管子厚度负偏差 C_1。对于管子规格以外径×壁厚标示的无缝钢管，可按照下式计算：

$$C_1=\frac{m\delta_d}{100-m} \tag{6-4}$$

式中 m——管子产品技术条件中规定的壁厚允许负偏差（%）。

对于焊接钢管，采用钢板厚度的负偏差值，且不应小于0.5mm。

2）腐蚀或磨蚀附加量 C_2。如果已知介质对选定管道材料的腐蚀速率，则可根据管道设计使用寿命（一般为8~15年，具体按相关标准规定）计算其腐蚀附加量；如果没有腐蚀速率资料，对于一般介质，碳钢和低合金钢腐蚀附加量可取1~2mm，不锈钢为0。

3）机械加工深度 C_3。对带螺纹的管道组成件，取公称螺纹深度；对未规定公差的机械加工表面或槽，取规定切削深度加0.5mm。

4）纵向焊接接头系数 ϕ。无缝钢管纵向焊接接头系数 $\phi=1.0$；焊接钢管纵向焊接接头系数按表6-1选取。

表6-1 纵向焊接接头系数

<table>
<tr><th>序号</th><th colspan="2">焊接形式</th><th>焊缝类型</th><th>检查</th><th>φ</th></tr>
<tr><td>1</td><td colspan="2">连续炉焊[①]</td><td>直缝</td><td>按材料标准规定</td><td>0.60</td></tr>
<tr><td>2</td><td colspan="2">电阻焊（ERW）[①]</td><td>直缝或螺旋缝</td><td>按材料标准规定</td><td>0.85</td></tr>
<tr><td rowspan="6">3</td><td rowspan="6">电熔焊（EFW）</td><td rowspan="3">单面对接焊（带或不带填充金属）</td><td rowspan="3">直缝或螺旋缝</td><td>按材料标准或本部分规定不作RT</td><td>0.80</td></tr>
<tr><td>局部（10%）RT</td><td>0.90</td></tr>
<tr><td>100%RT</td><td>1.00</td></tr>
<tr><td rowspan="3">双面对接焊（带或不带填充金属）</td><td rowspan="3">直缝或螺旋缝（除序号4外）</td><td>按材料标准或本部分规定不作RT</td><td>0.85</td></tr>
<tr><td>局部（10%）RT</td><td>0.90</td></tr>
<tr><td>100%RT</td><td>1.00</td></tr>
</table>

（续）

序号	焊接形式	焊缝类型	检　查	ϕ
4	GB/T 9711 电熔焊（EFW），双面对接焊	直缝（一条或两条）或螺旋缝	按 GB/T 9711 规定	0.95
			附加 100%RT	1.00

① 不得通过附加无损检测来提高电阻焊（ERW）的纵向焊接接头系数。

5）焊接接头高温强度降低系数 W。考虑一些材料在高温工况下长期工作，其焊接接头的强度可能会低于母材，故引入系数 W，其值可按照相关标准选取。

6）计算系数 Y。当 $\delta<D_o/6\left(K=\dfrac{D_o}{D_i}<1.5\right)$ 时，Y 值按表 6-2 选取。

当 $\delta\geqslant D_o/6$（$K\geqslant1.5$）时，取

$$Y=\frac{D_i+2(C_2+C_3)}{D_o+D_i+2(C_2+C_3)} \tag{6-5}$$

式中　D_i——管子内径（mm）。

表 6-2　$\delta<D_o/6$ 时系数 Y 值

材　料	温度/℃							
	≤482	510	538	566	593	621	649	≥677
铁素体钢	0.4	0.5	0.7	0.7	0.7	0.7	0.7	0.7
奥氏体钢	0.4	0.4	0.4	0.4	0.5	0.7	0.7	0.7
镍基合金	0.4	0.4	0.4	0.4	0.4	0.4	0.5	0.7
其他延性材料	0.4	0.4	0.4	0.4	0.4	0.4	0.4	0.4
铸铁	0.0	—	—	—	—	—	—	—

（2）动力管道　根据 GB/T 32270—2015《压力管道规范 动力管道》，动力管道直管的计算厚度公式为

$$\delta=\frac{pD_o}{2(\phi[\sigma]^t+pY)} \tag{6-6}$$

动力管道和工业管道相比，设计压力和设计温度有些特殊要求，其他参数的确定是一样的。

（3）长输管道　根据 GB/T 34275—2017《压力管道规范 长输管道》、GB 50251—2015《输气管道工程设计规范》、GB 50253—2014《输油管道工程设计规范》，长输管道直管的壁厚计算公式可以分为：

1）输油管道：

$$\delta=\frac{pD_o}{2K\phi\sigma_s} \tag{6-7}$$

式中　K——强度设计系数；

σ_s——管子材料的最小屈服强度（MPa）。

2）输气管道：

$$\delta=\frac{pD_o}{2tK\phi\sigma_s} \tag{6-8}$$

式中　t——温度折减系数，当温度小于120℃时，取$t=1$。

3）穿越、跨越管段：

$$\delta=\frac{pD_o}{2\eta tK\phi\sigma_s} \tag{6-9}$$

式中　η——钢管许用应力提高系数，运营阶段工况取1.0，施工阶段工况（包括施压工况）取1.3。

（4）公用管道　公用管道有城镇燃气管道、城镇热力管道之分。其中，城镇燃气管道的强度设计按照长输管道的输气管道进行设计计算；城镇热力管道中，蒸汽管道的强度按照动力管道进行设计，热水管道的强度设计按照工业管道进行设计计算。相关标准有GB 50028—2006《城镇燃气设计规范》、GB 55009—2021《燃气工程项目规范》、CJJ 34—2010《城镇供热管网设计规范》、CJJ/T 81—2013《城镇供热直埋热水管道技术规程》、CJJ/T 104—2014《城镇供热直埋蒸汽管道技术规程》等。

2. 弯管（或弯头）强度设计

由于弯管（或弯头）在形状上存在按一定弯曲半径的弯曲度，故在弯曲处将产生一定的应力集中，在压力作用下产生的应力要较直管大得多，相应厚度也要比直管厚些。因此，弯管厚度计算均以直管厚度计算公式为基础，考虑弯曲曲率变化的影响，加以修正便得到弯管的壁厚计算公式。

（1）工业管道、动力管道和公用管道

$$\delta=\frac{pD_o}{2\left(\phi\dfrac{[\sigma]^t}{I}+pY\right)} \tag{6-10}$$

式中　I——计算系数。

计算内侧壁厚时：

$$I=\frac{4\dfrac{R}{D_o}-1}{4\dfrac{R}{D_o}-2} \tag{6-11}$$

计算外侧壁厚时：

$$I=\frac{4\dfrac{R}{D_o}+1}{4\dfrac{R}{D_o}+2} \tag{6-12}$$

式中　R——弯管的曲率半径（mm）。

（2）长输管道　弯管外弧侧最小壁厚：

$$\delta_H\geqslant\delta \tag{6-13}$$

弯管内弧侧最小壁厚：

$$\delta_i \geqslant \delta m \tag{6-14}$$

式中　m——弯管的壁厚增大系数，可用下式计算：

$$m=\frac{4R-D_o}{4R-2D_o} \tag{6-15}$$

注意：式（6-11）和式（6-15）形式相同，只是不同规范中定义不同而已。

当管道直径较大时，有时采用焊接弯头，通常称为斜接弯头，其强度设计可以根据 GB 50316 来进行。

6.1.3　压力管道的热应力分析及补偿

在压力管道的强度分析中，因温度变化产生的管道热应力是其中一个相当重要的影响因素。因此，除了需要考虑内压所引起的总体薄膜应力和所有非自限性载荷与自限性载荷所引起的一次应力和二次应力，以便根据对各种应力的限制条件进行管系的应力验算外，在管系的应力验算中还必须考虑温度变化引起的管道热应力，否则，就可能因热应力的影响而导致管道的破裂。

1. 热应力概念

热胀冷缩是材料的基本性质，管道工作中也不可避免地受到这一特性的影响。假如管道在温度变化过程中能够产生自由伸缩，这时在管道上将不会产生热应力。但是，如果管道在温度变化时因受约束而不能自由变形，管道上就将产生热应力（也称温度应力），此时热应力的影响是不可忽略的。

设一直管两端被固定，管长为 L，截面面积为 A，管材弹性模量为 E，管道的安装温度为 T_0，管道的工作温度为 T_1（设 $T_1>T_0$），管材的线膨胀系数为 α。如果管道能自由伸缩，则伸长 ΔL_t 为

$$\Delta L_t=\alpha(T_1-T_0)L=\alpha\Delta TL \tag{6-16}$$

但直管两端固定，管子不能有任何伸缩，这时可理解为管子先自由伸长，然后在其一端加上作用力 F，在力 F 的作用下管子仍然压缩到原来的位置，也就是压缩了 ΔL_t 长度，如图 6-1 所示，即

$$F=\frac{\Delta L_t}{L}EA=\alpha\Delta TEA \tag{6-17}$$

于是管中的热应力为

$$\sigma=\frac{F}{A}=\alpha E\Delta T \tag{6-18}$$

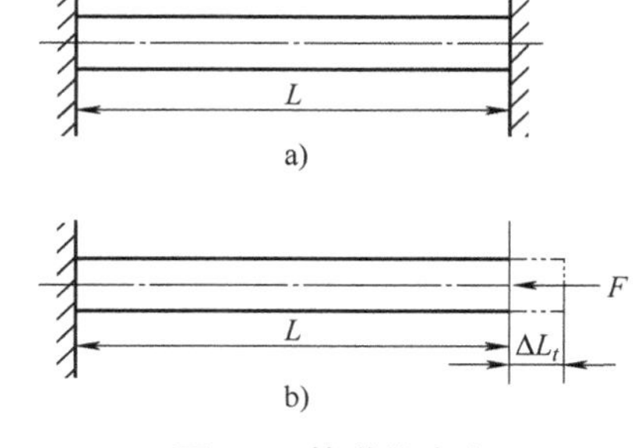

图 6-1　管道热应力

管道工作温度大于安装温度时，热应力为压应力；管道工作温度小于安装温度时，热应力为拉应力。

例如，设某常减压装置减压塔减二线的管尺寸为 ϕ200mm×6mm，管材为 Q235A 钢，工作温度为 250℃，安装时的温度为 20℃，如图 6-2 所示。求管中的热应力和对减压塔所产生的推力的大小。

查出 Q235A 钢的 α（钢材受热的线膨胀系数）和 E（钢的弹性模量）值为

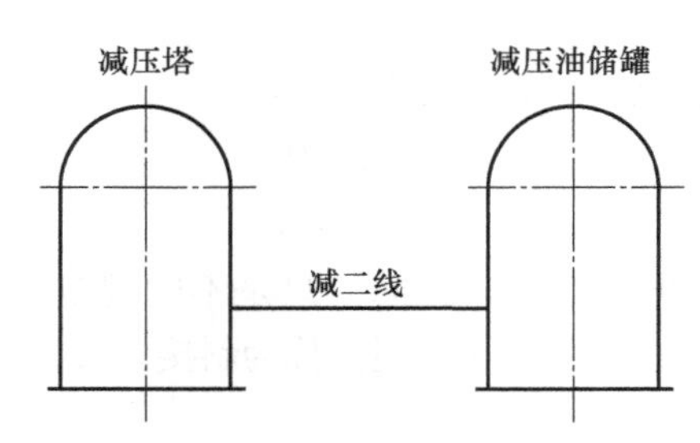

图 6-2 与设备相连的直管

$$\alpha=12.55\times10^{-6}℃^{-1},\ E=2.0\times10^{5}\text{MPa}$$

管子截面面积　　$A=3.768\times10^{-3}\text{m}^2$

温度变化　　$\Delta T=(250-20)℃=230℃$

则管中热应力为　　$\sigma=\alpha E\Delta T=577.3\text{MPa}$

管子对减压塔的推力为　　$F=\sigma A=2.175\times10^{6}\text{N}$

可见，此时管中热应力很大，该热应力将对减压塔产生较大的推力，可能造成减压塔减二线部位塔壁的局部变形或发生破裂。因此，在设计中应该尽量避免图 6-2 所示的管线安装方式。

由上述计算过程还可以看出，管道产生的热应力大小与其长度和截面面积没有直接的联系，仅与材料的线膨胀系数和温度的变化有关。

2. 管道热应力影响因素分析

如前所述，管道的热应力是因管道热膨胀受到约束而产生的。在直线管系中产生的热应力是轴向拉应力或压应力，平面管系因热膨胀在管路中主要产生轴向弯曲应力，而空间管系则在热膨胀过程中主要产生扭转应力和弯曲应力。管道受热膨胀时所产生的应力将作用于支座而导致支座约束力的变化。因此，只要求出作用于管系上的支座约束力，就可以求得管系任意截面上的热应力。由此可见，计算管道上的热应力影响，首先需要计算当时管道上支座约束力的变化。

研究表明，在相同温差条件下，为了降低管道上的热应力影响，可以将直线管道改为平面角形管道布置。此外，采用渐变形的异形管，也可以降低其上所产生的推力。由此可见，在设计时充分考虑正确布置管系，将可以较大幅度地减轻热应力的影响。

对图 6-3 所示的平面管系，若 B 端自由，当管子受热膨胀时，令 AC 管的热伸长量为 Δa，BC 管的热伸长为 Δb，且 $\Delta a=\alpha a\Delta T$，$\Delta b=\alpha b\Delta T$，则可以用 B 端的总位移量 Δu 来表示管系的总伸长，即

$$\Delta u=\sqrt{\Delta a^2+\Delta b^2}=\alpha\Delta T\sqrt{a^2+b^2}=\alpha\Delta Tu \tag{6-19}$$

式中　u——AB 两端点间的直线长度；

a——AC 的管长；

b——BC 的管长；

ΔT——温差。

从图 6-3a 可见，当平面管系的一端自由时，管系总的热伸长量将等于管系两端点之间直线管长的热伸长量。当平面管系的两端固定（图 6-3b），点 A、B 都不能移动时，随着温度的变化，整个管系将会发生变形，管系两端支座处将同时受到支座约束力和力矩的作用，

但是管系中的热应力将比相似条件下直线管路中的热应力小得多，这是因为平面管系具有较大的柔性。同理，对于一个空间管系，当一端能自由伸缩时，整个管系的热伸长量等于管系两端之间直线管长的热伸长量。当温度变化时，若管系两端固定不能移动，管路中的热应力将比相似条件下的平面管系中的热应力更小，这是因为空间管系具有更大的柔性。

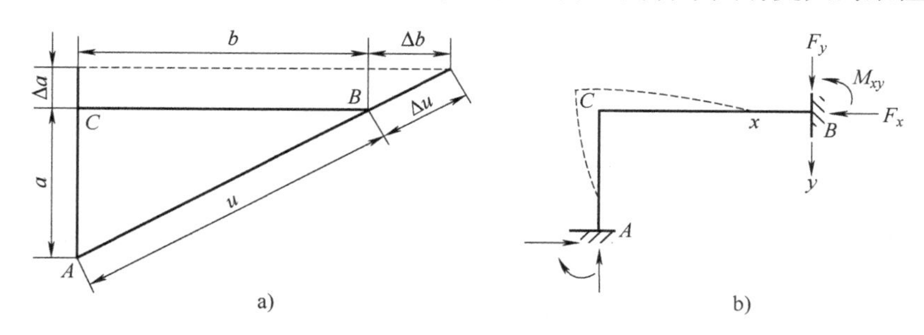

图 6-3　平面管系的热伸长和热胀变形

3. 管道的补偿器

如前所述，管道的热应力与管道柔性（即弹性）有关，因此在温度较高的管道系统中，常常设置一些弯曲的管段或可伸缩的装置以增加管道的柔性，减小热应力。这些能减小热应力的弯曲管段和伸缩装置称为补偿器。

根据补偿器的形成可以将其分成两类：一类是由于工艺需要在布置管道时自然形成的弯曲管段，称为自然补偿器，如 L 型补偿器和 Z 型补偿器（图 6-4）。另一类是专门设置用于吸收管道热膨胀的弯曲管段或伸缩装置，称为人工补偿器，如 π 型补偿器（图 6-5）、波纹式补偿器或填料函式补偿器等。

由于自然补偿器是在布置管道时自然形成的，不必多费管材，也不增加管内介质的流动阻力，因此应尽量采用自然补偿器，只有在自然补偿器不能满足要求时，才采用人工补偿器。

如自然补偿的形式为 L 型，则需考虑其中较短管（图 6-4a 中 *OB* 管段）是否有足够的吸收管系热膨胀的能力，如 *OB* 管段长度不够，则应加长至 *C* 或重新考虑管线布置，以免发生管系因弯曲过甚而破坏。

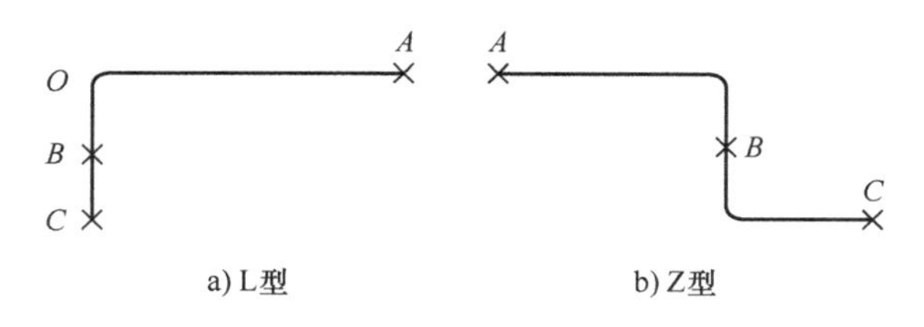

图 6-4　自然补偿器

如自然补偿的形式为 Z 型，则不应在 Z 型管路中 *B* 处（图 6-4b）加以固定使成为两个 L 型（*AB* 和 *DC*），只需在两端（*A*、*C*）加以固定保持 Z 型。

管路在自然补偿时立体形方式较平面形的补偿效果更好。

人工补偿器中最常用的是 π 型补偿器，它是用与原管道材料、规格相同的无缝管弯制成，较其他形式容易制造，且补偿能力大，能用在温度、压力较高的管路上。π 型补偿器应布置在补偿段的中间位置，以使两臂伸缩均衡，充分发挥补偿器的补偿功能。如果受地形条

件限制，不能将 π 型补偿器布置在补偿段的中间位置上时，就应在补偿器两端对称布置两个导向支座，如图 6-5 所示。这样，就可以使管线伸缩均衡，不致弯曲。导向支座与 π 型补偿器管端的距离，一般取管径的 30~40 倍。

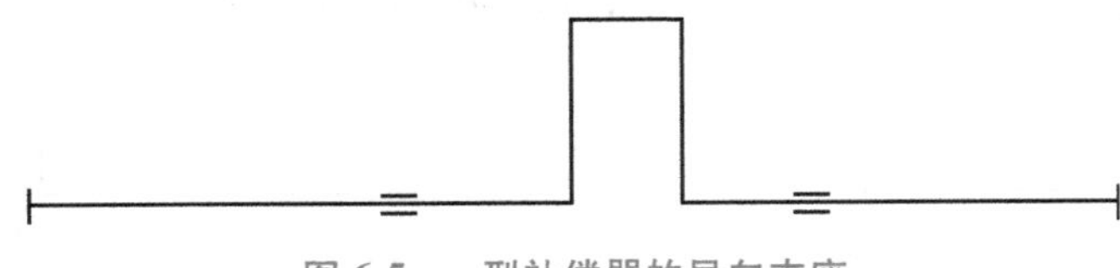

图 6-5　π 型补偿器的导向支座

波纹式补偿器是用 3~4mm 厚的金属薄片制成的，它利用金属本身的弹性伸缩来吸收管线的热膨胀，每个波纹可吸收 5~15mm 的膨胀量。它的优点是体积小、结构严密。但是为了防止补偿器本身产生纵向弯曲，补偿器不能做得太长，每个补偿器的波纹总数一般不得超过 6 个。这使补偿器的补偿能力受到限制。这类补偿器仅用在内压小于 0.7MPa 的管道上。

填料函式补偿器是由铸铁或钢制成的。铸铁制成的用于压力不超过 1MPa 的管道上，钢制成的用于压力不超过 1.6MPa 的管道上。它的优点是体积小，补偿能力较波纹式大。这种补偿器主要使用在因受地形限制不宜采用 π 型补偿器的管道上，如地沟中或码头上的管道。使用填料函式补偿器时应在其两端管道的适当位置上设立导向支架，以保障它的自由伸缩通路，防止管线发生偏弯时使填料函套筒卡住不起作用。这种补偿器的缺点是密封难以做到十分严密，填料压得太紧就会妨碍伸缩，太松则易引起泄漏。

如果不要求对管道热应力的大小做详细计算，而只要求判断管道有无足够的补偿能力，即判断管道会不会因热应力而造成破坏，这时可采用下列经验公式进行判断：

$$\frac{D_w \Delta}{(L-U)^2} \leqslant 208.3 \tag{6-20}$$

式中　D_w——管道外径（mm）；

Δ——管系合成热膨胀量（mm）；

L——管道的实际总长度（m）；

U——固定支架间的直线距离（m）。

对于满足式（6-20）的热力管线，则认为它是安全的。

在热力管线配管工程中，为了提高管线热补偿能力，减小热应力，降低管道对管端设备的推力和力矩，常采用冷紧技术。冷紧是先将管道切去一段预定的长度，安装时再拉紧就位。冷紧值的大小根据管系的应力分析的要求来确定。管路工作温度低于 250℃时，冷紧值可取管道热膨胀值的一半。冷紧技术常与补偿器一起使用。

6.2　压力管道的失效及事故分析

6.2.1　压力管道的失效模式

1. 压力管道的失效原因

1）随着时间逐渐发展的缺陷，如外腐蚀、内腐蚀、应力腐蚀、材料劣化等。

2）管道安装时具有的稳定不变的缺陷，如制造缺陷、焊接与施工缺陷、设备缺陷等。

3）与时间无关，具有一定随机性的缺陷，如第三方/机械破坏、不正确操作、气候/外力作用等。

2. 压力管道的失效模式

1）爆炸：物理爆炸，因物理原因（内应力、温度）使应力超过材料强度；化学爆炸，因异常化学反应使压力急剧增加超过材料强度。

2）断裂：脆性断裂（应力腐蚀、氢致开裂、蠕变断裂、低温断裂）；韧性断裂（过载、过热）；疲劳断裂（应力疲劳、应变疲劳、高温疲劳、热疲劳、腐蚀疲劳、蠕变疲劳）。

3）泄漏：密封泄漏（密封元件损坏）；本体泄漏（腐蚀穿孔、穿透裂纹、冶金和焊接缺陷）。

4）过量变形：过热、过载引起的膨胀、屈曲、伸长、凹坑；蠕变、亚稳定相的相变。

5）表面损伤：电化学腐蚀（均匀腐蚀、点腐蚀、缝隙腐蚀、晶间腐蚀、沉淀物下腐蚀、溶解氧腐蚀、碱腐蚀、硫化物腐蚀、氯化物腐蚀、硝酸盐腐蚀）；冲刷腐蚀、气蚀；高温氧化腐蚀、高温硫腐蚀；外来机械损伤（长输原油管线和成品油管线）。

6）材料劣化和性能退化：辐照损伤脆化、低熔点金属污染；金相组织变化（珠光体球化、石墨化、相析出长大、渗碳、渗氮、脱碳、回火脆化、敏化、应变失效）；氢致损伤（氢腐蚀、氢脆、堆焊层氢致剥离）。

6.2.2 压力管道事故类型及特点

压力管道发生事故后，一般会造成严重的事故后果，一般来说，主要有如下几种：

1）爆管事故。压力管道在其试压或运行过程中，由于各种原因造成的穿孔、破裂致使系统被迫停止运行的事故被称为爆管事故。

2）裂纹事故。压力管道在运行过程中，由于各种原因产生不同程度的裂纹，从而影响系统的安全，这种事故称为裂纹事故。裂纹是压力管道最危险的一种缺陷，是导致脆性破坏的主要原因，应该引起高度重视。裂纹的扩展很快，如不及时采取措施就会发生爆管。

3）泄漏事故。压力管道由于各种原因造成的介质泄漏称为泄漏事故。由于管道内的介质不同，如果发生泄漏，轻则造成能源浪费和环境污染，重则造成燃烧爆炸事故，危及人民生命财产的安全。

由于压力管道具有使用广泛性、敷设隐蔽性、管道组成复杂性、环境恶劣腐蚀性、距离长难于管理等特点，因此压力管道事故特点有：

1）局部性，指压力管道局部发生事故，但将使管道系统的完整性受到破坏。

2）迅速蔓延扩大，主要是压力管道破坏后其易燃易爆、有毒有害介质的迅速扩散。

3）引起事故的起始点分布具有点多、线长、面广的特点，给事故隐患的排查，及事故调查带来诸多困难。

压力管道事故同样呈现出“浴盆曲线”规律。管道运行初期的事故多发段一般是在投产后半年至两年期间，这期间首先暴露的是管道系统内在的质量隐患，包括管材质量、设计缺陷、焊接和施工质量等问题。在管道事故统计的数据中，这一阶段的事故占据了主要份额。第二阶段为稳定工作期，一般可以持续 15~20 年，这期间运行环境对管道造成的损伤引发事故较明显，这与管道质量、输送介质种类、腐蚀控制等条件有关。第三阶段已达到管道设计寿命后期，由于设施老化、系统腐蚀及磨损程度加剧，使这期间的事故率明显上升。

6.2.3　压力管道的事故原因

压力管道的设计、制造、安装、使用、检验、修理、改造等过程几乎构成了压力管道系统管理的全过程，压力管道的事故与这些环节密切相关。压力管道安全监察部门对历年来200余起各种压力管道安全事故的统计结果（图6-6）说明，管理原因、管件质量、安装质量、设计质量和腐蚀是管道事故的主要原因。

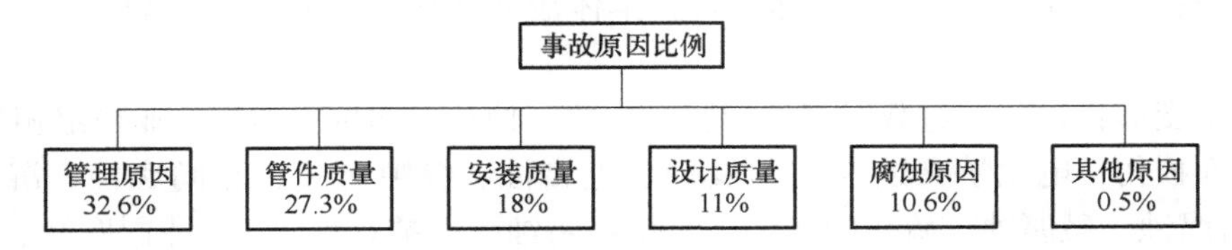

图6-6　压力管道事故原因统计示意图

1. 长输管道事故原因

外力破坏通常是陆地管线事故的主要原因，对大直径管道而言，管材和施工缺陷是最常见的管道事故原因。以前我国管线事故原因主要是设备故障、腐蚀、施工和管材等原因，其主要原因在于当时在管材质量、制管工艺、制造和安装等方面水平比较落后。近些年，我国新建的西部油、气管线由于所采用的设备、材料已接近国际水平，加之防腐、自动化操作水平的提高，设备故障、腐蚀、误操作等原因造成的事故比例会降低。但由于西部大部分地区自然环境恶劣，地质灾害较严重，因此外力引起的第三方破坏造成的事故比例会高于东部管道。对于老管线而言，事故率呈上升趋势。输气管线发生事故的概率低于输油管线。

2. 工业管道事故原因

工业管道事故原因主要包括设计、制造、安装、使用管理等方面。其设计原因主要有选材不当，阀门、管件等管道组成件选型不合理，应力分析失误，管系结构布置不合理等。制造原因主要是指管子、管件、阀门制造过程中形成的缺陷引起的事故，如管子与管件本身的原始缺陷，焊接结构中的裂纹、气孔、夹渣缺陷，密封结构的不可靠等。安装原因主要指施工安装质量低劣引起的事故，如焊接质量低劣，存在未焊透、夹渣、气孔、未熔合、裂纹等缺陷，材料混用，未按规定进行无损检测等。管理不善除各环节管理失控外，还包括使用管理混乱，未进行有效的定期检验。腐蚀包括介质腐蚀与冲刷、外部环境的腐蚀等。在上述原因中，设计、制造、安装关系到管道先天质量，使用管理与介质腐蚀的防护则影响到管道在役保养。要解决好工业管道的安全问题，要做好先天质量，也要做好后天的养护工作。而对那些已经先天不足的压力管道，其安全评估、失效预防等工作则尤为重要。

6.2.4　压力管道事故的分析

压力管道事故的分析可以按调查研究、试验分析、综合分析、模拟试验、改进措施及事

故分析报告共五个环节来进行。

1. 调查研究

调查研究阶段可以分现场操作环境调查、现场事故表现调查、正在运行的同类压力管道调查和相关文献资料调查四个方面进行。

（1）现场操作环境调查　首先调查记录当时的生产操作状态和操作参数，这有助于掌握压力管道事故发生时的状态条件，判断是否属于误操作所致。其次是调查压力管道的运行史，如材料的变更和代用情况、焊补返修情况、焊缝无损检测记录、热处理记录、遭受过偶然的冲击载荷情况、蠕变位移记录、腐蚀速率及腐蚀形态记录、振动记录、相连设备不均匀沉降记录等。这些资料和数据都是事故分析的基础资料，通过对这些基础资料的分析，有助于判断事故发生的诱因。

（2）现场事故表现调查　查看记录事故现场的形态，收集有关的残片，为进一步的分析搜集证据。对于石油化工压力管道来说，发生有毒介质泄漏事故，或发生可燃介质泄漏并着火事故，或发生爆炸着火事故，其现场表现是有区别的。如果是先发生了爆炸而后着火，那么压力管道将以碎片（块）呈发散分布，有些碎片甚至会发散到较远的地方；而如果是因泄漏而着火，那么现场仅呈过火状，无压力管道碎片发散。了解这些表现特征，有助于了解事故发生的根源。

（3）正在运行的同类压力管道调查　了解正在运行的同类压力管道的操作状态、操作参数等，并与发生事故的管道进行对比分析，利用排除法，可以加快对事故原因的分析。

（4）相关文献资料的调查　查找有关同类压力管道事故的记录文献，对事故原因的分析有借鉴作用。尤其是当操作环境、事故的现场形态与文献记载相同时，有理由判定其发生事故的原因也可能相同。

2. 试验分析

若通过前面的分析，不能做出事故原因的结论，或者不能完全肯定事故发生的原因，可以借助于下列试验，做进一步的分析。

（1）化学分析　化学分析应包括压力管道材质的化学分析、腐蚀介质的成分分析、腐蚀产物的成分分析。

（2）力学性能试验　力学性能试验包括硬度检验、拉伸试验、冲击韧性试验、断裂韧性试验、高温蠕变或高温持久试验等。

（3）宏观组织检验及断口检验　根据断口的形状、颜色等可以帮助判断腐蚀断裂类型。

（4）微观组织检验　在高倍显微镜下，观察事故材料的金相组织和加工显微组织，了解其加工工艺和热处理工艺的正确性，将材料组织和腐蚀环境结合起来分析便于判断发生的腐蚀破坏类型。

（5）无损检测　对发生事故的压力管道残留物进行无损检测，可以了解管材在制造、焊接、热处理等过程中造成的原始缺陷，为事故原因的分析提供进一步证据。

3. 综合分析

综合分析就是将已获得的有关资料和数据，即操作状态、操作数据、运行史料、现场照片、残片证物、同类压力管道的运行资料、文献检索资料、化学分析结果、力学性能试验结

果、宏观和微观检验结果、无损检测检验结果等，综合运用金属材料学、金属腐蚀学、力学、工程学等方面的知识，对压力管道事故进行逻辑推理和综合分析，给出事故产生的原因和机理，可以查出导致事故发生的环节甚至责任人。

4. 模拟试验

如果通过综合分析仍不能得出确定的结论，可以委托专业部门或研究部门进行模拟试验。通过模拟试验可以证实推测的结果，并给出确切的结论。

5. 改进措施及事故分析报告

当确定压力管道事故发生的原因后，应进一步分析造成这一结果的原因，采取措施，以防止类似事故再次发生。最后，撰写事故分析报告，并上报至压力管道使用单位，由压力管道使用单位再上报至有关主管部门和地方劳动行政部门。

【氧气管道爆炸事故分析实例】

1. 事故经过

2005年4月14日上午10时左右，安徽省某公司机动科组织有关人员进入调压站进行气动调节阀更换作业。作业人员首先关闭了管线两端阀门隔断气源，然后松开气动调节阀法兰螺栓，在松螺栓过程中发现进气阀门没有关紧，仍有漏气现象，又用F型扳手关闭进气阀门。在漏气情况消除后，作业人员拆卸掉故障气动调节阀，换上经脱脂处理的新气动调节阀，安装仪表电源线和气动调节阀控制气缸管线，并用万用表测量。上述工作完毕，制氧工艺主管张某接到在场的调度长批准令，到防爆墙后边开启气动调压阀，开启2~3s后，就听到一声沉闷巨响，从防爆墙另一侧的前后喷出大火。张某想转身关阀，受大火所阻，即快速跑向制氧车间，边叫人灭火，边关停氧压机以切断事故现场的氧气，阻止火势扩大。后张某又想起氧气来源于氧气罐，便爬上球罐关阀，这才切断了事故现场氧气源。至此，火势终于被控制住。

事后，通过爆炸现场勘察发现，调压站内的氧气管道被完全烧毁，旁路管道的内部没有燃烧痕迹，证明管道被炸开。事故现场作业人员共有8人，其中7人死亡（3人当场死亡，4人经医院抢救无效后死亡）。事故发生时另有1人在调压站氮气间，与氧气间中间有防火墙阻隔，没有受到伤害。

事后经调查，该调压管线的气动调节阀经常发生阀芯内漏故障，投产以来至少已更换过3次气动调节阀。

此外，该厂压力管道未经安装监督检验，对此，地方特种设备监察部门已下达了安全监察指令，责令禁止使用，恢复原状，分管市长也多次进行协调，但因种种原因，隐患整改工作并没有得到认真落实。

2. 事故原因

“4·14”氧气管道爆炸事故发生后，根据爆炸时出现的放热性、快速性特点，事故调查组确认这是一起化学性爆炸事故。另据“加压的可燃物质泄漏时形成喷射流，并在泄漏裂口处被点燃，瞬间产生了喷射火”等现象，调查人员认为，燃烧、爆炸、喷射火是这次事故的主要特点，喷射火又是造成众多人员伤亡和管道、阀门烧熔的重要因素。

从事故后掌握的情况进行分析推断，事故的发生过程是由于管道内部纯氧状态下或在泄漏形成管道外部空间呈富氧状态，遇到激发能量后，引起激烈的化学反应（燃烧、爆炸），

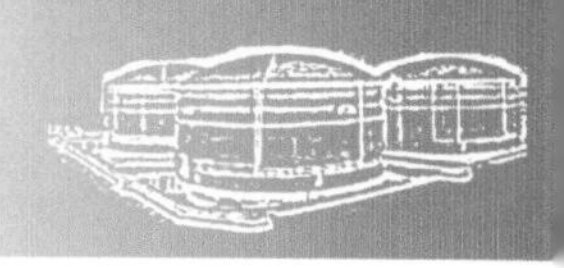

爆炸后造成大量氧气喷出，反应释放出大量热能，喷射火喷射的高温致使钢管熔化和燃烧反应更加激烈，导致整根管线被毁和人员伤亡。

由此可以认定，新更换气动调节阀脱脂不完全是事故的直接原因，违章使用氧气试漏是导致爆炸发生的另一重要原因。

3. 经验教训和改进措施

1）氧气生产、输送管道应按照《特种设备安全监察条例》进行安全性能检验，检验合格方可投入使用。对不符合安全技术规范的特种设备，应立即停止使用，并督促企业整改。

2）对化工生产和氧气制造、输送企业，应督促企业切实落实特种设备安全管理的主体责任，层层负责，严加管理。

3）对列为重点监控的化工、制氧设备，必须要求生产、使用单位落实具体负责人和具体监控措施；加强重点部位的巡查，并制订相应的预警和应急救援方案，适时进行演练，提高应对紧急事件的能力。特种设备安全监察机构与行业主管部门应当加强督促检查。

4）特种设备安全监察部门要与安监部门、行业监管部门主动联系、交流、沟通，提高联合执法能力，对交叉管理的化工、制氧生产企业，应消除特种设备安全监察盲区，避免重大事故的发生。

5）对特种设备事故的处理既要注重事后追究，也不可缺少事前预防。应勤检查、多督促、抓落实、狠整治、严执法，只有这样，才能有效地实现特种设备事故的事前预防，减少事故的发生。

6.3 油气管道的失效事故树分析

油气管道在运行过程中常常受到人为因素、腐蚀介质、应力和杂质的影响，致使管线发生失效，这直接影响着石油与天然气的正常生产和管线的使用寿命。通过现场调查表明，管道发生失效的主要形式为开裂和穿孔。由于引起管线失效的因素复杂，加之油气管道为埋地管线，更增加了失效分析的难度。事故树分析是对其进行可靠性分析与评价的有效方法，对管道进行可靠性分析，以找出管线的主要失效形式与薄弱环节，进而在管线的运行和维护中采取相应的措施，以提高管道的可靠性和使用寿命。该方法简明、灵活、直接，十分适用于管道的失效分析。

6.3.1 天然气管道失效事故树分析

1. 天然气管线失效故障的建立

天然气管线事故树的建立，首先根据顶事件确定原则，选取“管线失效”作为顶事件。引起天然气管线失效的最直接而必要的原因主要是穿孔和开裂，任一因素的出现都将导致管线发生失效。然后以其为次顶事件，由前面几章中的分析可得出相应的影响因素，以此建立用逻辑门符号表示的天然气管线失效事故树，如图 6-7 所示，图中各符号所代表的相应事件列于表 6-3 中。

表 6-3 天然气管线失效事故树中的符号与相应事件

符号	事件	符号	事件	符号	事件
P	管线失效	f_5	管线附近土层运移	f_{38}	焊接材料不合格
A_1	管线穿孔	f_6	管线标志桩不明	f_{39}	管段表面预处理质量差
A_2	管线开裂	f_7	沿线压管严重	f_{40}	管段表面有气孔
B_1	管线腐蚀严重	f_8	管线上方违章施工	f_{41}	管段未焊透部分过大
B_2	管线存在缺陷	f_9	外界较大作用力	f_{42}	焊接区域渗碳严重
B_3	管线承压能力低	f_{10}	管线内应力较大	f_{43}	焊接区域存在过热组织
B_4	管线腐蚀开裂	f_{11}	土壤根茎穿透防腐层	f_{44}	焊接区域存在显微裂缝
C_1	管线外腐蚀	f_{12}	土壤中含有硫化物	f_{45}	焊缝表面有夹渣
C_2	管线内腐蚀	f_{13}	土壤含盐量高	f_{46}	管段焊后未清渣
C_3	管线存在施工缺陷	f_{14}	土壤 pH 值低	f_{47}	弯头内外表面不光滑
C_4	管线存在初始缺陷	f_{15}	土壤中含有 SRB	f_{48}	弯头内外表面有裂纹
C_5	管线存在裂纹	f_{16}	土壤氧化还原电位高	f_{49}	管段间错口大
C_6	管材力学性能差	f_{17}	土壤含水率高	f_{50}	法兰存在裂纹
D_1	管线外防腐失效	f_{18}	阴极保护距离小	f_{51}	螺栓材料与管材不一致
D_2	管线内腐蚀环境	f_{19}	阴极保护电位小	f_{52}	管材中含有杂质
D_3	管线应力腐蚀严重	f_{20}	地床存在杂散电流	f_{53}	管材金相组织不均匀
E_1	第三方破坏严重	f_{21}	阴极保护方式不当	f_{54}	管材晶粒粗大
E_2	较大应力作用	f_{22}	阴极材料保护失效	f_{55}	管材选择不当
E_3	土壤腐蚀	f_{23}	天然气中含有硫化氢	f_{56}	热处理措施不当
E_4	管线阴极保护	f_{24}	天然气含有 O_2	f_{57}	管材存在不椭圆度
E_5	管线防腐绝缘涂层	f_{25}	天然气含有 CO_2	f_{58}	冷加工工艺质量差
E_6	管线内防腐失效	f_{26}	天然气中含水	f_{59}	管材壁厚不均匀
E_7	输送介质含酸性物	f_{27}	缓蚀剂失效	f_{60}	管壁机械伤痕
E_8	管沟施工	f_{28}	管线内涂层变薄	f_{61}	管段存在残余应力
E_9	管线焊接	f_{29}	管线衬里脱落	f_{62}	管段存在应力集中
E_{10}	管线安装	f_{30}	管线清管效果差	f_{63}	管材力学性能差
E_{11}	管线材质存在缺陷	f_{31}	管线深度不够	f_{64}	防腐绝缘层变薄
E_{12}	管线加工工艺差	f_{32}	边坡稳定性差	f_{65}	防腐绝缘层黏接力降低
E_{13}	管线承载大	f_{33}	回填土粒径粗大	f_{66}	防腐绝缘层脆性增加
f_1	管线人为误操作	f_{34}	回填土含水率高	f_{67}	防腐绝缘层发生破损
f_2	管线抗腐蚀性差	f_{35}	管沟排水性能差	f_{68}	防腐绝缘层老化剥离
f_3	管线强度设计不合理	f_{36}	回填土含腐蚀物	f_{69}	防腐绝缘层下部积水
f_4	管线存在违章建筑物	f_{37}	管线焊接方法不当		

注：SRB 指硫酸盐还原菌。

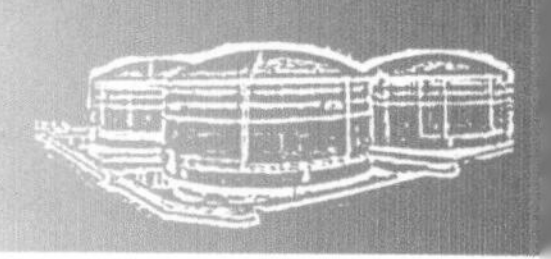

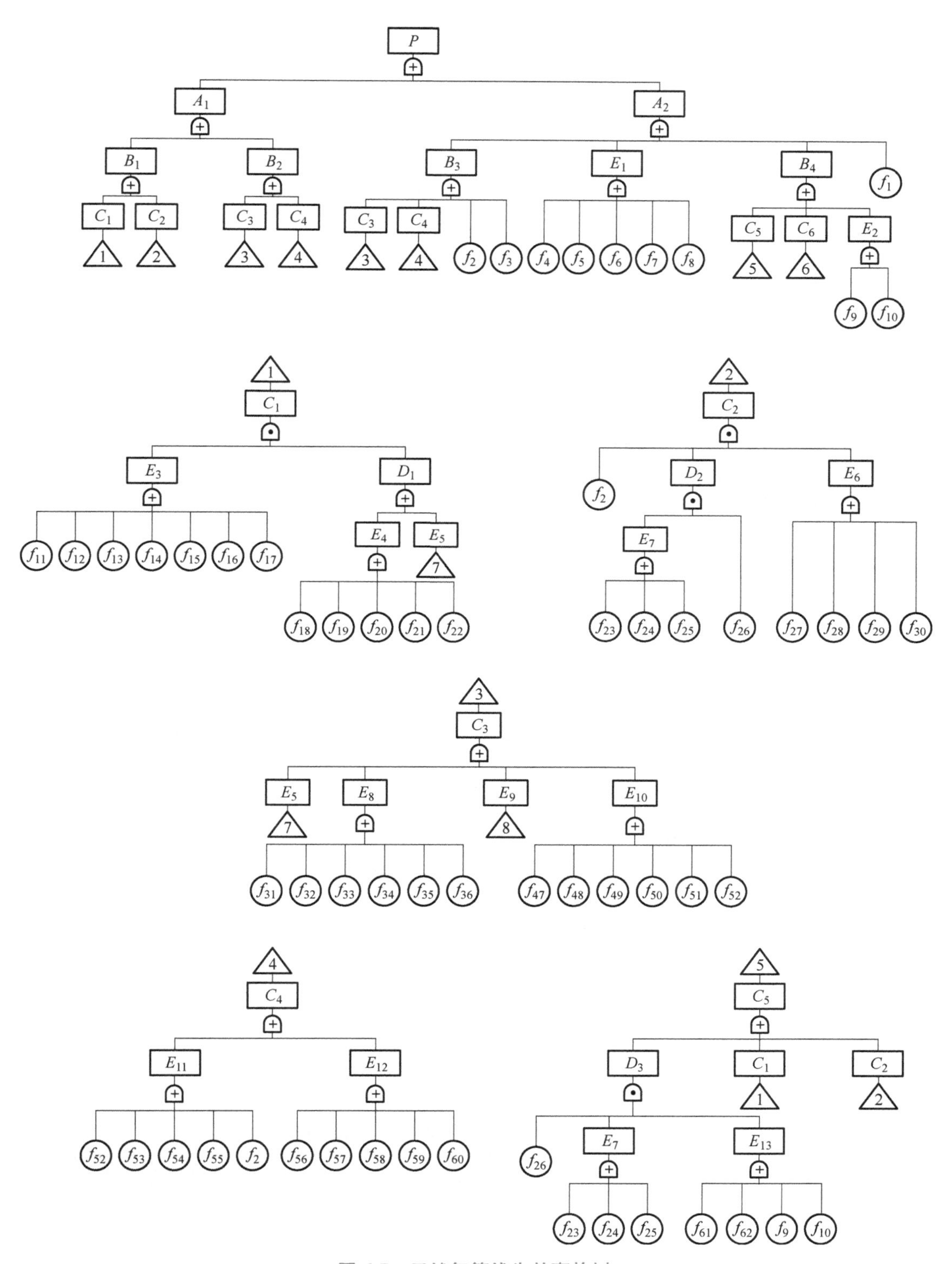

图 6-7　天然气管线失效事故树

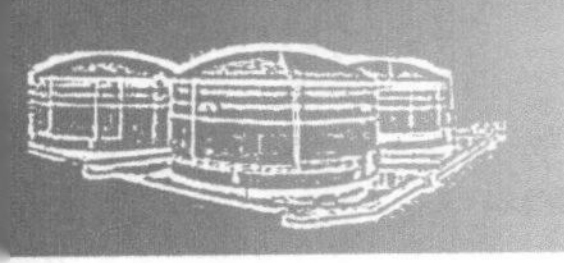

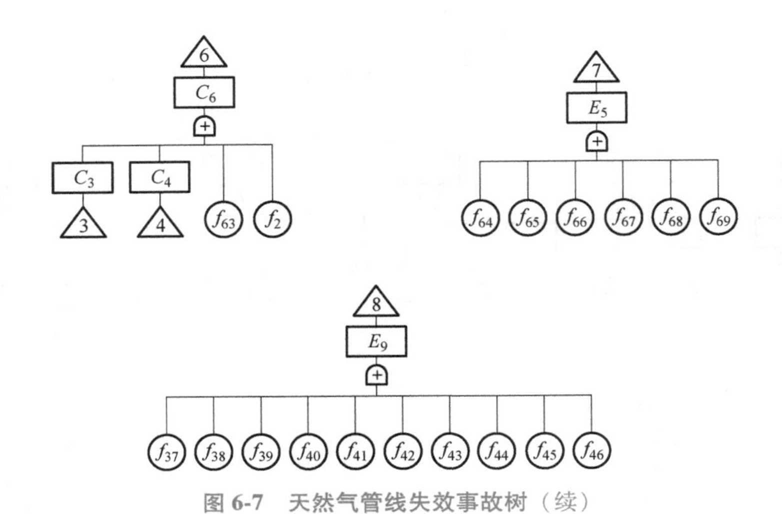

图 6-7 天然气管线失效事故树（续）

2. 天然气管线的薄弱环节

采用“自上而下”的代换方法，利用等幂律和吸收律求出事故树的所有最小割集，将其转化为等效的布尔代数方程，有

$$P = \sum_{i=1}^{10} f_i + \sum_{j=31}^{60} f_j + \sum_{k=63}^{69} f_k + \sum_{l=18}^{22} f_l \times \sum_{n=11}^{17} f_n + f_{26} \times \sum_{p=23}^{25} f_p \times (f_9 + f_{10} + f_{61} + f_{62}) + f_2 + f_{26} + \left(\sum_{p=23}^{25} f_p + \sum_{q=27}^{30} f_q \right) \tag{6-21}$$

由式（6-21）可知，天然气管线失效事故树由47个一阶最小割集、35个二阶最小割集、12个三阶最小割集、12个四阶最小剖集组成。47个一阶最小割集直接影响着系统的可靠性，为天然气管线系统中的薄弱环节。

3. 天然气管线的失效概率

由式（6-21）可得顶事件发生的概率大小，用 p_i 表示底事件 i 发生的概率，C_i 表示第 i 个最小割集，N 为最小割集的个数，则有

$$Y = 1 - \prod_{i=1}^{N} \left(1 - \prod_{R \in C_i} p_R \right) \tag{6-22}$$

对于天然气管线失效事故树，$N = 10^6$。对输气干线的失效数据、管线内外腐蚀状况以及现有工况条件进行分析，按照山坡、旱地、水田、河滩、公路的分类标准，对不同地形管段的失效概率进行计算，计算结果见表6-4。

表 6-4 不同地形管段失效概率计算结果

地 形 分 类	失 效 概 率	地 形 分 类	失 效 概 率
山坡、旱地	0.14（1.6×10^{-5}/h）	河滩	0.25（2.9×10^{-5}/h）
水田	0.17（1.9×10^{-5}/h）	公路	0.28（3.2×10^{-5}/h）

4. 影响天然气管线失效的主要因素

通过对天然气管线失效事故树和式（6-22）中最小割集的分析，得到引起天然气管线发生失效的主要因素有：

（1）第三方破坏　包括人为破坏和自然灾害破坏。人为破坏主要是沿线公路修建、扩建过程中的施工破坏，包括将管段埋于公路下方、暴露、悬空甚至挖破以及管线上方已建、新建和将建的违章建筑物。自然灾害包括水流对管沟和管线的长期冲刷、管线堡坎、护坡失稳以及管沟土层的运移。

（2）严重腐蚀　严重腐蚀包括外腐蚀和内腐蚀两个方面。外腐蚀主要由土壤腐蚀和防腐绝缘涂层失效引起，内腐蚀主要由输送介质中的硫化氢和二氧化碳等酸性介质引起。严重腐蚀环境会导致防腐绝缘涂层失效、管壁减薄、管线穿孔。

（3）管材缺陷　包括管材初始缺陷和安装缺陷，大多是在天然气管线施工建设过程中形成的。其中初始缺陷主要是在管材的制造加工、运输过程中形成的；安装缺陷是在管段的安装施工过程中形成的。初始微裂纹、毛刺、不光滑部位等都属于管材缺陷，即使它们只在局部范围存在，也将直接为管线腐蚀的发生提供条件，并导致管线整体强度的降低，影响着管线运行的可靠性和使用寿命。

6.3.2　原油管线失效事故树分析

原油管线投入使用后，就不断地受到内外腐蚀、工况条件变化、第三方破坏的影响，致使部分管段发生失效。这直接影响着原油的生产，并降低了原油管线的使用寿命。现场调查结果表明，管线发生失效的主要形式为穿孔和开裂。

1. 原油管线失效故障的建立

根据顶事件确定原则，选择原油管线事故树的顶事件为“原油管线失效”。引起的最直接原因为穿孔与开裂，二者中只要有一个出现，就会引起原油管线失效的发生。同样地，以这两个因素为次顶事件，对相应原因进行分析，共考虑了 47 个基本影响因素，建立了原油管线失效事故树，如图 6-8 所示，图中各符号所代表的意义见表 6-5。

2. 原油管线薄弱环节与失效效率

采用“自下而上”的替代方法求出事故树的所有最小割集，将事故树转换为等效的布尔代数方程，如下式所示：

$$P = B_1 + B_2 \tag{6-23}$$

$$P = \sum_{i=1}^{10} f_i + \sum_{j=28}^{44} f_j + f_{19} + f_{28} + f_{47} + f_{18} \times \sum_{l=11}^{17} f_l + f_{23} + \sum_{n=20}^{22} f_n \times (f_9 + f_{10} + f_{61} + f_{62}) + f_2 + f_{26} + \left(\sum_{p=23}^{25} f_p + \sum_{q=27}^{30} f_q\right) \tag{6-24}$$

由式（6-24）可知，原油管线失效事故树由 60 个各阶割集组成，29 个一阶最小割集，7 个二阶最小割集，12 个三阶最小割集，12 个四阶最小割集。29 个一阶最小割集直接影响着系统的可靠性，为原油管线系统中的薄弱环节，要提高管线的可靠性与使用寿命，应首先从这 29 个一阶最小割集着手。

原油管线的失效概率与天然气管线的失效概率确定方法一致，由式（6-22）确定。

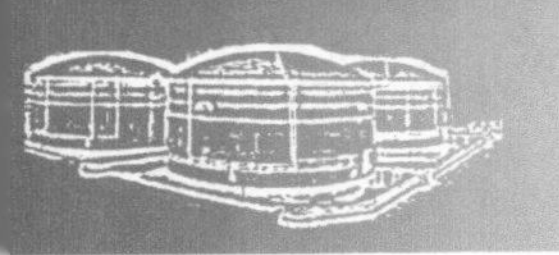

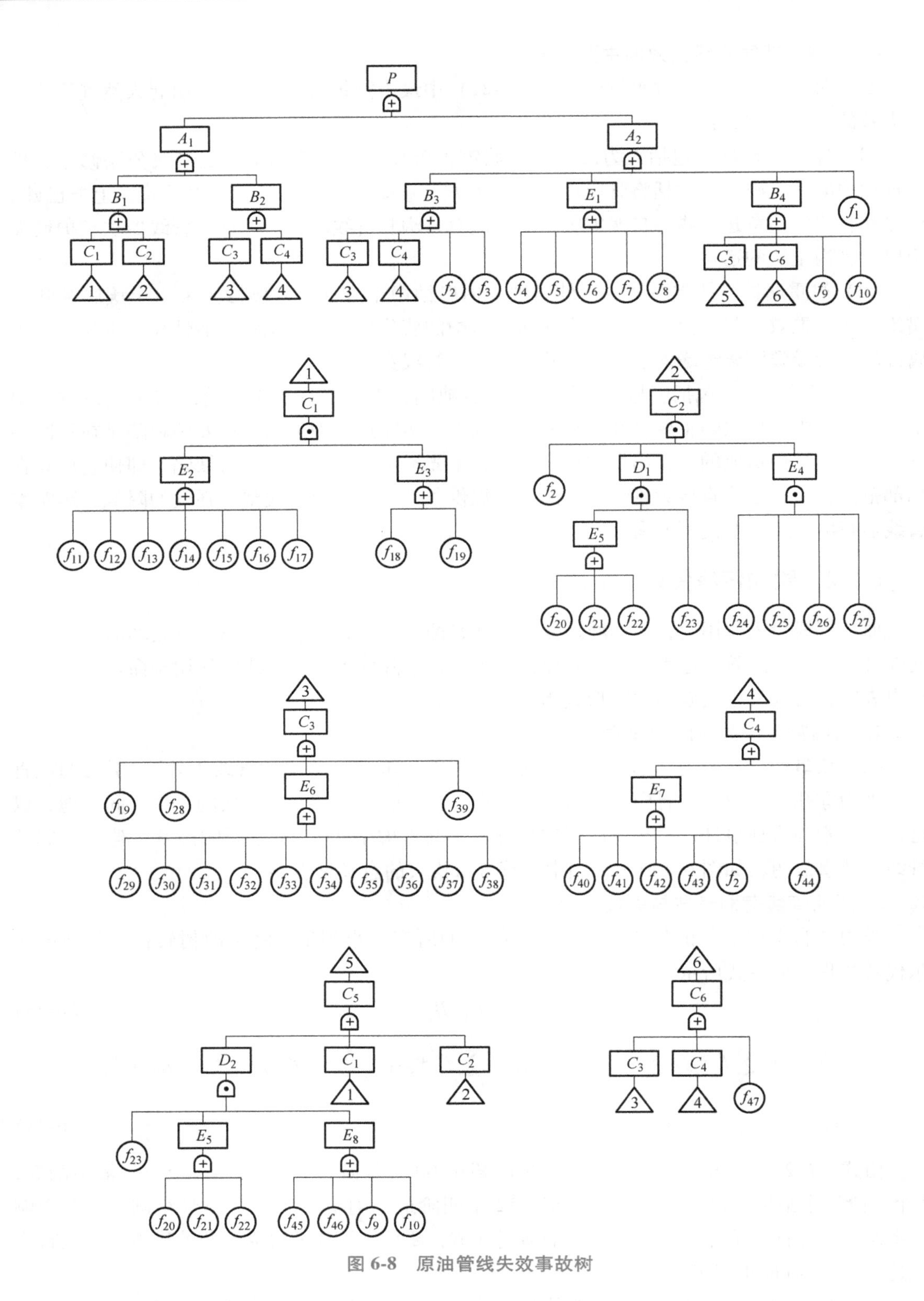

图 6-8 原油管线失效事故树

表 6-5 原油管线失效事故树的符号与相应事件

符号	事　件	符号	事　件	符号	事　件
P	管线失效	f_2	管材抗腐蚀性差	f_{26}	管线衬里脱落
A_1	管线穿孔	f_3	管线强度设计不合理	f_{27}	管线清管效果差
A_2	管线开裂	f_4	违章建筑物	f_{28}	管沟质量差
B_1	管线腐蚀严重	f_5	管线附近土层运移	f_{29}	管线焊接方法不当
B_2	管线存在缺陷	f_6	管线标志桩不明	f_{30}	焊接材料不合格
B_3	管线承压能力低	f_7	沿线压管严重	f_{31}	管段预处理质量差
B_4	管线腐蚀开裂	f_8	管线上方违章施工	f_{32}	管线焊接表面有气孔
C_1	管线外腐蚀	f_9	外界较大作用力	f_{33}	管段末焊头部分过大
C_2	管线内腐蚀	f_{10}	管线内应力较大	f_{34}	焊接区域渗碳严重
C_3	施工缺陷	f_{11}	土壤根茎穿透防腐层	f_{35}	焊接区域存在过热组织
C_4	初始缺陷	f_{12}	土壤中含有硫化物	f_{36}	焊接区域存在显微裂纹
C_5	管线存在裂纹	f_{13}	土壤含盐量高	f_{37}	焊接表面有夹渣
C_6	管材力学性能差	f_{14}	土壤 pH 值低	f_{38}	管段焊后未清渣
D_1	管线内腐蚀环境	f_{15}	土壤中含有 SRB	f_{39}	管线安装质量差
D_2	管线应力腐蚀严重	f_{16}	土壤氧化还原电位高	f_{40}	管材中含有杂质
E_1	第三方破坏严重	f_{17}	土壤含水率高	f_{41}	管材金相组织不均匀
E_2	土壤腐蚀	f_{18}	阴极保护失效	f_{42}	管材晶粒粗大
E_3	土壤外腐蚀措施	f_{19}	防腐层绝缘老化	f_{43}	管材选择不当
E_4	酸性物质	f_{20}	原油中含有硫化氢	f_{44}	管材加工质量差
E_5	管线内腐蚀措施	f_{21}	原油含有 O_2	f_{45}	管段存在残余应力
E_6	管线焊接	f_{22}	原油含有 CO_2	f_{46}	管段存在应力集中
E_7	材质存在缺陷	f_{23}	原油含有水	f_{47}	管材力学性能差
E_8	管线承压大	f_{24}	缓蚀剂失效		
f_1	结蜡严重憋压	f_{25}	管线内涂层变薄		

3. 影响原油管线失效的主要因素与改善措施

对原油管线失效事故树和式（6-24）进行分析，可以发现引起管线失效的主要因素。采取相应的处理措施便可以提高管线的可靠性，延长管线的使用寿命。

（1）第三方破坏　包括人为破坏和自然灾害。自然灾害主要为地面运动以及水流对管

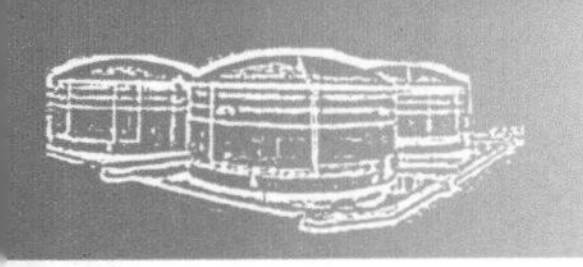

沟、管线的长期冲刷，这些影响可导致管线的断裂，或是加速管线的腐蚀。人为破坏主要有误操作、管线上方的违章施工、管线上方的违章构筑物、管线标志物的破坏等。应加强管线的巡线检查，缩短管线的巡线周期，并对管线标志桩进行定期检查与维修。

（2）管线外腐蚀　外腐蚀主要由土壤腐蚀、防腐绝缘涂层失效和外防腐失效引起。环境土壤中的含盐量、pH值、含水率与电阻率造成防腐层的破坏，加之随着使用年限的增加导致的防腐层的自然老化，都会导致管线外腐蚀的发生，特别是在阴极保护效果差时更为严重。应对阴极保护的效果进行定期检查，并在管线环境中埋设腐蚀片，对管线的外腐蚀状况进行分析。

（3）管线内腐蚀　内腐蚀是在原油中含有的酸性杂质与水分的共同作用下发生的，特别是原油中的硫化物，在一些情况下可导致硫化物应力腐蚀开裂的发生。内腐蚀的发生使得管线内壁局部减薄，造成管线穿孔。应改善原油脱水工艺，提高脱水质量，可加入缓蚀剂，并选择合适的清管器进行管线的定期清管。

（4）管材缺陷　包括管材初始缺陷和施工缺陷。初始缺陷主要是由于管材在制造加工、运输过程中的不当操作造成的。施工缺陷是在施工过程中形成的，如管线薄厚不均椭圆度差、防腐绝缘涂层质量差、焊接水平和焊接质量差等。管材缺陷的存在将导致管线整体强度的降低，为管线腐蚀的发生提供条件，直接影响着管线运行的可靠性。应加强对管材的质量检查，提高制造工艺水平，并建立严格的施工质量检测制度，选择合适的焊接工艺。

（5）严重憋压破坏　这主要是由管线的结蜡引起的，在管线加热效果差时容易引起管线的结蜡，使得管线的流通截面减小，管线不断憋压导致破裂。应对原油的加热效果进行定期检测，改善加热效果，并定期清管。

原油管线失效事故树的分析方法同样适用于注水管线、油管和套管等管线的失效分析。

6.4　油气输送管道的完整性管理

油气输送管道在长时间服役后，会因腐蚀、疲劳、机械损伤、地质灾害等原因而造成各种各样的损伤，这些损伤的存在会威胁管道的安全性和可靠性。严重的损伤能引起管道泄漏和开裂，甚至导致火灾、爆炸、中毒等事故发生。特别是在人口稠密地区，此类事故往往会造成人员伤亡、重大经济损失和环境污染，同时会带来恶劣的社会及政治影响。石油天然气管道的安全运行直接关系到我国国民经济发展和社会稳定。管道完整性管理经过20多年的研究和实践，在国际上被普遍认为是管道安全管理的有效模式，也是管道安全管理的发展方向。

6.4.1　完整性管理的概述

管道完整性是指管道处于安全可靠的服役状态，主要包括：

1）管道在结构和功能上是完整的。

2）管道处于风险受控状态。

3）管道的安全状态可满足当前运行要求。

管道完整性管理是指对管道面临的风险因素不断进行识别和评价，持续消除识别到的不利影响因素，采取各种风险消减措施，将风险控制在合理、可接受的范围内，最终实现安全、可靠、经济地运行管道的目的。

完整性管理是持续循环的过程，包括数据采集与整合、高后果区识别、风险评价、完整性评价、风险消减与维修维护、效能评价六个环节，如图 6-9 所示 。完整性管理应贯穿管道全生命周期，包括设计、采购、施工、投产、运行和废弃等各阶段，并应符合国家法律法规的规定。

管道完整性管理体系体现了安全管理的时间完整性、数据完整性和管理过程完整性及灵活性的特点。

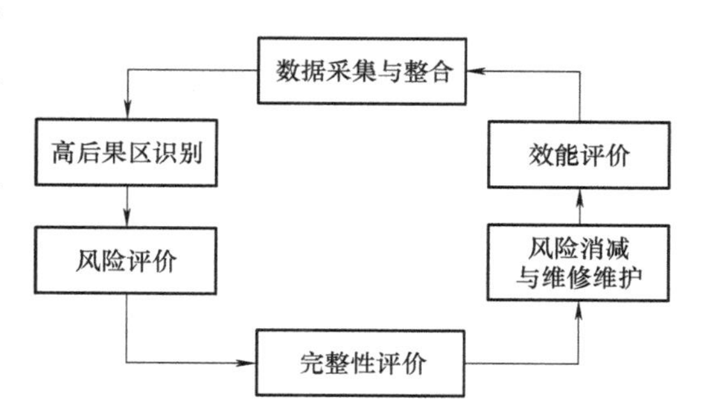

图 6-9　完整性管理工作流程

（1）时间完整性　需要从管道规划、建设到运行维护、检修的全过程实施完整性管理，它要贯穿管道整个寿命，体现了时间完整性。

（2）数据完整性　要求从数据收集、整合，数据库设计，数据的管理、升级等环节，保证数据完整、准确，为风险评价、完整性评价结果的准确、可靠提供基础。特别是对存役管道的检测，可以给管道完整性评价提供最直接的依据。

（3）管理过程完整性　风险评价和完整性评价是管道完整性管理的关键组成部分。要根据管道的剩余寿命预测及完整性管理效果评估的结果，确定再次检测、评价的周期，每隔一定时间后再次循环上述步骤；还要根据危险因素的变化及完整性管理效果测试情况，对管理程序进行必要修改，以适应管道实际情况。持续进行、定期循环、不断改善的方法体现了安全管理过程的完整性。

（4）灵活性　完整性管理要适应于每条管道及其管理者的特定条件。管道的条件不同是指管道的设计、运行条件不同，环境在变化，管道的数据、资料在更新，评价技术在发展。管理者的条件是指该管理者要求的完整性目标和支持完整性管理的资源、技术水平等。因此，完整性管理的计划、方案需要根据管道实际条件来制订，不存在适用于各种各样管道的“唯一”的或“最优”的方案。

6.4.2　完整性管理的实施

1. 数据采集与整合

数据采集是进行完整性管理工作的第一步。常见的数据来源有：设计、采购、施工、投产、运行、废弃等过程中产生的数据，还包括管道测绘记录、环境数据、社会资源数据、失效分析、应急预案等。

管道建设期数据采集内容应包含管道属性数据、管道环境数据、施工过程中的重要过程及事件记录、设计文件、施工记录及评价报告等。运行期数据采集内容应包含管道属性数据、管道环境数据和管道检测维护管理数据。随着管道完整性管理的实施，数据的数量和类型要不断更新，收集的数据应逐渐适应管道完整性管理的要求。

由于数据种类很多，来源于不同的系统，因此在进行数据整合时，需要对线路里程、里程桩、标志位置、站场位置等数据建立通用的参考体系；采用卫星定位系统（GPS）或国家地理信息系统（GIS）等先进的数据管理系统；并且需要建立专用的完整性管理数据库。

2. 高后果区识别

高后果区是指管道泄漏会对人口、环境、商业航道等造成很大影响的地区，应该根据国家和地区的相关法律、法规及实际情况来确定。根据 GB 32167—2015《油气输送管道完整性管理规范》来进行高后果区识别和分级。

管道建设期识别出的高后果区应作为重点关注区域。试压及投产阶段应对处于高后果区管段重点检查，制订针对性预案，做好沿线宣传并采取安全保护措施。运营阶段应将高后果区管道作为重点管理段。应定期审核管道完整性管理方案，以确保高后果区管段完整性管理的有效性。必要时应修改完整性管理方案，以反映完整性评价等工作中发现的新的运行要求和经验。

3. 风险评价

管道风险评价主要目标如下：

1）识别影响管道完整性的危害因素，分析管道失效的可能性及后果，判定风险水平。

2）对管段进行排序，确定完整性评价和实施风险消减措施的优先顺序。

3）综合比较完整性评价、风险消减措施的风险降低效果和所需投入。

4）在完整性评价和风险消减措施完成后再评价，反映管道最新风险状况，确定措施有效性。

可采用一种或多种管道风险评价方法来实现评价目标。风险评价方法包括但不限于专家评价法、安全检查表法、风险矩阵法、指标体系法、场景模型评价法、概率评价法等。常用的风险评价方法有风险矩阵法和指标体系法。

管道风险评价流程如图 6-10 所示。

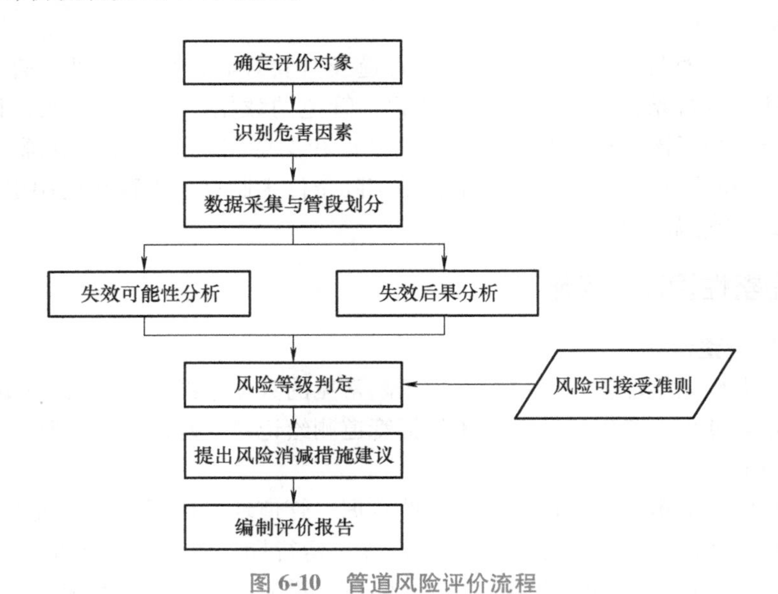

图 6-10 管道风险评价流程

4. 完整性评价

管道完整性评价是在役管道完整性管理的重要环节，主要用于风险排序的结果中表明需要优先和重点评价的管段。完整性评价的内容包括：

1）对管道及设备进行检测和评价，用不同技术检查使用中的管道，评价检测的结果。

2）评价故障类型及严重程度，分析确定管道完整性。对于在役管道，不仅要评价它是否符合设计标准的要求，还要对运行后暴露出的问题、发生的变化和产生的缺陷进行评价。

3）根据存在的问题和缺陷的性质、严重程度，评价存在缺陷的管道能否继续使用及如何使用，并确定再次评价的周期，即进行管道适用性评价。

管道完整性评价方法包括内检测评价、压力试验、直接评价三种。它们的失效类型及检测指标见表 6-6。

表 6-6 完整性评价方法的比较

评价方法	适用的失效类型	主要方法	指标
内检测评价	内、外壁金属腐蚀	漏磁法、超声波、涡流法	管壁失重、厚度变化、点蚀等缺陷
	应力腐蚀开裂	超声波、涡流法	裂纹长度、深度和形状
	第三方破坏	管径量规、测壁厚	管道截面变形、局部凹坑等
压力试验	与时间有关的失效	强度试验或泄漏试验	管道壁厚、裂纹的综合情况
	制造及焊接缺陷	强度试验或泄漏试验	管道本身及焊缝的原始缺陷
直接评价	管道外壁腐蚀	外腐蚀直接评价	管道外腐蚀位置和程度
	管道内壁腐蚀	内腐蚀直接评价	管道内腐蚀位置和程度

管道完整性评价方法宜优先选择基于内检测数据的评价方法进行完整性评价。如管道不具备内检测条件，宜改造管道使其具备内检测条件。对不能改造或不能清管的管道，可采用压力试验或直接评价等其他完整性评价方法。

通过对管道完整性检测结果的分析，评估各种缺陷的性质及严重程度，目的是在不降低管道安全可靠性的前提下，在容许某些缺陷存在的条件下，使管道操作维持在安全运行的最佳水平。要确定的内容有管道最大允许操作压力和它在一定压力下运行能否延长其使用寿命，也就是说需要进行管道剩余强度及剩余寿命评估，又称其为适用性评价。具体评价方法的选择可以参照 GB 32167—2015《油气输送管道完整性管理规范》来执行。

5. 风险消减与维修维护

根据高后果区识别、风险评价和完整性评价结果，对存在较大安全隐患的管道制订维修维护方案，确定响应级别（立即维修、计划维修、监测），并计划实施。对于暂时不需要维修的管道，根据评价结果制订并实施维护预防措施。

针对风险评价和完整性评价结论所提出的高风险段、高风险因素和缺陷情况应作为应急预案编制过程中重点预控对象，具体编制工作按照相关标准（如 GB/T 29639）规定执行。

6. 效能评价

效能评价是对完整性管理体系、实施过程及效果的综合评估。通过对各环节执行情况的专项评价、完整性管理效果的综合评价，以及管理体系的审核，改进完整性管理并进行工作总结，提升管理体系的科学性和实用性。其具体包括以下三个方面的内容：

（1）建立效能评价指标体系　通过现场调研，了解完整性管理现状，以及关键实施要素；通过理论分析及调查问卷，确定效能的敏感因素，建立评价指标体系。

（2）建立效能评价模型　统计分析历史事故，确定效能评价需求，建立效能评价目标；

通过理论分析结合实际需求，建立基于过程管理和效果评定的评价数学模型。

（3）开发效能评价方法 利用综合评价技术，确定多指标综合评价方法；采用模糊数学理论，建立定量与定性相结合的评价方法。

内容小结

1）作用于压力管道上的载荷可以分为静载荷和动载荷。静载荷又可以分为自限性载荷和非自限性载荷，包括压力载荷、均布载荷、集中载荷、支吊架产生的反力、热载荷等。动载荷包括振动载荷、冲击载荷、地震载荷、风载荷等。

2）压力管道的应力分为一次应力、二次应力和峰值应力。

3）根据最大切应力强度理论，应该满足的强度条件为周向应力与径向应力之差小于许用应力。

4）管道产生的热应力大小与其长度和截面积没有直接的联系，仅与材料的线膨胀系数和温度的变化有关。

5）管系的热应力：空间管系>平面管系>直线管系。

6）压力管道的失效模式有爆炸、断裂、泄漏、过量变形、表面损伤、材料劣化和性能退化。

7）压力管道事故的分析可以按调查研究、试验分析、综合分析、模拟试验、改进措施及分析报告共五个环节来进行。

8）管道完整性管理是指对管道面临的风险因素不断进行识别和评价，持续消除识别到的不利影响因素，采取各种风险消减措施，将风险控制在合理、可接受的范围内，最终实现安全、可靠、经济地运行管道的目的。

9）完整性管理包括数据采集与整合、高后果区识别、风险评价、完整性评价、风险消减与维修维护、效能评价六个环节。

学习自测

6-1 压力管道承受的载荷和应力分别有哪些？

6-2 请说明一次应力和二次应力有何区别？

6-3 对于薄壁管道，如何判断其强度满足要求？

6-4 管道上产生的热应力的影响因素有哪些？

6-5 管道的热补偿装置有哪些？

6-6 简述压力管道的失效原因和失效模式。

6-7 什么是油气管道的完整性？

6-8 管道完整性管理的主要实施内容有哪些？

参考文献

[1] 王学生. 压力容器［M］. 上海：华东理工大学出版社，2008.

[2] 朱大滨，安源胜，乔建江. 压力容器安全基础［M］. 上海：华东理工大学出版社，2014.

[3] 孔凡玉，杜洪奎，袁昌明. 锅炉压力容器安全技术［M］. 北京：中国计量出版社，2008.

[4] 徐龙君，张巨伟. 化工安全工程［M］. 徐州：中国矿业大学出版社，2011.

[5] 蒋军成. 工业特种设备安全［M］. 北京：机械工业出版社，2009.

[6] 肖晖，刘贵东. 压力容器安全技术［M］. 郑州：黄河水利出版社，2012.

[7] 张景林. 安全系统工程［M］. 北京：煤炭工业出版社，2019.

[8] 崔晖，施式亮. 安全评价［M］. 徐州：中国矿业大学出版社，2019.

[9] 周波，肖家平，骆大勇. 安全评价技术［M］. 徐州：中国矿业大学出版社，2018.

[10] 张乃禄. 安全评价技术［M］. 西安：西安电子科技大学出版社，2016.

[11] 徐玉朋，竺振宇. 油气储运安全技术及管理［M］. 北京：海洋出版社，2016.

[12] 张乃禄，肖荣鸽. 油气储运安全技术［M］. 西安：西安电子科技大学出版社，2013.

[13] 李斌，解立峰，徐森，等. 防火与防爆工程［M］. 哈尔滨：哈尔滨工业大学出版社，2016.

[14] 胡双启. 燃烧与爆炸［M］. 北京：北京理工大学出版社，2015.

[15] 伍爱友，李润球. 安全工程学［M］. 徐州：中国矿业大学出版社，2016.

[16] 刘秀玉. 化工安全［M］. 北京：国防工业出版社，2013.

[17] 徐峰，朱丽华. 化工安全［M］. 天津：天津大学出版社，2015.

[18] 杨晓明. 压力容器安全工程学［M］. 沈阳：东北大学出版社，2012.

[19] 郭泽荣，袁梦琦. 机械与压力容器安全［M］. 北京：北京理工大学出版社，2017.

[20] 国家质量监督检验检疫总局. 特种设备安全监察［M］. 北京：中国质检出版社，2014.

[21] 支晓晔，高顺利. 城镇燃气安全技术与管理［M］. 重庆：重庆大学出版社，2014.

[22] 沈松泉，黄振仁，顾竟成. 压力管道安全技术［M］. 南京：东南大学出版社，2000.